DIE WAFFEN DER ROTEN ARMEE

BEUTEGERÄT UND ALLIIERTE HILFSLIEFERUNGEN 1939–1945

Victor Schunkow

Motor buch Verlag

IMPRESSUM

Einbandgestaltung: Luis dos Santos
Titelbild: Vitaly. V. Kuzmin/CC-BY-SA 4.0

Bildnachweis: Die zur Illustration dieses Buches verwendeten Aufnahmen stammen – wenn nicht anderes vermerkt ist – vom Verfasser.

Durchgesehen und bearbeitet von Franz Leip

ISBN: 978-3-613-04452-4

1. Auflage 2022

Sie finden uns im Internet unter www.motorbuch-verlag.de

Lektorat: Redaktion Motorbuch
Innengestaltung: ERWE-WERBUNG Ralf Weinreich, Halle/S.
Druck und Bindung: Appel & Klinger, 96277 Schneckenlohe
Printed in Germany

INHALT

Die robusten Militärfahrzeuge aus den USA erfreuen heute zahlreiche Sammlerherzen. (Foto: Ralf Weinreich)

EINFÜHRUNG

Der so genannte »Große Vaterländische Krieg« stellte für die Rote Armee eine harte Zerreißprobe dar, die sie trotz immenser Anstrengungen der sowjetischen Rüstungsindustrie ohne fremde Hilfe kaum hätte bestehen können. In der Anfangsphase des Krieges sank die Anzahl ihrer Panzerfahrzeuge aufgrund katastrophaler Verluste bis Ende 1941 um fast das 6,5-fache und die der Jagd- und Kampfflugzeuge um das 1,7-fache. Ab Herbst 1941 wurden große Teile der Rüstungsindustrie aus der Ukraine, Weißrussland und Westrussland in bzw. hinter den Ural verlagert, wo sie nach schwierigen Anlaufzeiten die Massenproduktion von Rüstungsgütern aufnahmen und steigerten. Die Überführung der Volkswirtschaft der UdSSR in eine reine Kriegswirtschaft war Ende 1942 im Wesentlichen abgeschlossen. Dies sorgte für einen starken Anstieg des Ausstoßes. So konnten in den letzten drei Kriegsjahren jährlich durchschnittlich über 3 Millionen Gewehre, etwa 2 Millionen Maschinenpistolen, 100.000 Mörser, 450.000 leichte und schwere Maschinengewehre produziert werden. 1944 hatte die Rote Armee so viele Gewehre, Maschinenpistolen, Maschinengewehre und andere Handwaffen in Reserve, dass die Fertigung vieler Typen etwas reduziert werden konnte.

Geschützfabriken steigerten die Massenproduktion von Artilleriegeschützen. Im Monatsdurchschnitt stellten sie in der zweiten Hälfte 1941 = 5124 Geschütze aller Art und Kaliber her, 1942 = 10.591, 1943 = 10.858, 1944 = 10.207 und in den ersten neun Monaten des Jahres 1945 = 8567 Stück. Die Geschütze und ihre Munition erfuhren kontinuierliche Verbesserungen bzw. Kampfwertsteigerungen in Kaliber, Ballistik und Beweglichkeit.

Die Panzerindustrie sorgte für einen Massenausstoß von Panzerkampfwagen und Sturmgeschützen. Durchschnittlich baute sie in der zweiten Hälfte 1941 monatlich 696 Panzerkampfwagen (Sturmgeschütze wurden 1941 noch nicht hergestellt), 1942 waren es 2060 Panzerkampfwagen und Sturmgeschütze, 1943 dann 2001, 1944 schließlich 2415 und in der ersten Hälfte des Jahres 1945 immerhin 2570 Stück im Monat. Panzerung, Bewaffnung, Beweglichkeit und Motorisierung verbesserten sich von Jahr zu Jahr – Ausnahmen bestätigten die Regel.

Auch die Luftfahrtindustrie erhöhte den Ausstoß an Flugzeugen kontinuierlich. Die durchschnittliche Monatsproduktion in der zweiten Hälfte 1941 betrug 1630 Militärflugzeuge, 1942 = 2120, 1943 = 2907, 1944 = 3355 und 1945 = 2206 Stück. Gleichzeitig verbesserte sich die Qualität von Flugzeugen und Ausrüstung.

Dasselbe galt für die Fertigung von Munition, Ausrüstung und anderem militärischen Gerät. Insgesamt stellte die sowjetische Rüstungsindustrie 1941–45 an die 11,16 Millionen Gewehre und Karabiner, 5,53 Millionen Maschinenpistolen, 526.000 Kanonen und Mörser, 109.000 Panzerfahrzeuge sowie 138.500 Flugzeuge her. So konnte sie die Rote Armee mit den wichtigsten Waffentypen versorgen. Gleichzeitig aber setzte sie deutsche Beutewaffen und in weit größerem Umfang Waffen und Gerät aus angloamerikanischen Hilfslieferungen ein, die um riesige Mengen sonstiger Rüstungsgüter aus den USA, Großbritannien und Kanada ergänzt wurden.

Im Laufe des Krieges erbeutete die Rote Armee nach eigenen Angaben mehrere Tausend deutsche Panzer und Sturmgeschütze, Zehntausende Artilleriegeschütze, Millionen Gewehre und Milliarden verschiedener Patronen und Granaten. Einige dieser Waffen und Fahrzeuge stellte die Rote Armee in Dienst; deren Einsatzmöglichkeiten waren jedoch wegen fehlender Ersatzteile und Munition oft eingeschränkt.

Hingegen gab es kaum derartige Beschränkungen bei der Verwendung von westalliierter Ausrüstung und Waffen. Insgesamt lieferten Amerikaner und Briten 12.755 Panzerkampfwagen und selbstfahrende Artilleriegeschütze, 7172 Schützenpanzerwagen, 375.833 Radfahrzeuge, 13.857 Jagdflugzeuge und 3633 Bomber an die UdSSR. Hinzu kamen die erforderlichen Mengen an Ersatzteilen und Munition sowie 2.670.000 Tonnen hochwertiges Flugbenzin.

In der Endphase des Krieges erreichten die Bewaffnung der Roten Armee und ihre technische Ausrüstung den höchsten Stand. Am 9. Mai 1945 verfügte sie über 35.200 Panzerkampfwagen und Sturmgeschütze –1,6 mal mehr als am 22. Juni 1941; an Geschützen und Mörsern waren es 321.500 Einheiten – umgerechnet 2,9 mal mehr als 1941. Der Bestand an Jagd- und Kampfflugzeugen lag mit 47.300 Stück 2,4-mal höher als zu Beginn des Krieges. Der Wert der im Jahr 1941 von den Westalliierten gelieferten Ausrüstung wird auf 2

Milliarden Dollar (ca. 10 Milliarden Rubel) geschätzt und jener der in die UdSSR verschifften Metalle auf mehr als 1 Milliarde Rubel. Bis 1945 steigerte sich der Wert der Hilfslieferungen auf astronomische 11 Milliarden 260 Millionen 344 Tausend US-Dollar (davon entfielen 9,8 Milliarden US-Dollar allein auf US-Lieferungen).

Die deutschen Streitkräfte sahen sich zwar schon 1941 einer zahlenmäßigen Übermacht gegenüber, die sie aber noch längere Zeit qualitativ wettmachen konnten. Obwohl auch die deutsche Wehrwirtschaft ihren Ausstoß bis 1944 enorm steigerte, konnte sie dem geballten Potenzial zweier Großmächte auf Dauer nicht standhalten.

Bestens restaurierter GMC CCKW. (Foto: Ralf Weinreich)

TEIL I
DEUTSCHE BEUTEWAFFEN

Ab den ersten Tagen des deutsch-sowjetischen Krieges erlitt natürlich auch die deutsche Wehrmacht Verluste an Waffen und Gerät. Die meisten davon wurden bei Kämpfen zerstört, einige von der Roten Armee – meist beschädigt oder fahruntüchtig – erbeutet. Die Rote Armee verfügte zu Beginn des Krieges noch über kein einheitliches Beutewesen bzw. eine Dienststelle für fremdes Gerät, so dass es an den Sammel- und Bergetrupps einzelner Verbände lag, Fremdwaffen und -gerät zu sammeln. Erst im August 1941 fiel diese Aufgabe unter die Zuständigkeit einer einzigen Stelle, die der Wirtschaftsabteilung des Generalstabes entspross und befugt war, Beutegut bei den Heeresgruppen einzusammeln. Auch die Armeen bildeten Abteilungen für fremdes Gerät; geführt von Politkommissaren, und sammelten Beutegüter in speziell eingerichteten Sammelplätzen und Lagern. Dies wiederholte sich analog auf den unteren Ebenen der Divisionen und Regimenter.

Rotarmisten mit erbeuteten MG und Karabiner.

Ab Ende September 1941 nahmen in Schützen- und Artillerieverbänden gesonderte Bergetrupps ihre

Eine Kolonne Beute-Pz.Kpfw. III auf dem Marsch an die Front.

Erbeutete deutsche Handwaffen in einer der Lagerstätten des Beutekomitees.

Arbeit auf, sammelten beschädigtes wie unbeschädigtes Gerät auf dem Gefechtsfeld und verbrachten es ins Hinterland.

Nach den ersten erfolgreichen Offensivoperationen der Roten Armee wurde klar, dass diese Dienste für die anfallenden Mengen an Beutegerät nicht mehr ausreichten. Zum Beispiel fielen nach sowjetischen Angaben in der Zeit vom 16. November bis 10. Dezember 1941 – also im ersten Russlandwinter, als der deutsche Angriff in Schnee und Eis buchstäblich festfror und viele Fahrzeuge wegen bitterer Kälte und Kraftstoffmangel einfach liegenblieben – auf zurückerobertem Gebiet 870 Radfahrzeuge, 1434 Panzerfahrzeuge, 575 Geschütze, 339 Mörser, 5416 Maschinengewehre sowie Tausende an Gewehren

Reparatur erbeuteter Pz.Kpfw 38(t) im Panzerreparaturwerk Nr. 82.

Rotarmist mit reichlich Beutewaffen.

und Maschinenpistolen an. (A.d.B.: Demnach hätte die Wehrmacht, die das Unternehmen »Barbarossa« mit rund 3580 Panzerfahrzeugen begonnen hatte, rund ein Drittel ihres Panzerbestandes verloren).

Um das Beutewesen zu verbessern, verabschiedete das Staatliche Verteidigungskomitee (GKO) – während der Kriegsjahre das oberste militärische Organ des Sowjetstaates – am 22. März 1942 die Resolution Nr. 1481 »Über die Organisation der Sammlung und Bergung von Beutegut und von Eisen- wie Nichteisenmetallen«, was zu einem gewissen Grad das Problem der Bergung von Beutegut im Hinterland entschärfte. Es entstand ein ineinandergreifendes System von Spezialeinheiten und Institutionen unter dem Staatlichen Verteidigungsausschuss, der Zentralkommission für die Sammlung erbeuteter Waffen und Ausrüstung (Vorsitzender Marschall S. M. Budjonny) und der Zentralkommission für die Sammlung von Eisen- und Nichteisenmetallen im Frontbereich (Vorsitzender N. M. Schwernik). Die Hauptdirektion der Rückwärtigen Dienste der Roten Armee errichtete eine „Direktion für die Sammlung

Kreml, 12. Juli 1941: Unterzeichnung des sowjetisch-britischen Abkommens über die Zusammenarbeit im Krieg gegen Deutschland.

Verschiffung britischer Panzerkampfwagen MK III »Valentine« Ende 1941 in die UdSSR.

US-Präsident Franklin D. Roosevelt bei der Unterzeichnung des so genannten Lend-Lease Acts.

und Verwendung von erbeuteten Waffen, Ausrüstung und Altmetallen«. GKO-Erlass Nr. 2686ss (»ss« = streng geheim) vom 3. Januar 1943 »Über die Sammlung und Sicherstellung von Beutegut an den Fronten« unterstellte die beiden Kommissionen der Befehlsgewalt von Marschall der Sowjetunion K. E. Woroschilow. Gleichzeitig wurde die »Direktion für die Sammlung und Verwendung erbeuteter Waffen, Ausrüstung und Altmetallen« in die »Hauptdirektion für Beutegut« umorganisiert und dem so genannten Beutekomitee unterstellt.

Beutesammel-Abteilungen der Fronten, die dann in Direktionen umorganisiert wurden, wurden administrativ der »Hauptdirektion für Beutegut des Staatsverteidigungsausschusses« und im operativen Sinne den »Hauptdirektionen für Beutewesen« der Fronten (Heeresgruppen) zugeordnet. Beutesammel-Abteilungen von Armeen und Divisionen (Einzelbrigaden) wurden den jeweiligen Kommandeuren unterstellt. Die Korps bildeten eigene Beutesammelstellen. Darüber hinaus konnten Kommandeure von Fronttruppenteilen nach Bedarf zusätzliche temporäre Beutesammeltrupps bilden.

Mit der Neuordnung der Leitungsorgane des Beutewesens begann die Bildung neuer Beutesammel-Einheiten. So entstanden auf Armee-Ebene Armee-Beutesammel-Abteilungen und Armee-Beutesammelstellen mit speziellen Berge-Einheiten. Bei den Luftstreitkräften waren es spezielle Kompanien

Ein erheblicher Anteil der US-amerikanischen Lend-Lease-Panzerkampfwagen für die Sowjets entfiel auf M4 »Sherman«.

Lend-Lease-Lieferungen von Flugzeugen halfen den sowjetischen Luftstreitkräften bei der Wiedergewinnung der Luftherrschaft im letzten Kriegsviertel.

Die Lieferung hunderttausender Radfahrzeuge gehörte zu den wichtigsten Unterstützungsmaßnahmen der Amerikaner, denn mit ihnen konnte die Rote Armee die Beweglichkeit ihrer Feldartillerie und ihres Nachschubs entscheidend erhöhen.

Verlassene 10,5 cm le.F.H. 18M.

für Beutetechnik. Auf Ebene der Fronten wurden Anfang 1943 sieben Beutesammelbrigaden errichtet. Beim Personal handelte es sich ursprünglich keinesfalls um Soldaten, sonder um zivile Techniker und Arbeitskräfte. Da sich diese in Frontnähe aber durchaus militärischen Gefahren wie Artilleriefeuer oder Luftangriffen aussetzten, wurden sie in die Rote Armee übernommen. Im Großraum Stalingrad etwa kamen 1943 die 1. und die 2. Beutesammelbrigade zum Einsatz. Eine Brigade bestand aus Stab und fünf Abteilungen/Bataillonen mit zusammen 2484 Mann. Die technische Ausstattung bestand u. a. aus 169 Lkw, 105 Sattelzugmaschinen sowie verschiedenen Kranfahrzeugen.

So hatte sich das sowjetische Beutewesen bis Sommer 1943 recht effektiv organisiert:

- Beutekomitee beim Staatlichen Verteidigungsausschuss;
- Amt für erbeutete Waffen der Roten Armee;
- Frontdirektionen für Beutewaffen der Roten Armee (ab 1945 separate Direktionen unter den Befehlshaber der Fronten;
- Armeeabteilungen für Beutewaffen.

Die Aktivitäten des Beutekomitees während der Kriegsjahre brachten beeindruckende, wenn nicht phantastische Zahlen hervor: Für den Zeitraum von 1943 bis 1945 sollen Beuteeinheiten nach offiziellen Angaben 24.615(!) deutsche Panzer und Sturmgeschütze, über 68.000(!) Artilleriegeschütze, 30.000(!) Mörser, 257.000 Maschinengewehre, 3 Millionen Gewehre, mehr als 114 Millionen Granaten, 16 Millionen Minen, über 2 Milliarden Patronen und rund 50.000(!) Radfahrzeuge zusammengetragen haben. (A.d.B.: Selbst wenn man sämtliches Gerät und sämtliche Waffen, die den Sowjets nach der Kapitulation 1945 in die Hände fielen mit einschließt, wahrlich phantastische Zahlen). Darüber hinaus sollen 6.008.285 Tonnen Schrott angefallen sein, darunter 165.605 Tonnen Buntmetalle. 507.294 Tonnen Eisen- und Nichteisenmetalle wurden der Industrie zugeführt. Wertvolle Beiträge für die sowjetische Rüstung angesichts der Tatsache, dass für die Gewinnung einer Tonne Stahl aus Roheisen 25 Tonnen Erz umgeschmolzen und zwei Tonnen Koks verbraucht werden mussten. Um aus Schrott eine Tonne Stahl zu gewinnen, wurden weder Erz noch vergleichbare Mengen Koks benötigt, sondern lediglich 690 kg Schrott, 460 kg Gusseisen und 80 kg Flussmittel.

Die Tätigkeit des Beutekomitees ließ in den ersten Nachkriegsjahren nicht nach. Aus dem besetzten Teil Deutschlands und auch aus den den Polen und Tschechen zugeschlagenen Ostgebieten Pommern, Ostbrandenburg, Schlesien, Ost- und Westpreußen sowie Sudetenland (immerhin über ein Viertel des

Panzerfahrzeuge der 6. Armee, die sowjetischen Truppen bei Stalingrad in die Hände fielen.

Ein »Matilda« wird in England für die Verschiffung in die UdSSR vorbereitet.

deutschen Staatsgebiets) nahmen die Sowjets sozusagen alles mit, was nicht niet- und nagelfest war: Allein vom 2. März 1945 bis zum 2. März 1946 wurden aus deutschen Fabriken 214.300 Zerspanungsmaschinen sowie 136.381 Elektromotoren abgebaut sowie 29 Eisenhüttenwerke mit einer Kapazität von 6.126.500 Tonnen Walzstahl komplett demontiert und in die UdSSR verbracht.

Zu den wichtigsten Fliegerabwehrwaffen der sowjetischen Luftverteidigung zählten die russische 40-mm-Kanone 61-K und die amerikanische 90-mm-Flak M1.

HANDWAFFEN

In einer Ansprache an die Absolventen der Militärakademien am 5. Mai 1941 nannte Stalin die Infanterie den wichtigsten Teil der Armee, der den Sieg sichert. Er stellte fest, dass Artillerie, Luftfahrt und Panzertruppe die Infanterie unterstützen und die Erfüllung der ihr zugewiesenen Aufgaben sicherzutellen hätten.

Festungen, Städte und Dörfer des Feindes gelten nur dann als besetzt, wenn sie von Infanterie eingenommen sind. Der großangelegte Einsatz von Infanterie sowohl bei der Wehrmacht als auch bei der Roten Armee führte zu enormen Personal- und Waffenverlusten. Gleichzeitig wurden Waffen, die für den weiteren Gebrauch geeignet waren, oft zur Beute des Feindes. In der Anfangsphase des Krieges gelang es der Wehrmacht, neben Unmengen an Waffen und Ausrüstung auf den Gefechtsfeldern auch große Waffenlager in den westlichen Militärbezirken einzunehmen. Dies führte zu einem akuten Handwaffenmangel bei der sowjetischen Infanterie und Kavallerie. Die im Dezember 1941 gebildete und im März 1942 an die Front geschickte 106. Kavallerie-Division von 4091 Soldaten und Offizieren war beispielsweise mit nur 102 Gewehren bewaffnet. Maschinengewehre, Pistolen und Maschinenpistolen gab es in der Division überhaupt nicht.

Zur Versorgung mit Handwaffen wurden die in den inneren Wehrkreisen gelagerten Waffen- und Ersatzteilbestände eingezogen, auch die von Schulen (wo vormilitärischer Unterricht zu den üblichen Fächern gehörte) und Komsomolzen (kommunistische Jugendorganisation). Die Inbetriebnahme der in die östlichen Landesteile evakuierten Waffenfabriken wurde beschleunigt. Unter diesen Bedingungen wurde der Einsatz erbeuteter deutscher Waffen von der Roten Armeeführung als Quelle zur Auffüllung der Rüstungsbestände angesehen. In der Anfangsphase des Krieges spielten erbeutete Waffen jedoch keine große Rolle bei der Ausrüstung der Roten Armee, vor allem, weil es nur wenige gab.

Nach einer Meldung befanden sich dann am 1. Januar 1943 folgende Mengen an Beutewaffen in sowjetischen Beständen: 102.855 Karabiner und Gewehre, 5797 Pistolen, 6415 Maschinenpistolen und 14.894 Maschinengewehre. Für den Bedarf der Fronten (Heeresgruppen) machten diese Waffen 2–3 % aus. Im späteren Verlauf des Krieges nahm die Zahl erbeuteter Waffen naturgemäß zu. Da der Ausstoß der sowjetischen Industrie den Bedarf der Roten Armee nicht nur vollständig deckte, sondern auch die Schaffung solider strategischer Reserven ermöglichte, spielten erbeutete Handwaffen keine große Rolle mehr. Trotzdem setzten Rotarmisten Beutewaffen weiter ein.

Es sei darauf hingewiesen, dass im Kampf erbeutete Waffen an Beutesammelstellen abgegeben werden mussten, die sie dann in die Lager des Beutekomitees schickten. Dort wurde sortiert, gegebenenfalls repariert und die Waffen dann an rückwärtige Einheiten sowie an Truppen des Volkskommissariats für Innere Angelegenheiten (NKWD) ausgegeben. Nicht wenige Beutewaffen gingen an Partisanengruppen und Truppen osteuropäischer Länder, die auf Seiten Stalins kämpften.

Marineinfanteristen der Nordflotte beim Schießen mit amerikanischen Thompson-Maschinenpistolen.

Pistole C96

Die Mauser-Pistole C96 im Kaliber 7,63 mm x 25 Mauser erlebte auf ihre alten Tage noch Verwendung bei verschiedenen Truppenteilen von Wehrmacht und Waffen-SS. Der Veteran war in Russland bestens bekannt: Denn schon im Jahr 1908 erlaubte das russische Kriegsministerium Offizieren der Zarenarmee, C96-Pistolen der Modelle 1904 und 1905 als persönliche Waffen anstelle des ordonnanzmäßigen Nagant-Revolvers zu erwerben und zu führen. 1909 wurde die C96-Pistole sogar zur Standardwaffe russischer Flieger und 1915 vom Militärpersonal der Automobileinheiten übernommen.

C96-Pistolen wurden während des Bürgerkriegs sowohl von den »Weißen« als auch den »Roten verwendet«; verzierte Waffen verlieh die Rote Armee als Ehrengaben an besonders verdiente Genossen. Nach Ende des Bürgerkriegs bestellten die Sowjets etwa 30.000 C96 als Offizierswaffen für die Rote Armee. Auch die Ende der 1930er-Jahre aufgestellten Fallschirmjägerbataillone hatten je 144 C96 sollmäßig im Bestand. Während des sowjetisch-finnischen Winterkrieges 1939/40 wurden C96 in der Karabinerversion an neu errichtete Skiaufklärungs-Truppenteile ausgegeben. Die Munitionsversorgung stellte ab den 1920er-Jahren das Patronenwerk Podolsk mit der Fertigung von Patronen 7,63 mm x 25 Mauser sicher.

Die C96, vor allem aber ihre rasante Munition, übten nachhaltigen Einfluss auf die Entwicklung von

Pistole Mauser C96.

Kurzwaffenmunition in der UdSSR aus. So handelte es sich bei der neuen Patrone 7,62 x 25 mm TT der 1930 eingeführten Tokarew-Pistole um eine leicht geänderte Kopie der 7,63-mm-Mauser.

Nach Beginn des deutsch-sowjetischen Krieges wurde eine Anzahl C96 zur Bewaffnung von Partisanen verwendet; d. h. sie wurden vor allem an Kommandeure von Partisanenabteilungen ausgegeben. Erbeutete C96s wurden ebenfalls häufig verwendet.

Die C96 wurde in mehreren Ausführungen hergestellt und arbeitete als Halbautomat nach dem Prinzip der Rückstoßübertragung mit kurzem Rücklauf. Die Pistole mit außen liegendem Hahn erlaubte nur Einzelfeuer. Allerdings erschien 1931 mit dem Modell 712 oder Mauser Modell 1932 eine Variante, die auch Reihenfeuer abgeben konnte. Mauser-C96 erhielten ein Schiebevisier mit Verstellrasten, dessen Skala von 50 m bis 1000 m reichte – für eine Faustfeuerwaffe sehr optimistisch, selbst in der seltenen Karabinerversion mit langem Lauf und Schaft. Praktischerweise ließ sich die hölzerne Pistolentasche als Anschlagkolben verwenden, was durchaus gezielte Einzelschüssen bis jenseits der 100-m-Distanz erlaubte. Die besten Ergebnisse ließen sich jedoch auf Entfernungen unter bzw. bis zu 100 m erzielen; Streukreise von 30 cm auf 100 m konnte die C96 bei guten Schützen durchaus leisten.

Die Patronen wurden mittels 10er-Ladestreifen in ein festes Kastenmagazin geladen, das – je nach Ausführung – 10 Schuss oder mit Magazinverlängerung bis zu 20 Schuss aufnahm. Außer im Kaliber 7,63 mm Mauser gab es die C96 im Kaliber 9 mm Parabellum. Die Mauserpatrone hatte tatsächlich einen Geschoss-Durchmesser von 7,65 mm. Die Bezeichnung 7,63 mm wurde übernommen, um diese Patrone von der in Geometrie und Ballistik ähnlichen 7,65 mm Patrone von Borchardt zu unterscheiden. C96-Pistolen wurden von Soldaten und Offizieren der Roten Armee wegen ihrer hohen Zuverlässigkeit, der guten ballistischen Leistung und der einfachen Demontage sehr geschätzt.

Technische Angaben Mauser-Pistole Modell 712	
Kaliber, mm	7,63
Mündungsgeschwindigkeit, m/s	430
Gewicht ungeladen, kg	1,3
Länge, mm	228
Länge mit Anschlagskolben, mm	643
Lauflänge, mm	132
Magazinkapazität	10 oder 20
Theoretische Feuergeschwindigkeit, S/min	850
Praktische Feuergeschwindigkeit, S/min	90
Visierschussweite, m	1000

Pistole M712, eine Variante der C96 zur Abgabe von Dauerfeuer mit Wechselmagazin.

Unteroffiziere der Roten Armee mit Mauser-Pistolen.

Pistole P.08

Die Pistole 08 wurde 1900 von Georg Luger, Ingenieur der Deutschen Waffen- und Munitionsfabriken (DWM), in Verbesserung des Pistolenodells 1893 von Hugo Borchardt entworfen. 1901 erhielt die Pistole den Namen »Parabellum«, abgeleitet von der DWM-Telegrafenadresse in Berlin, die wiederum auf dem lateinischen Sprichwort beruhte »Si vis pacem, para bellum« war (»Wenn du Frieden willst, bereite (dich auf) den Krieg vor«). Die Pistole wird, vorwiegend in englischsprachiger Literatur, manchmal auch »Luger« genannt, aber bei den deutschen Streitkräften trug sie die offizielle Bezeichnung »Pistole 08« (P.08 oder P 08). Ergänzend sei erwähnt, dass DWM für diese Pistole die Patrone 9 mm Parabellum entwickelte, mittlerweile die Standardpatrone für Faustfeuerwaffen weltweit.

Major der Roten Armee mit Handgranate und P.08.

Pistole Luger P.08.

Bei der 08 handelte sich um einen Rückstoßlader mit kurzem Rohrrücklauf. Wie die Borchardt-Pistole besitzt die Waffe einen Kniegelenkverschluss. Sie verfügt über einen innenliegenden Schlagstift und kann nur Einzelfeuer abgeben. Leere Patronenhülsen werden von einem im Verschluss befindlichen Auswerfer herausgezogen, der auch als Anzeiger (Ladeanzeige) für das Vorhandensein einer Patrone im Patronenlager dient. Die Sicherung befindet sich auf der linken Rahmenseite. Das Festvsier der Pistole ist für Zielentfernungen bis 50 m ausgelegt.

Patronen im Standardmodell P.08 werden aus einem achtschüssigen Wechselmagazin zugeführt. Das im Ersten Weltkrieg eingesetzte »Artillerie«-Modell mit längerem Lauf (Lange Pistoke 08, LP.08) war mit einem Anschlagbrett sowie einem Trommenmagazin TM.08 für 32 Patronen ausgestattet, von denen sich acht im stangenartigen Teil befanden.

Nach dem Ersten Weltkrieg durften aufgrund der Beschränkungen des Versailler Vertrags in Deutschland nur noch Parabellum-Pistolen im Kaliber 7,65 mm mit einer Lauflänge von lediglich 98 mm hergestellt werden, aber nach 1934 wurde die Produktion des Standardmodells P.08 wieder aufgenommen. Die Fertigung der 08-Pistole setzte sich bis 1942 fort. Dann löste sie das technologisch fortschrittlichere, einfacher zu fertigende und weniger anfällige Modell Walther P.38 ab.

Sowjetischer Offizier mit einer Pistole 08.

Sowjetische Piloten erhielten manchmal erbeutete P.08 als Seitenwaffen.

Insgesamt wurden 412.898 P.08 hergestellt, was es ermöglichte, nicht nur Offiziere damit zu bewaffnen, sondern auch Panzerbesatzungen, Kradmelder usw. Bei sowjetischen Offizieren war die Pistole als Trophäe begehrt. Beutewaffen dienten zur Ausrüstung von Scharfschützen, Aufklärern und Sabotagegruppen. Auch Partisanen bevorzugten diese Pistole, da es in der Regel einfacher war, 9 x 19-mm-Patronen zu bekommen als Munition für sowjetische Pistolen. Oft wurden erbeutete Pistolen 08 als Tauschobjekte benutzt; etwa wenn es um knappe Verbrauchs- oder Luxusgüter ging.

Technische Angaben Pistole P.08	
Kaliber, mm	9
Mündungsgeschwindigkeit, m/s	320
Gewicht ungeladen, kg	0,85
Länge, mm	223
Lauflänge, mm	102
Magazinkapazität	8
Visierschussweite, m	50

Pistole P.38

In der Endphase des Krieges zählte die Walther-Pistole P.38 zu den am häufigsten erbeuteten Kurzwaffen der Roten Armee. Die Entwicklung des Modells führte sich u. a. auf den gestiegenen Bedarf an Pistolen bei der Wehrmacht Ende der 1930er-Jahre zurück. Um beispielsweise nur eine Infanteriedivision damit zu bewaffnen, waren 3681 Pistolen erforderlich, und in den 1930er-Jahren kam es zu mehreren Aufstellungswellen neuer Divisionen. Panzersoldaten führten als Seitenwaffe grundsätzlich eine Pistole, wie auch Fallschirmjäger als Zweitwaffe. Außer dem Heer benötigen Luftwaffe, Marine und Waffen-SS Pistolen und im Krieg ebenso frontnah eingesetzte Teile des Reichsarbeitsdienstes, der Organisation Todt usw.

Dieser Bedarf ließ sich durch eine Steigerung der Produktion der P.08 nicht decken, weshalb die Wehrmacht im Jahr 1938 die zuverlässigere, einfacher zu fertigende und daher preisgünstigere Walther P.38 einführte. Im Unterschied zur 08 verfügte der Rückstoßlader über einen Spannabzug, der kein Vorspannen des Hahns/Schlagstücks mehr erforderte. Treffgenauer ließ sich freilich mit vorgespanntem Hahn und deshalb geringerem Abzugswiderstand schießen. Zum Schutz vor einer versehentlichen Schussabgabe erhielt die P.38 zwei Sicherungen – extern und intern (automatisch). Ein sicht- und fühlbarer Anzeigestift hinten im Verschluss zeigt das Vorhandensein einer Patrone im Patronenlager an. Die Pistole wurde für die Patrone 9 mm x 19 Parabellum ausgelegt; das einreihige Kastenmagazin fasst acht Schuss. Das Festvisier erlaubt die Abgabe von Schüssen bis zu 50 m. Mit der P.38-Pistole konnten geübte Schützen wie mit der P.08 bis zu 30 Schuss pro Minute abfeuern; etwa in Nahkampflagen. Die standardmäßige sowjetische Tokarew- Pistole TT hatte ungefähr die gleiche Feuergeschwindigkeit, aber die deutschen Pistolen waren der TT in Bezug auf die Benutzerfreundlichkeit deutlich überlegen und beim Schießen viel komfortabler. Die Ergonomie der TT lässt zu wünschen übrig. Der Griffwinkel ist zu steil, die Griffbacken dick und rau. Obwohl die TT eingespannt eine gute Treffgenauigkeit zeigte und auf 25 m eine Streuung von 80 mm hielt, war eine solche Genauigkeit in der Praxis nicht zu erreichen. Dafür war der Abzug zu schwergängig, was in Kombination mit schlechter Ergonomie und starkem Rückstoß die Schussgenauigkeit erheblich reduzierte.

Der vielleicht größte Nachteil der TT war das Fehlen einer vollwertigen Sicherung, weshalb sich viele Unfälle ereigneten. Deshalb war es bei der Roten Armee zumindest in Friedenszeiten verboten, die TT mit einer Patrone im Patronenlager zu tragen.

Ein weiterer Nachteil ist die schlechte Fixierung des Magazins, was unter Kampfbedingungen dazu führen konnte, dass es aus dem Griffstück fiel und verloren ging. Trotz der Tatsache, dass die TT die sehr durschlagskräftige Patrone 7,62 mm x 25 mit einer Anfangsgeschwindigkeit von 420 m/s verschoss, war ihre Stoppwirkung deutlich geringer als die der deutschen Patrone 9 mm x 19. Deutsche 9-mm-Pistolen waren überdies für eine Lebensdauer von bis zu 10.000 Schuss ausgelegt; die sowjetische TT hingegen nur für rund 6000 Schuss. In der Vorkriegs-Praxis wurden in den meisten Fällen nicht mehr als 500 Schüsse aus einer TT abgegeben, wonach sie außer Dienst gestellt oder eingelagert wurde. Zum Teil wurden die Mängel der sowjetischen Pistole durch den Umstand ausgeglichen, dass sie viel einfacher und billiger herzustellen war. Die Pistole P.38 stellten mehrere deutsche Firmen in einer Gesamtauflage von über 1.200.000 Exemplaren her.

Nach Kriegsende verblieben viele in Deutschland hergestellte Pistolen in der UdSSR, und nicht alle

Offiziere der Roten Armee beim Übungsschießen mit deutschen Pistolen.

Pistole P.38.

waren legal. Eine beträchtliche Anzahl erbeuteter Waffen landete in den Händen von Kriminellen. Polizeibeamte, die die Banditen bekämpften, brauchten eine praktische, kompakte, aber gleichzeitig relativ starke Waffe.

In diesem Zusammenhang nutzte das operative Personal des Ministeriums für Staatssicherheit der UdSSR zwischen 1946 und 1948 mehrere Zehntausend Pistolen aus deutschen Beständen. Sie fanden bis Anfang der 1960er-Jahre Verwendung.

Technische Angaben Pistole P.38	
Kaliber, mm	9
Mündungsgeschwindigkeit, m/s	350
Gewicht ungeladen, kg	0,955
Länge, mm	215
Lauflänge, mm	127
Magazinkapazität	8
Visierschussweite, m	50

Pistole PP

Der Vertag von Versailles begrenzte die Kurzwaffenproduktion in Deutschland auf ein Kaliber von nicht mehr als 8 mm und eine Lauflänge von nicht mehr als 10 cm. 1929 entstand bei der Firma Carl Walther GmbH die Pistole PP (Polizeipistole) für die damals beliebte Patrone 7,65 mm x 17. Ursprünglich war die Pistole als Polizeiwaffe und als zivile Selbstverteidigungswaffe konzipiert. Während der Kriegsjahre wurde die kompakte und doch leistungsstarke Pistole in großen Stückzahlen gefertigt und u. a. ans Fliegende Personal der Luftwaffe sowie an Offiziere aller Teilstreitkräfte ausgegeben. Der Rückstoßlader verfügte, wie die P.38, über einen Spannabzug, der es ermöglichte, den ersten Schuss bei fertig geladener Waffe ohne Vorspannung des Hahns/Schlagstücks abzufeuern.

Die Waffe war für das Kaliber 7,65 mm ausgelegt, es gab bzw. gibt aber auch Modifikationen für die Patronen 9 mm kurz, 6,35 mm und 22 lfB. Im Unterschied zu 9-mm-Para-Waffen kam sie mit einem unverriegelten Masseverschluss aus. Die Patronen werden aus einem austauschbaren, achtschüssigen Stangenmagazinzin zugeführt. Der Magazinhalter befindet sich praktischer Weise gleich hinter dem Abzug; der Sicherungshebel links hinten am Verschluss. Die Sicherung blockiert den Schlagbolzen. Ein sicht- und fühlbarer Anzeigestift gibt das Vorhandensein einer Patrone im Patronenlager an. Die Pistole ist mit einem offenen Visier ausgestattet. Es wurden auch Pistolen mit leuchtenden Visierpunkten für das Schießen bei Nacht hergestellt.

Auf Grundlage der PP wurde die kompaktere PPK entwickelt (Polizei Pistole Kriminal), die zur Bewaffnung von Kriminalbeamten bestimmt und für das verdeckte Tragen geeignet war. Beide Pistolen wurden während der Kriegsjahre hergestellt. Besonderen Bekanntheitsgrad erlangte die PPK in den 1960er-Jahren als Filmwaffe des Superagenten James Bond.

Die Rote Armee erbeutete nur relativ geringe Mengen an PP-Pistolen. Das Kommando der Roten Armee erkannte jedoch, dass sich die PPK ideal als Seitenwaffe für Führungspersonal eignete. Als 1947–1948 ein Wettbewerb für eine neue Kompaktpistole stattfand, die die TT ersetzen sollte, wurde daher die PP-Pistole als Muster empfohlen. Die dann von N. F. Makarow entworfene PM-Pistole, die 1951

Pistole Walther PP.

Pistole Walther PPK.

von der sowjetischen Armee angenommen wurde, entsprach weitgehend dieser Empfehlung. Ihr allgemeiner Entwurf ähnelt der Walter PP-Pistole, jedoch verbesserte bzw. vereinfachte Makarow das zu Grunde liegende Walther-System in mehrerer Hinsicht: Vereinfachung sowohl des Designs als auch der Handhabung und Wartung; Multifunktionalität von Teilen; Erhöhung der Sicherheit unter extremen Bebedingungen; Erhöhung der Festigkeit von Teilen und der Lebensdauer; Vereinfachung von Herstellung und Massenproduktion. Der PM-Abzug wurde völlig anders konstruiert, Magazinhalterung und Sicherung anders gelöst; die Sicherung blockiert Abzug sowie Schlagbolzen und entspannt auch den Hammer. Der klappbare Abzugsbügel als Verschlusswegbegrenzung ist dem deutschen Design entlehnt (diese Lösung wurde 1921 von Walther patentiert). Obwohl es mit der Treffgenauigkeit hapert, ist die PM-Pistole bis heute die wichtigste persönliche Offizierswaffe in den russischen Streitkräften geblieben.

Technische Angaben Pistole PP	
Kaliber, mm	7,65
Mündungsgeschwindigkeit, m/s	290
Gewicht ungeladen, kg	0,65
Länge, mm	170
Lauflänge, mm	98
Magazinkapazität	8
Visierschussweite, m	50

Pistole PM – das sowjetische Gegenstück zur PP.

Maschinenpistole MP.38

Neben einer relativ geringen Anzahl veralteter Maschinenpistolen MP.18, MP.28 und MP.35 setzte die Wehrmacht die Maschinenpistole MP.38 ein. Sie erhielten vorwiegend Panzerbesatzungen und Fallschirmjäger; bei der Infanterie war sie zunächst Zug- und Gruppenführern vorbehalten. In der Anfangsphase des Krieges 1941, angesichts des Mangels an Handwaffen in vielen Verbänden der Roten Armee, war es der Traum eines jeden sowjetischen Infanteristen, eine MP.38 zu ergattern. Die Maschinenpistole MP.38 wurde 1938 von Heinrich Vollmer in der Erfurter Maschinenfabrik Geipel (ERMA) in Rekordzeit entwickelt, im selben Jahr von der Wehrmacht übernommen und in Serienfertigung gebracht. Die Maschinenpistole MP.38 glänzte mit einem für die späten 1930er-Jahre revolutionären Design: Es war die weltweit erste ausschließlich in Metall- und Kunststoffbauweise hergestellte Maschinenpistole mit klappbarer Schulterstütze. Es gab keinerlei Holzteile. Zur klappbaren Schulterstütze kamen ein Pistolengriff und ein gerades Stangenmagazin für 32 Patronen, das sich zugleich als vorderer Haltegriff verwenden ließ. Entwickelt zum Feuern aus Scharten oder Schießluken gepanzerter Fahrzeuge, befand sich unter dem Lauf eine Kunststoffschiene mit Nase, die ein Rückspringen der Mündung hinter die Deckung verhindern sollte. Die MP.38 arbeitete als zuschießender Rückstoßlader mit unverriegeltem Masseverschluss. Aufgrund der relativ hohen Verschlussmasse und des Vorhandenseins eines pneumatischen Dämpfers hatte die Maschinenpistole eine relativ niedrige Feuerrate, was die Genauigkeit günstig beeinflusste. Die Waffe schoss nur Dauerfeuer; einigermaßen geübte Schützen konnten jedoch (bei vollem Magazin) auch Einzelschüsse abgeben. Als Sicherung diente lediglich eine Aussparung für den Spanngriff auf der linken Seite des Gehäuses. Als Visier verwendete die MP.38 zwei Kimmen – eine Festkimme für 100 m und eine Klappkimme für 200 m. Wollte man auf größere Entfernungen Ziele bekämpfen – was bei einer Nahkampfwaffe eher selten vorkam – war es aufgrund der geringen Anfangsgeschwindigkeit des 9-mm-Geschosses erforderlich, den Haltepunkt je nach Distanz höher zu wählen. Das Fehlen eines Handschutzes am Lauf machte sich bei heißgeschossener Waffe unangenehm bemerkbar – zum Schutz vor Verbrennungen trugen die Soldaten daher häufig Handschuhe.

Sowjetische Offiziere beim Schießen mit Maschinenpistolen PPSch-41 und MP.38.

Technische Angaben MP.38	
Kaliber, mm	9
Mündungsgeschwindigkeit, m/s	380
Gewicht ungeladen, kg	4,22
Länge, mm	830
Länge mit eingeklappter Schulterstütze, mm	620
Magazinkapazität	32
Theoretische Feuergeschwindigkeit, S/min	400
Praktische Feuergeschwindigkeit, S/min	80-90
Visierschussweite, m	100, 200

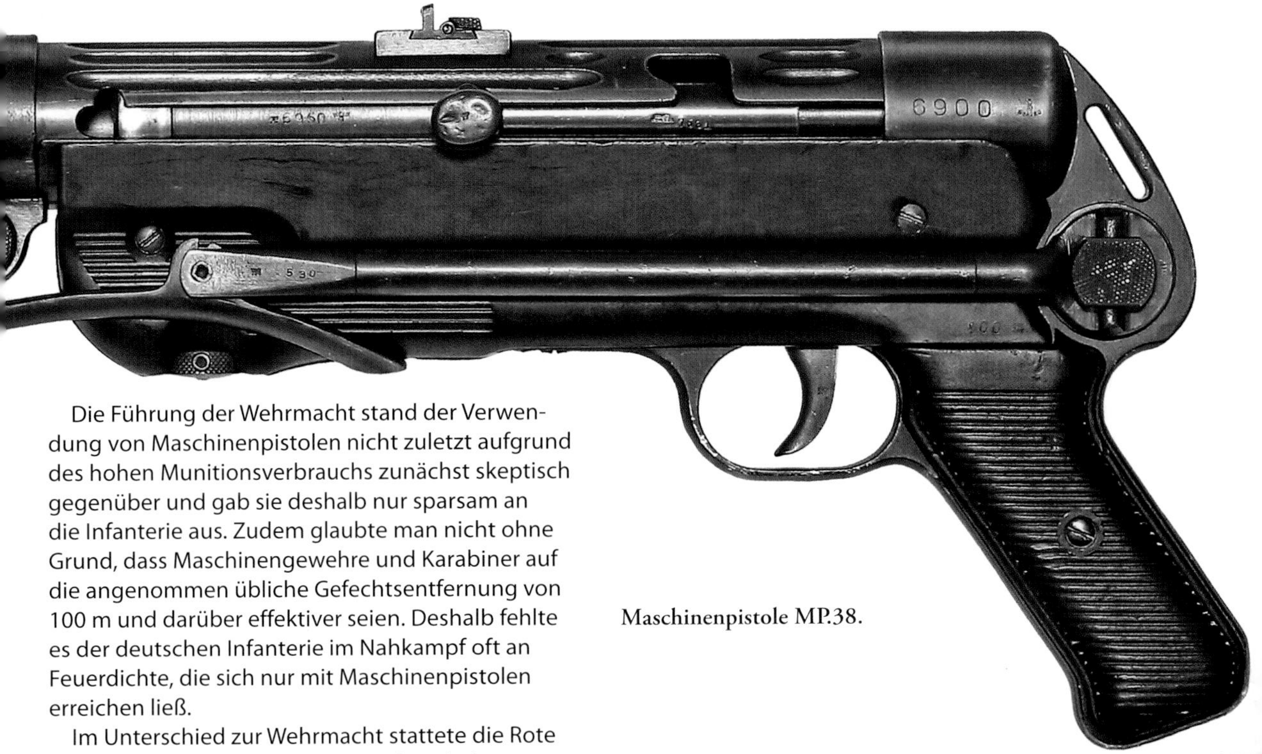

Maschinenpistole MP.38.

Die Führung der Wehrmacht stand der Verwendung von Maschinenpistolen nicht zuletzt aufgrund des hohen Munitionsverbrauchs zunächst skeptisch gegenüber und gab sie deshalb nur sparsam an die Infanterie aus. Zudem glaubte man nicht ohne Grund, dass Maschinengewehre und Karabiner auf die angenommen übliche Gefechtsentfernung von 100 m und darüber effektiver seien. Deshalb fehlte es der deutschen Infanterie im Nahkampf oft an Feuerdichte, die sich nur mit Maschinenpistolen erreichen ließ.

Im Unterschied zur Wehrmacht stattete die Rote Armee ihre Schützenregimenter schon früh wesentlich großzügiger mit Maschinenpistolen wie der PPSch-41 aus. So verfügte jedes Regiment über eine nur mit Maschinenpistolen bewaffnete Kompanie; in der letzten Kriegsphase sogar über zwei. Zu jeder Panzerbrigade gehörte ein motorisiertes Maschinenpistolen-Bataillon, das mit 280 Maschinenpistolen bewaffnet war und im Gefecht eine sehr hohe Feuerdichte erreichte – was nicht selten entscheidend war.

Sowjetischer Marineinfanterist mit deutscher Maschinenpistole MP.38.

Späher/Aufklärer verwendeten oft erbeutete MP.38.

Maschinenpistole MP.40.

Maschinenpistole MP.40

Bei all ihren positiven hatte die MP.38 auch negative Eigenschaften: zu viele Teile mussten auf spanabhebenden Maschinen hergestellt werden, was einen hohen Arbeitsaufwand und hohe Fertigungskosten verursachte. Da aber jede Infanteriekompanie 14–16 Maschinenpistolen erhalten sollte, waren Maßnahmen zur Vereinfachung der Produktion angesagt. Diese führten zur 1940 eingeführten MP.40. Bei dieser traten an Stelle der durch aufwändiges Zerspanen und Fräsen hergestellten Teile gestanzte und geschweißte, was den Fertigungsaufwand und die Herstellungskosten deutlich verringerte. So wurde das Gehäuse mit gefrästen Nuten durch gestanztes Stahlblech ersetzt. Zur Verbesserung der Festigkeit erhielt der Magazinschacht Versteifungsrippen an den Seiten; zahlreiche Kleinteile, wie z. B. der Auswerfer, wurden aufgrund von Einsatzerfahrungen verbessert. Insgesamt stellten deutsche Firmen während des Krieges etwa 1 Million MP.38 und MP.40 her.

Deutsche Maschinenpistolen waren als Beutestücke bei Rotarmisten beliebt – wie umgekehrt die PPSch-41 bei deutschen Soldaten. So ergaben sich Vergleichsmöglichkeiten. Die etwa zur gleichen Zeit wie die MP.38 und MP.40 in Fertigung genommenen Maschinenpistolen PPD-40 und PPSch-41 wiesen viele Ähnlichkeiten zu den veralteten deutschen Maschinenpistolen MP.18 und MP.28 auf. Wesentliche Teile der PPD-40 wurden gefräst, was einen hohen Herstellungsaufwand und hohe Kosten nach sich zog. Die Maschinenpistole PPSch-41, die die PPD-40 bald ersetzte, eignete sich hingegen eher für die Massenproduktion. Sie konnte in jedem Industrieunternehmen mit entsprechenden Stahlpressen mit geringem Aufwand hergestellt werden, was sich während des Krieges als sehr vorteilhaft erwies. Nur der Lauf erforderte eine präzise Bearbeitung, er entstand durch Drehen auf einer Drehbank und Bohren. Fast alle anderen Metallteile ließen sich hingegen durch Stanzen herstellen. Die Herstellung von PPSch-41 erforderte keine Materialien, die in Kriegszeiten knapp waren, wie beispielsweise hochfeste legierte Stähle.

Ein Rotarmist posiert mit einer deutschen MP.40.

Technische Angaben MP.40	
Kaliber, mm	9
Mndungsgeschwindigkeit, m/s	380
Gewicht ungeladen, kg	3,97
Länge, mm	832
Länge mit angeklappter Schulterstütze, mm	629
Magazinkapazität	32
Theoretische Feuergeschwindigkeit, S/min	400
Praktische Feuergeschwindigkeit, S/min	80-90
Visierschussweite, m	100, 200

Ursprünglich wurde die PPSch-41 mit Trommelmagazinen der PPD-40 ausgestattet. Aufgrund der Tatsache, dass das Trommelmagazin unter Kampfbedingungen nicht sehr zuverlässig, unnötig schwer und teuer in der Herstellung war und auch eine individuelle Anpassung für jede spezifische Maschinenpistole erforderte, erhielt die PPSch-41 nach 1942 ein Stangenmagazin für 35 Patronen.

Die Verwendung der leistungsstarken Patrone 7,62 mm x 25 TT verschaffte der PPSch-41 eine höhere effektive Reichweite gegenüber deutschen Maschinenpistolen im Kaliber 9 mm x 19 Parabellum. Obwohl die MP.38 und MP.40 auf bis zu 100 m genauer schossen als die sowjetischen Muster (aufgrund besserer Kontrollierbarkeit und geringerer Feuergeschwindigkeit), waren diese auf Entfernungen darüber effektiver. Dank der stärkeren Patrone lag die effektive Reichweite der PPSch-41 anderthalbmal höher als die der MP.40. Die 7,62-mm-Geschosse hatten eine höhere Durchschlagskraft; die dickeren und schwereren 9-mm-Projektie der MP.40 aber eine größere Mannstopp-Wirkung.

Deutsche MP.38 und MP.40 waren besonders beliebt bei sowjetischen Fallschirmjägern und Panzersoldaten. Dank der Klappschäfte ließen sie sich besser im Sprunggepäck bzw. in den engen Kampfräumen gepanzerter Fahrzeuge verstauen als die klobigen PPD-40 und PPSch-41 mit Festholzschäften. Daher begannen die Sowjets Ende 1942 mit der Produktion der Maschinenpistole PPS-42/42 mit klappbarer Schulterstütze nach deutschem Vorbild. Die Länge mit angeklappter Stütze betrug nur 616 mm. Die sowjetischen Nachkriegs-Sturmgewehre AKS- und AKMS übernahmen diese Schulterstütze.

Mit PPSch-41 und MP.40 bewaffnete Marineinfanteristen kehren nach einem Einsatz hinter den feindlichen Linien zurück.

Sturmgewehr Stgw. 44

Im Herbst 1943 führten deutsche Soldaten an der Ostfront Versuche mit neuen automatischen Waffen für die neue Kurzpatrone 7,92 mm x 33 durch. Es handelte sich um die Maschinenkarabiner MKb 42 (H) von Haenel und MKb 42 (W) von Walther. Beide Muster zeigten ziemlich gute Kampfeigenschaften, aber die Frontsoldaten bevorzugten den Haenel-Karabiner.

Der Karabiner MKb 42 (H) wurde 1943 unter der Bezeichnung MP (Maschinenpistole) 43 in Kleinserie (1200 Einheiten pro Monat) eingeführt. Sowohl die Namensänderung als auch die geringe Produktionsrate des neuen Gewehrs ließen sich auf den Umstand zurückführen, dass die deutsche Heeresführung aus verschiedenen Gründen gegen die flächige Einführung der Schnellfeuerwaffe war. Denn diese erforderte wesentliche Änderungen in der Organisation, Ausbildung und im Kampfeinsatz der Infanterie, ganz zu schweigen von der Tatsache, dass der Übergang zu einer neuen Waffe und einer neuen Munition in Kriegszeiten eine ziemliche Herausforderung darstellen. Aus diesem Grund erließ das Heereswaffenamt die Anordnung, den Karabiner nur an Verbände der Waffen-SS und motorisierte Schützenregimenter (Panzergrenadiere) der Panzerdivisionen auszugeben. Gleichzeitig wurde an Verbesserungen von Waffe und Munition gearbeitet, was u. a. die »Pistolen-Patr. 43 m.E.« hervorbrachte – Pistolenpatrone 1943 mit Eisenkern.

Die Einstellung zum Maschinenkarabiner änderte sich 1944 grundlegend, als immer klarer wurde, dass ohne eine derartige Waffe die deutsche der sowjetischen Infanterie in Sachen Feuerkraft unterlegen sein würde. Vor allem aber konnte die Waffe kleinen Gruppen mehr Feuerkraft gegen einen zahlenmäßig überlegenen Feind verleihen. Der Karabiner wurde kurzerhand zu einer Art »Wunderwaffe« erklärt und seine verbesserte Version unter der Bezeichnung »Sturmgewehr 44« (Stgw. 44) in Serie gebracht. Es handelte sich um eine revolutionäre Waffe, die mit der Kurzpatrone eine Mischung zwischen Gewehr- und Pistolenmunition verschoss, weitgehend aus Blechprägeteilen bestand, einen Kippblockverschluss verwendete und bei der Wehrmacht auf Dauer Karabiner, Maschinenpistole sowie teilweise das MG ersetzen sollte. Das Stgw. 44 übte aufgrund seiner späten Einführung keinen wesentlichen Einfluss auf den Verlauf des Krieges mehr aus, begründete aber danach die neue Waffenkategorie der Sturmgewehre. Sowohl seine Technik als auch seine Herstellungweise beeinflussten weltweit nachhaltig die Entwicklung und Fertigung von Militärgewehren. Das Stgw. 44 arbeitete als Gasdrucklader, zapfte also Pulvergase aus dem Lauf für die Regelung der Verschlussbewegung ab (Entriegeln, Zuführung neuer Patronen). Es speiste sich aus einem zweireihigen Kurvenmagazin für 30 Patronen. Das Schiebevisier ermöglichte gezieltes Feuer auf Entfernungen bis zu 800 m.

Insgesamt stellten deutsche Fabriken über 415.000 Stgw. 44, MP.43 und Mkb 42 (H) sowie mehr als 690 Millionen Patronen für sie her.

In der Endphase des Krieges setzten sowjetische Soldaten erbeutete Stgw. 44 häufig ein.

Technische Angaben Stgw. 44	
Kaliber, mm	7,92
Mündungsgeschwindigkeit, m/s	647-700
Gewicht, kg	4,31
Länge, mm	940
Magazinkapazität	30
Theoretische Feuergeschwindigkeit, S/min	500
Visierschussweite, m	800
Praktische Schussweite, m	275

Sturmgewehr Stgw. 44.

Erbeutete MP.43/Stgw. 44 sowie die »Pistolen-Patr. 43 m.E« ließ das Volkskommissariat für Verteidigung der UdSSR sorgfältig untersuchen. Die Folge war u. a. die Übernahme der so genannten Zwischenpatrone 7,62 mm x 33 M1943 – ein leicht veränderter Nachbau der deutschen 7,92 mm x 33 für den Selbstladekarabiner Simonow SKS-45. Auch das 1947 eingeführte AK-Sturmgewehr von Kalaschnikow, das seine Abstammung vom Stgw. 44 kaum verleugnen kann, und das leichte Kalaschnikow-Maschinengewehr RPK wurden für sie eingerichtet. Unter Berücksichtigung aller Parameter gilt das Stgw. 44 im Übrigen als bestes Infanteriegewehr des 2. Weltkriegs. Ein deutscher Erfahrungsbericht von Ende Februar 1944 hielt fest: »Anderen Waffen gegenüber hat die M.P.43/1 ihre Überlegenheit im Angriff, in der Verteidigung, beim Lösen vom Feind und ganz besonders bei Spähtruppunternehmungen noch bedeutend mehr gezeigt und hervorragend bewiesen.«

Feldposten mit Beute-Stgw. 44.

Nach 1945 übergab die UdSSR die meisten Stgw. 44 an verschiedene »Befreiungsbewegungen« in Afrika und Asien.

Mauser-Gewehr 98.

Gewehr 98/Karabiner 98k

Die wichtigste Handwaffe des deutschen Heeres im Ersten Weltkrieg war das Gewehr 98 und im Zweiten Weltkrieg dessen Nachfolger, der Karabiner 98k. Das Gewehr 98 wurde von den Brüdern Wilhelm und Paul Mauser auf Basis bisheriger Erfolgsmodelle entwickelt und 1898 bei den deutschen Streitkräften eingeführt. Nach 1918 tat es bei der Reichswehr und bis zur Einführung des Karabiners 98k auch bei der Wehrmacht Dienst.

Mauser-Karabiner 98k in einem sowjetischen Lagerhaus.

Wesentliches Merkmal von Gewehr und Karabiner stellt der robuste und äußerst verlässliche Mauser-Verschluss 98 dar, der als Kammerverschluss durch eine händische Drehbewegung des Kammerstängels verriegelt bzw. entriegelt. Das fest eingebaute Magazin fasst fünf Patronen 7,92 mm x 57, die mit 5-Schuss-Ladestreifen geladen wurden. Das Kurvenvisier des Gewehrs 98 war für Entfernungen bis zu 2000 m ausgelegt.

Die Standardwaffe der deutschen Infanterie im Zweiten Weltkrieg war der auf Grundlage des Gewehrs 98 geschaffene Karabiner 98k, während die Gebirgstruppen und teilweise auch Fallschirmtruppen mit der kürzeren und leichteren Ausführung Karabiner 33/40 bewaffnet wurden. Neben der kürzeren Gesamtlänge und dem geringeren Gewicht unterschieden sich diese Karabiner vom Gewehr 98 u. a. durch ihre gebogenen Kammergriffe, das »gekürzte« Schiebevisier sowie eine Sperre, die nach Verschuss der letzten Patrone ein »leeres Laden« verhinderte. Ausgesuchte Karabiner erhielten Zielfernrohre und wurden an Scharfschützen ausgegeben. Sowohl für Gewehr als auch Karabiner gab es eine Reihe aufpflanzbarer Messerbajonette.

Während des Krieges wurden zur Rationalisierung der Produktion und zur Reduzierung der relativ

Technische Angaben Gewehr 98 und Karabiner 98k		
	Gewehr 98	Karabiner 98k
Kaliber, mm	7,92	7,92
Mündungsgeschwindigkeit, m/s	895	860
Gewicht ohne Bajonett, kg	4,1	3,9
Gewicht mit Bajonett, kg	4,56	4.33
Länge ohne Bajonett, mm	1250	1110
Länge mit Bajonett, mm	1500	1340
Magazinkapazität	5	5
Praktische Feuergeschw. (S/min)	10-12	10-12
Visierschussweite, m	2000	2000
Praktische Schussweite, m	bis 800	bis 800

Karabiner 98k, unten mit Zielfernrohr ZF 41.

Milizsoldaten mit Karabinern 98k und Gewehren 98, Herbst 1941.

hohen Herstellungskosten des K 98k folgende Änderungen vorgenommen:

- Verwendung von Buchensperrholz anstelle von Walnussholz für den Schaft (was zu einer Zunahme der Masse um 0,3 kg führte);
- Herstellung einzelner Teile aus gestanztem Stahlblech;
- Verwendung punktgeschweißter Einzelteile;
- Einführung eines vereinfachten Visiers;
- Phosphatierung statt Brünierung der Metallteile;
- Bajonett-Griffschalen aus Bakelit statt aus Holz.

Insgesamt erwies sich der Entwurf als sehr erfolgreich. Von 1939–1945 stellten deutsche Fabriken 10.327.000 Karabiner und Gewehre des Systems Mauser 98 her.

Beutewaffen System 98 wurden von Soldaten der Roten Armee ab den ersten Kriegstagen verwendet und auch von Partisanen. Beutegewehre 98 aus dem Ersten Weltkrieg, die in Lagerhäusern aufbewahrt worden waren, wurden standardmäßig an die im Herbst 1941 gebildeten Milizdivisionen ausgegeben. Ab Anfang 1942 wurden K 98k, die während der Gegenoffensive bei Moskau in beträchtlicher Zahl erbeutet wurden, auch an reguläre Einheiten der Roten Armee ausgegeben. So wurden Soldaten der 116. selbstständigen Marineschützenbrigade, die im September 1942 aus Matrosen der Pazifikflotte gebildet wurde, mit Beute-Karabinern 98k bewaffnet.

Nachdem die sowjetischen Verbände mit eigenen Gewehren und Karabinern »gesättigt« waren, gingen Beute-Karabiner an Verbände im Hinterland, wie z. B. Flak-Einheiten, Sicherungsverbände, Eisenbahntruppen oder Ausbildungstruppenteile.

In der Nachkriegszeit wurden über 3 Millionen gebrauchsfähige Gewehre 98 und Karabiner 98k in sowjetischen Lagerhäusern aufbewahrt; dazu ungefähr 2 Milliarden Patronen.

Bei Jägern in aller Welt ist das System 98 aufgrund seiner Zuverlässigkeit und Robustheit noch heute beliebt.

Milizsoldatinnen mit deutschen Mauser-Gewehren System 98. Aufnahme vom Herbst 1941.

Maschinengewehr MG 34

Die Basis der Kampfkraft der deutschen Infanteriegruppe war ein Maschinengewehr. Alle Taktiken der Gruppe wurden unter Berücksichtigung des Einsatzes eines Maschinengewehrs entwickelt. In der Anfangsphase des Krieges stellte das von der Rheinmetall-Borsig AG hergestellte MG 34 für die Patrone 7,92 mm x 57 das meist verwendete Maschinengewehr dar. Dessen endgültige Version lag 1934 vor, zwei Jahre später begann die Massenproduktion des MG, das die Wehrmacht jedoch offiziell erst am 24. Januar 1939 übernahm. Im September 1939 verfügte sie über 84.078 Maschinengewehre dieses Modells. Von September 1939 bis März 1945 wurden über 345.000 MG 34 hergestellt.

Das MG 34 war das weltweit erste und in Serie produzierte Einheitsmaschinengewehr. Auf der Ebene der Infanteriegruppe und des Zuges kam es als leichtes Maschinengewehr und auf der Kompanie- oder Bataillonsebene als schweres Maschinengewehr auf Lafette zum Einsatz. Mit einem Dreibein und speziellem Visier ließ es sich zur Fliegerabwehr verwenden. Es gab auch eine Ausführung für den Einbau in Panzerkampfwagen, wozu lediglich Zweibein, Schulterstütze, Korn und Fla-Kreiskorn entfernt werden mussten. Im Februar 1941 wurde der so genannte Panzermantel eingeführt, der eine größere Widerstandsfähigkeit gegenüber Beschuss aufwies. Der zuschießende Rückstoßlader arbeitete mit einem Drehkopfverschluss und erreichte mit einer Kadenz von 800–900 S/min die doppelte Feuergeschwindigkeit des MG 08/15 des Ersten Weltkriegs. Der kombinierte Einzel- und Dauerfeuerabzug erlaubte die Abgabe von Einzelschüssen aus der für ein MG äußerst präzisen Waffe. Ungeladen mit Zweibein wog das MG 34 mit seinem charakteristischen, von zahllosen runden Lüftungsöffnungen durchbrochenen Laufmantel 12,1 kg, gezielt wurde über ein offenes Schiebevisier in 100-m-Schritten steigend von 200–2000 m. Ein schneller Wechsel des erhitzten Laufes war gegeben. Bei der Verwendung

Maschinengewehr MG 34 auf Lafette.

Leichtes Maschinengewehr MG 34 mit Gurttrommel.

als schweres Maschinengewehr mit optischem Visier montierte man das MG 34 auf die Universallafette 34, auf der es sowohl Boden- als auch Luftziele bekämpfen konnte. Zum Beschießen von Luftzielen stand ein leichtes Fliegerdreibein 34 zur Verfügung. Während des Krieges wurden Patronen mit panzerbrechenden Leuchtspur-, panzerbrechenden Brand- und anderen Geschossen entwickelt und verwendet.

Die Patronenversorgung erfolgte entweder aus einer 75 Schuss fassenden Gurttrommel oder aus Gurten für 50 oder 250 Schuss, die sich sowohl von links als auch von rechts zuführen ließen. 50-Schuss-Gurte ließen sich mit einer Patrone zu Gurten beliebiger Länge verbinden.

Erbeutene MG 34 wurden von Rotarmisten wegen ihrer hohen Feuergeschwindigkeit und Genauigkeit geschätzt. Es stellte sich jedoch heraus, dass das Maschinengewehr zu empfindlich auf Hitze, Kälte sowie Verschmutzungen reagierte. Der Wechsel eines heißgeschossenen Laufs war – im Vergleich zum späteren MG 42 – eine ziemlich komplizierte Operation, die zwei Mann und Asbesthandschuhe erforderte. Darüber hinaus erforderte die Komplexität der Konstruktion des MG 34 eine gut ausgebildete Bedienung. Entsprechende Anweisungen zur Bedienung von Beute-MG-34 gab die Rote Armee erst 1944 heraus; Lehrgänge wurden jedoch bereits in der zweiten Hälfte des Jahres 1942 organisiert.

Rotarmisten inspizieren erbeutete MG 34.

Wie mit dem Gewehr 98 statteten die Sowjets hauptsächlich rückwärtige Truppenteile mit Beute-MG-34 aus. So ging eine beträchtliche Anzahl MG 34 an Flugabwehr-MG-Einheiten der Luftverteidigung, wo sie sich aufgrund ihrer hohen Feuerrate als sehr effektiv erwiesen. Nach Ende des Zweiten Weltkriegs schickte die UdSSR viele tausend MG 34 nach China, Korea und Vietnam.

Technische Angaben MG 34	
Kaliber, mm	7,92
Mündungsgeschwindigkeit, m/s	755
Gewicht:	
mit Zweibein, kg	12.1
mit Lafette und optischem Visier, kg	33
Länge, mm	1225
Gurtkapazität Patronen	50 od. 250
Kapazität Gurttrommel	75
Theoretische Feuergeschwindigkeit, S/min	800-900
Praktische Feuergeschwindigkeit, S/min	150-250
Visierschussweite, m	2000

Rotarmisten beim Schießen mit einem erbeuteten MG 34.

Angehörige des Vietcong beschießen US-amerikanische Hubschrauber mit einem deutschen MG 34.

Technische Angaben MG 42	
Kaliber, mm	7,92
Mündungsgeschwindigkeit, m/s	710
Gewicht:	
mit Zweibein, kg	11,4
mit Lafette und optischem Visier, kg	32,4
Länge, mm	1230
Gurtkapazität Patronen	50 od. 250
Theoretische Feuergeschwindigkeit, S/min	1200-1300
Praktische Feuergeschwindigkeit, S/min	250-350
Visierschussweite, m	2000

Maschinengewehr MG 42

Das MG 34 enthielt viele Teile, die einer äußerst präzisen Bearbeitung auf Dreh- und Fräsmaschinen bedurften. Aus diesem Grund war eine Massenproduktion aufwändig und konnte den wachsenden Bedarf der Wehrmacht kaum decken. Bereits 1937 wandte sich das Heereswaffenamt an deutsche Rüstungsfirmen mit der Maßgabe, ein einfacher und kostengünstiger herzustellendes Maschinengewehr zu entwickeln. Von den eingereichten Konstruktionen machte der Entwurf von Dr. Grunow von der Grossfuss AG das Rennen. Im Februar 1939 bestand es die militärische Erprobung und Ende 1941 wurden 1500 neue Maschinengewehre unter Gefechtsbedingungen getestet. Anfang 1942 wurde das nach den Erprobungen verbesserte Maschinengewehr von der Wehrmacht unter der Bezeichnung Maschinengewehr 42 (MG 42) übernommen.

Obwohl das MG 42 einige Teile des MG 34 verwendete (was den Übergang zur Fertigung des neuen Modells erleichterte), handelte es sich im Wesentlichen um einen Neuentwurf mit hervorragenden Kampfeigenschaften. Die Herstellung vereinfachte die breite Verwendung von Stanz- und Blechprägeteilen, die Anwendung von Punktschweißverfahren sowie die Verringerung der Bauteile auf 200.

Das MG 42 arbeitete als zuschießender Rückstoßlader mit einem Rollenverschluss; im Unterschied zum MG 34 ließ der Abzug nur Dauerfeuer zu – dies aber in einer außergewöhnlich hohen Kadenz von bis zu 1300 Schuss pro Minute. In der Praxis wurden hingegen bei der Verwendung ohne Lafette meist nur kurze Feuerstöße von 5–7 Schus abgegeben, was sich positiv auf Treffgenauigkeit bzw. Streuung auswirkte. Dem unverkennbaren Stakkato seiner rasanten Feuerstöße – bei dem es so manchem Rotarmisten kalt über den Rücken lief – verdankte es den Beinamen »Knochensäge«. Aus den Erfahrungen mit dem MG 34 wurde beim MG 42 der Laufwechsel erheblich vereinfacht – er ließ sich von einer Person in nur 6 Sekunden durchführen. Ein Ersatzlauf und zwei Ersatzverschlüsse gehörten zum Zubehör eines jeden MG-Trupps.

Die Zufuhr erfolgte aus Metallgurten für 50 oder 250 Patronen; die Zuführung erfolgte von links. Auch Gurttrommeln kamen zur Verwendung. Sichern ließ sich die Waffe über eine Knopfsicherung im Pistolengriff. Das Schiebevisier ermöglichte gezieltes Feuern bis auf 2000 m, was in der Praxis aber hauptsächlich auf Lafette (mit Tiefenfeuereinrichtung wie beim MG 34) und mit optischem Visier geschah. Ein kreisförmiges Fliegervisier diente zum Schießen auf Flugzeuge.

Obwohl das MG 42 von vielen Experten als das beste Maschinengewehr des Zweiten Weltkriegs angesehen wird, wurden Arbeiten zu seiner weiteren Verbesserung 1943 fortgesetzt. Sie führten zur Entwicklung des MG 42(V) oder MG 45. Das Gewicht dieses Maschinengewehrs betrug nur noch 6,5 kg bei einer Erhöhung der theoretischen Feuergeschwindigkeit auf 2400 Schuss pro Minute! Kein

anderes Infanterie-Maschinengewehr des zweiten Weltkriegs erreichte die Kadenz des MG 42, geschweige denn des MG 45. Letzteres erschien zu spät und kam – so weit bekannt – nicht mehr zum Kampfeinsatz.

Nach Schätzungen sollen 1943–1944 über 350.000 Maschinengewehre 42 hergestellt worden sein.

Im Vergleich mit dem sowjetischen DP-27 wog das MG 42 etwa 2 kg mehr, die Mündungsgeschwindigkeit betrug 710–750 m/s im Vergleich zu 840 m/s beim DP-27. Doch seine Feuergeschwindigkeit war mit 1200–1300 Schuss pro Minute doppelt so hoch wie beim DP-27. Die Zufuhr aus Patronengurten zu 50 oder 250 Schuss statt aus einem nur 47 Patronen fassenden Tellermagazin erwies sich als weiterer großer Vorteil. Auch die Ergonomie des deutschen Maschinengewehrs wurde von sowjetischen Stellen als gelungener bewertet.

Erbeutete MG-42-Maschinengewehre wurden eingesetzt, solange Munition verfügbar war oder bis zum ersten Ausfall (sowjetische Soldaten konnten MG 42 im Feld nicht reparieren). Die auf Schlachtfeldern gesammelten Maschinengewehre kamen in Depots, wo sie sortiert wurden. Maschinengewehre mit erheblichen Schäden wurden verschrottet, einsatztaugliche kamen zu rückwärtigen Einheiten oder als Reservewaffen zur Langzeitlagerung in Lagerhäuser. Die deutsche NVA führte das MG 42 bzw. einen Nachkriegsableger im Unterschied zum österreichischen Bundesheer, zur deutschen Bundeswehr oder zur jugoslawischen Volksarmee nicht ein, wohl aus Rücksicht auf die Sowjets und aus logistischen Gründen. Eine ganze Reihe nord-, west- und südeuropäischer Länder aber mochte nicht darauf verzichten.

Maschinengewehr MG 42, die gefürchtete »Knochensäge«.

Maschinengewehr MG 42 auf Lafette.

Panzerfaust

Im Frühherbst 1943 erhielt das Volkskommissariat für Verteidigung der UdSSR Berichte über den Einsatz neuer deutscher Einmann-Panzerabwehrwaffen namens »Faustpatrone« oder «Panzerfaust«. Später erschienen genauere Informationen über die rückstoßfreie Einwegwaffe, die eine Hohlladung verfeuerte. Ihre Ursprünge gehen auf eine Forderung des Heereswaffenamtes vom Frühjahr 1942 an die Industrie zurück, eine möglichst einfach zu handhabende Panzerabwehrwaffe zu entwickeln. Bis zur klassischen Panzerfaust war es aber noch ein längerer Weg. Zunächst entwickelte die Firma Hugo und Alfred Schneider AG (HASAG) in Leipzig-Altenburg eine Reihe von Hohlladungs-Handgranaten, die aber in technischer Hinsicht und unter Gesichtspunkten der praktischen Handhabung in eine Sackgasse führten. Ab November 1942 beschritt die HASAG daher neue Wege: Der Panzernahkämpfer sollte die Hohlladung nicht mehr aus der Hand werfen, sondern mittels einer besonderen Kartusche als Abschussvorrichtung aus der Hand verschießen. Die mit dem Gefechtskopf verbundene Kartusche sollte am hinteren Ende eine Düse aufweisen, durch die der Abgasstrahl austreten konnte, was die Rückstoßkräfte minderte oder ganz aufhob. Die Kartusche diente somit als Abschussrohr, das zugleich die Auslösevorrichtung aufnahm. Nach weiteren Verbesserungen und der Erprobung gab das Heereswaffenamt grünes Licht für die Serienfertigung. Die ersten 500 »Panzerfaust 30 m (klein)« erreichten die Truppe im August 1943, im September verfügte sie bereits über mehrere Tausend.

Die praktische Schussweite betrug rund 30 Meter und der Panzerdurchschlag der Hohlladung, unabhängig vom Auftreffwinkel, beachtliche 140 mm – sofern sie nicht von der Panzerung abrutschte, denn die Anfangsgeschwindigkeit betrug nur 27 m/s. Es folgte eine Reihe verbesserter Muster mit gesteigerter Reichweite und Durchschlagskraft mit den Bezeichnungen nach Einsatzreichweite »Panzerfaust 60 m«, »Panzerfaust 100 m« und »Panzerfaust 150 m«. (Letztere schaffte es bis Kriegsende nur noch in den Truppenversuch. Auf Grundlage der noch in Entwicklung befindlichen »Panzerfaust 250 m« mit wieder verwendbarem Abschussrohr schufen die Sowjets ihre erste »Raketenpanzerbüchse«, die 1949 eingeführte RPG-2). Die Panzerfaust-Versionen 30 bis 150 unterschieden sich in Visierung, Kaliber, Gewicht, Durchschlagsleistung und Kampfentfernung, waren in der Anwendung aber gleich. Sie

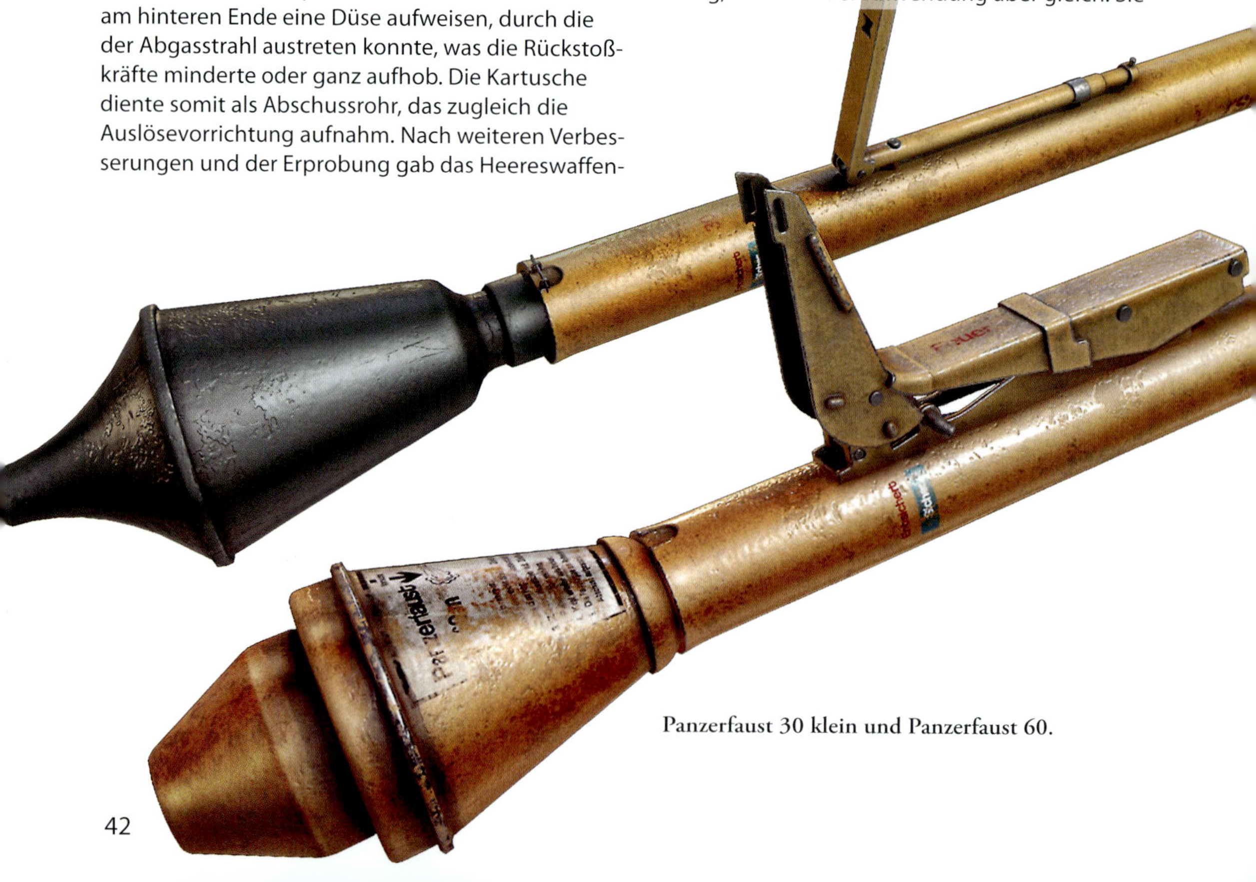

Panzerfaust 30 klein und Panzerfaust 60.

bestanden aus Abschussrohr und Hohlladungs-Gefechtskopf mit Flügelschaft zur Pfeilstabilsierung des Geschosses im Flug. Ein hochklappbares Visier am Abschussrohr diente zugleich als Sicherung, die Schussauslösung erfolgte über einen Auslöseknopf bzw. -hebel dahinter. Dieser gab einen vorgespannten Schlagbolzen frei, der die Pulvertreibladung im Rohr zündete. Die Panzerfaust konnte – je nach Ausführung – Panzerungen von 140 bis 200 mm Stärke durchschlagen; die Panzerfaust 150 m schaffte sogar 280 bis 320 mm.

Trotz der Tatsache, dass die Faustpatrone/Panzerfaust eine Einwegwaffe war, wurden leere Abschussrohre gesammelt und einer erneuten Verwendung zugeführt. Den Umfang des Einsatzes von Panzerfäusten belegt die Zahl von 1.048.000 Waffen, die sich zum 1. November 1944 in deutschen Einheiten befanden. Der Verbrauch betrug im selben Monat 209.000 Stück. Allein in den letzten drei Monaten des Jahres 1944 und in den ersten drei Monaten des Jahres 1945 wurden 5.600.000 Panzerfäuste aller Modifikationen hergestellt. Das Vorhandensein einer solchen Anzahl ermöglichte es, (rein rechnerisch) eine Panzerfaust-Dichte von 30–40 Einheiten pro Frontkilometer zu schaffen. Dies »schränkte die Aktionsmöglichkeiten der mechanisierten Formationen der Roten Armee stark ein«. Eine noch stärkere Konzentration von Panzerfäusten sollten fahrradbewegliche Panzerjagdverbände erreichen, deren Aufstellung im Januar 1945 begann. Die Panzerfaust war ihre Hauptwaffe.

Sowjetischer Soldat mit deutscher Faustpatrone 100m.

Technische Angaben Panzerfaust 100 m	
Kaliber, mm	149
Gesamtgewicht, kg	6,80
Anfangsgeschwindigkeit der Granate, m/s	45
Effektive Schussweite, m	100
Panzerdurchschlag, mm	200
Länge, mm	1230

Sowjetische Panzerverbände erlitten erhebliche Verluste durch Panzerfäuste. In den Kämpfen am Stadtrand von Berlin im Frühjahr 1945 betrugen die Panzerverluste durch Panzerfäuste 11,3–30 % und

Ein Rotarmist beim Fertigmachen einer Panzerfaust zum Schuss.

bei den Straßenkämpfen in Berlin sogar noch mehr. Die Berliner Hitlerjugend verteidigte mit Panzerfäusten verbissen die Havelbrücken.

Erbeutete Panzerfäuste setzten auch sowjetische Soldaten erfolgreich ein. So nutzten am 3. Dezember 1944 zwei Kompanien des 29. Garde-Luftlande-Regiments, die einen Gegenangriff deutscher Panzer und Infanterie in der Nähe der Stadt Meze-Komar (Ungarn) abwehrten, am Vortag erbeutete Panzerfäuste und setzten damit sechs Panzerkampfwagen, zwei Sturmgeschütze und zwei Schützenpanzerwagen außer Gefecht.Der Stabschef der gepanzerten und mechanisierten Streitkräfte, Generaloberst M.D. Solomatin, hielt in einem Befehl vom 17. März 1944 fest: »Für den Kampf gegen feindliche Panzer mit Hilfe erbeuteter Faustpatronen sind in den Verbänden der 1. Garde-Panzerarmee spezielle Gruppen auf Basis einer Motorschützenkompanie geschaffen worden. Zur Vorbereitung wurden praktische Schießübungen mit Faustpatronen durchgeführt... Auf Grundlage der Erfahrungen der 1. Garde-Panzerarmee müssen für gepanzerte und mechanisierte Truppen entsprechende Anweisungen zum Einsatz von Beute-Faustpatronen erlassen werden.« Gerade im Häuserkampf und beim Beschuss von Bunkern und befestigten Stellungen setzten sowjetische Infanterie und Pioniere erbeutete Panzerfäuste ein. Bei den Kämpfen um Danzig verbrauchten sowjetische Angriffsgruppen z. B. täglich fast 200–250 Faustpatronen. Marschall der Pioniertruppen W.K. Charschenko bemerkte, was deutsche Panzerfaustschützen längst wussten, dass »ein Schuss durch das Fenster ausreichte, um feindliche MG-Schützen zum Schweigen zu bringen, zwei oder drei Schüsse ließen eine Stein- oder dünne Betonwand brechen.« Generalleutnant F.J. Bokow berichtete: »Um starke Türen und Tore zu sprengen, um Mauern zu durchbrechen, verwendeten sowjetische Soldaten in Berlin sehr häufig erbeutete Faustpatronen.«

Panzerfäuste wurden oft auch zur Bekämpfung deutscher Panzer und Sturmgeschütze verwendet. Eine Panzerfaust soll auch mit dem mysteriösen Tod von Reichsleiter Martin Bormann zu tun haben. Angeblich kam dieser in der Nacht vom 1. auf den 2. Mai 1945 beim Ausbruchsversuch einer Gruppe hochrangiger Parteigrößen unter Panzerschutz ums Leben. Einer der Panzer wurde von einem sowjetischen Panzerfaustschützen getroffen und explodierte, unter den Toten soll sich auch der hinter dem Panzer Deckung suchende Bormann befunden haben.

Artilleriemarschall N.D. Jakowlew, während des Krieges Leiter der Hauptdirektion Artillerie und auch für die Entwicklung von Infanterie-Panzerabwehrwaffen zuständig, bedauerte nach dem Krieg, dass sich in der Direktion »keine aktiven Unterstützer von Panzerabwehrwaffen wie der Panzerfaust« fanden, die sich sehr gut bewährt habe. Freilich hatte man auch in der Sowjetunion an der Entwicklung von »Raketenwaffen« gearbeitet, einschließlich Panzerabwehrwaffen der Infanterie. 1933 wurde etwa eine von L.W. Kurchewsky entwickelte rückstoßfreie 37-mm-Waffe von der Roten Armee übernommen. Während des Großen Terrors (1937–1939) wurden jedoch viele Raketenkonstrukteure als »Volksfeinde« erschossen und die Arbeit an rückstoßfreien Waffen eingestellt. Bereits 1943 soll J.W. Stalin dazu bemerkt haben: »Zusammen mit dem schmutzigen Badewasser haben sie das Kind ausgegossen.«

Die deutsche Panzerfaust hinterließ zusammen mit den Raketenpanzerbüchsen einen nachhaltigen Eindruck bei all ihren Gegnern an Ost-, West- und Südfront. Es ist nicht verwunderlich, dass sowjetische Ingenieure nach dem Krieg viel Zeit und Mühe auf das Studium und die Versuche, diese Art Waffe zu verbessern, aufwendeten. Auf der Grundlage deutscher Entwicklungen entstand so die oben erwähnte Raktenpanzerbüchse RPG-2, die nach vierjähriger Entwicklung 1949 bei den sowjetischen Streitkräften eingeführt wurde.

Raketenwerfer RWr.43

Ab 1944 tauchte unter den Beutestücken der Roten Armee eine ungewöhnliche Waffe auf, die in ihrem Aussehen an ein kleines Geschütz erinnerte: der 8,8 cm Raketenwerfer 43 (RWr. 43) mit inoffiziellem Beinamen »Puppchen«. Es handelte sich zwar nicht um eine Handwaffe im eigentlichen Sinn wie z. B. die Panzerfaust, als leichte Panzerabwehrwaffe wird sie dennoch in diesem Kapitel behandelt.

Der RWr.43 wurde nach einer Forderung des Heereswaffenamtes vom Herbst 1942 von der WASAG zusätzlich zur Einweg-Faustpatrone entwickelt, deren erste Modelle alles andere als perfekt waren und nur die Bekämpfung von Panzerfahrzeugen auf Entfernungen unter 30 Metern mit Erfolg zuließen.

Die Arbeiten zur Schaffung des RWr.43 erhielten dadurch Auftrieb, dass im Frühjahr 1943 deutsche Truppen in Nordafrika mehrere amerikanische Panzerabwehr-Raketenbüchsen »Bazooka« erbeuteten. Bei der »Bazooka« handelte es sich um die erste nachladbare Panzerabwehr-Handwaffe mit Raketenantrieb aus einem geschlossenen Rohr. WASAG-Konstrukteur Dr. Erich von Holt nahm das Prinzip der »Bazooka« als Grundlage zur Schaffung des ersten deutschen Panzerabwehr-Raketenwerfers für Hohlladungsgranaten, bestehend aus einem Abschussrohr mit Verschluss, Abschuss- und Visiervorrichtung, Schutzschild und einer leichten Radlafette.

Das glattwandige, 1600 mm lange Rohr des Raketenwerfers wies einen Innendurchmesser von 88 mm auf. Ein einfacher Schiebeverschluss schloss es nach hinten ab. Um eine Überhitzung beim Schießen zu vermeiden, wurde der Lauf mit einem Hitzeschutzmantel versehen, der sich an der Mündung trichterförmig erweiterte. Der Lafette bestand aus einer Ober- und einer Unterlafette, auf der das Rohr schwenkbar lagerte und ein Schutzschild befestigt war; die einholmige Unterlafette wies zwei abnehmbare, durch Kufen ersetzbare Räder aus gestanztem Blech mit Gummireifen auf. Die Lafette erlaubte einen Höhenrichtbereich von +15° bis –18° und einen Schwenkbereich von 60°. Gezielt wurde mittels eines manuell zu bedienenden Richtarmes über ein offenes Visier mit Korn und Kimmeneinteilung für 180 bis 700 m. Das Fahrgestell war für einspännigen Pferdezug ausgelegt; ließ sich aber auch von zwei Mann der vierköpfigen Bedienung bewegen.

Die Hohlladungsgranate R.Pz.Gr. 4312 mit einem Gewicht von 2,65 kg wurde ausschließlich zum Beschuss gepanzerter Ziele verwendet. Auf Entfernungen bis zu 250 Metern durchbohrte sie Panzerungen bis zu 160 mm Dicke. Auf 250 m lagen 50 % der Treffer in einem Quadrat mit 1 Meter Seitenlänge.

Der Raketenwerfer RWr.43 war eine einfache und effektive Panzerabwehrwaffe. Das Gewicht von

Raketenwerfer 43 »Puppchen«.

Raketenwerfer 43 »Puppchen«, die bei den schweren Kämpfen in Pommern 1945 erbeutet wurden.

152 kg erschwerte jedoch der Bedienung den schnellen Stellungswechsel auf dem Gefechtsfeld. Darüber hinaus war das Gerät mit 2,87 m recht lang. Diese Umstände und fast die gleiche Panzerdurchschlagsleistung wie die von einem Mann zu bedienende Panzerfaust (die freilich nicht so weit reichte) führten zur Ablösung des RWr 43 durch die leistungsfähigere 8,8 cm Raketen-Panzerbüchse 43 »Ofenrohr« von HASAG. Im Juli 1944, nach einer Stückzahl von 3150, wurde die Fertigung des RWr.43 eingestellt. Zum 1. März 1945 verfügten Wehrmacht und Waffen-SS noch über 1649 RWr.43 »Puppchen«.

Der 1950 eingeführte sowjetische Panzerabwehr-Raketenwerfer SPG-82 entstand auf Grundlage des deutschen RWr.43 »Puppchen«.

Technische Angaben RWr. 43	
Kaliber, mm	88
Anfangsgeschwindigkeit der Granate, m/s	200
Gewicht, kg	152
Gesamtlänge, mm	2870
Waffenlänge, mm	1750
Visierbereich, m	700
Effektive Schussweite, m	180-250
Panzerdurchschlag, mm	150-180

Erbeutete RWr. 43 setzte die Rote Armee relativ selten ein, da es ihnen bei Offensivoperationen, wie sie für die Endphase des Krieges typisch waren, an Beweglichkeit mangelte. Dennoch bildete das Konzept dieses deutschen Raketenwerfers die Grundlage für den Panzerabwehr-Raketenwerfer SPG-82, den die Rote Armee 1950 einführte. Diese Waffe wog nur noch 38 kg und verschoss im Unterschied zum deutschen Vorbild sowohl Panzerabwehr- als auch Splittergranaten. Auf 200 m Entfernung durchschlug eine Panzerabwehrgranate bis zu 175 mm Panzerstahl.

Sowjetische Offiziere begutachten Raketenwerfer 43.

Raketenwerfer 43 in Feuerstellung.

GESCHÜTZE

In der Anfangsphase des deutsch-sowjetischen Krieges sah sich die Rote Armee in schwere Abwehrkämpfe verwickelt. Bei diesen Schlachten gingen 142.623 Mörser/Granatwerfer, 5646 Fliegerabwehr- und 60.321 Feldartilleriegeschütze verloren. Selbst die seit Anfang der 1930er-Jahre in immer höheren Stückzahlen produzierende sowjetische Rüstungsindustrie konnte solche Verluste nicht von heute auf morgen ausgleichen. Daher wurde neben der Verlegung von Artilleriewaffen aus den inneren Militärbezirken dem Einsatz deutscher Beutegeschütze und Granatwerfer erhöhte Bedeutung zugemessen. Die Wirksamkeit deutscher Beutegeschütze war anfänglich jedoch sehr gering; es fehlten ins Russische übersetzte Bedienanleitungen und Schusstafeln, Zugmittel sowie ausreichende Munitionsbestände. Erbeutete Munition wurde oft in einem einzigen Gefecht vollständig verschossen; Nachschub gab es nicht oder nur spärlich. Beutegeschütze wurden nach Möglichkeit zerstört, bevor sie ihre ehemaligen Besitzer weiter nutzen konnten. Am 1. Januar 1943 zählte die Rote Armee im Beutebestand insgesamt 1856 Geschütze und 1981 Mörser/Granatwerfer.

Als sich die Produktion sowjetischer Artilleriegeschütze wieder steigerte, nahm die Schlagkraft der Roten Armee zu. Mehrere großangelegte Offensiven führten zu Erfolgen und Teilerfolgen, manche zu Niederlagen. Jedenfalls fielen wieder zahlreiche Beutegeschütze an. Nach Angaben des Beutekomitees, das für ihre Sammlung zuständig war, fielen von 1943 bis 1945 (einschließlich der nach der Kapitulation übernommenen Bestände) 68.000 Artilleriegeschütze und 30.000 Mörser aller Kaliber in sowjetische Hände, dazu über 114 Millionen Granaten und 16 Millionen Mörsergeschosse

Zur weiteren Verwendung geeigneter Geschütze und Granatwerfer wurden bei einigen Artillerieregimentern und -brigaden der Roten Armee Artillerieschulen und Ersatzeinheiten eingerichtet. In dieser Hinsicht ist der Befehl Nr. 056 des Generalstabschefs der Artillerie der 46. Armee, Oberst Golowganski, vom 17. Januar 1945, bezeichnend:

GEHEIM
An die Chefs des Artilleriekorps
An die Kommandeure der Artillerieverbände der Armee
An die Kommandeure der zur Verstärkung herangeführten Artillerieverbände

Zu Beginn der Angriffsoperationen der Armee wurde eine große Menge an Artilleriematerial und Munition erbeutet, aber trotz der schwierigen Nachschubbedingungen für eigene Munition haben dies nur wenige Generäle und Offiziere zur Kenntnis genommen.

Auf Befehl des Kommandeurs der Artillerie der 3. Ukrainischen Front, Generaloberst Nedelin, erlässt der Kommandeur der Artillerie der 46. Armee folgende Anordnung:

1. Ohne auf die Gestellung von Bedienungen und Zugmitteln zu warten, sind durch Mobilisierung interner Ressourcen und in Eigeninitiative in Betrieb zu nehmen:
   a) von jeder Haubitzenbrigade einer Artilleriedivision eine aus vier Geschützen bestehende Batterie von 105-mm-Haubitzen;
   b) von jeder Kanonenbrigade eine aus zwei Geschützen stehende Batterie von 150-mm-Kanonen;
   c) von jeder Flugabwehrabteilung eine Abteilung 80-mm- und 88-mm-Geschütze.
2. Um den Mangel an 76-mm-Kanonen in einzelnen Panzerabwehrbataillonen und in den Panzerabwehrregimentern an 75-mm-Geschützen Modell 1940 zu decken:
3. Transportieren sie für diese Systeme Munition aus den eroberten deutschen Depots zu Divisions- und Armeedepots.
4. Der Chef der Artillerieversorgung des Heeres weist die Verbände an, in welchen Depots, in welcher Menge und für welche Systeme Munition vorhanden ist.
5. Dieser Befehl ist bis zum 30. Januar 1945 auszuführen.

Die getroffenen Maßnahmen, die Anzahl an erbeutetem Material und die Anzahl der transportierten Munitionsmengen sind in Tages- und Einsatzberichten niederzulegen.

Der Stabschef der Artillerie der 46. Armee
Oberst Golowganski

Ein Teil der deutschen Beutegeschütze ging an nicht-sowjetische Verbände, die bei der Roten Armee kämpften. Ein anderer Teil blieb als Reserve in Depots. Nach 1945 diente diese Reserve zur Ausstattung der Artillerie der Armeen Rotchinas, Nordkoreas und Vietnams sowie so genannter Befreiungsbewegungen.

5 cm Granatwerfer 36

1939 verfügte die deutsche Infanterie über 6000 leichte Granatwerfer 36 (le.GR.W.36). Bis zum 1. April 1941 stieg ihre Zahl auf 14.913 Einheiten und 31.982.200 Schuss Munition.

Der 5-cm-Granatwerfer war eine leicht zu transportierende und zielgenaue Steilfeuerwaffe zur Bekämpfung von offenen und hinter Deckungen befindlichen Zielen. Jede Infanteriekompanie verfügte pro Zug über einen le.GR.W.36; die Infanteriedivision insgesamt über 84.

Der le.GR.W.36 wurde 1934 von der Rheinmetall-Borsig AG entwickelt und 1936 bei der Wehrmacht eingeführt. Er bestand aus zwei Hauptbauteilen – Rohr und Bodenplatte, auf der sich sämtliche Bedienteile befanden. Die zweiköpfige Bedienung brachte den Werfer über einen weißen Strich am Rohr grob in Schussrichtung und nahm dann die Feineinstellung über die Höhen- und Seitenrichttriebe vor, während eine Dosenlibelle Verkantungen verriet. Als Munition diente eine etwa 900 g schweren Splittergranate mit Aufschlagzünder Wgr.Z.34 und tödlicher Splitterwirkung im Umkreis von etwa 5 m. Die Zündsensibilität war so hoch, dass empfohlen wurde, bei starkem Gewitter nicht zu feuern, da eine vorzeitige Explosion im Flug möglich war. Die Feuergeschwindigkeit mit Zielkorrektur betrug 12 Schuss pro Minute, aber eine geschulte Bedienung schaffte bis zu 20.

Der Einsatz erbeuteter 5 cm le.Gr.w.36 bereitete Rotarmisten keine Schwierigkeiten, da die sowjetischen Schützenkompanien ja mit dem 50-mm-Mörser M1941 bewaffnet waren, der praktisch eine sowjetische Kopie des deutschen Modells darstellte. Selbst die Munition ließ sich austauschen. Doch die Freude währte nur kurz: wegen der geringen Leistungen bezüglich Schussweite und Geschosswirkung stellte Rheinmetall die Fertigung des le.GR.W.36 bereits 1941 wieder ein. Es war halt nun

5 cm Granatwerfer 36.

einmal so, dass die Schussweite nur wenige hundert Meter betrug, was die Bedienmannschaft zwang, recht nah an den Feind heranzugehen. Dies verriet oft die Feuerstellung und selbst mit Handwaffen konnte sie der Gegner ausschalten.

Aus diesen Gründen und weil ausreichende Bestände des wesentlich wirksameren 82-mm-Granatwerfers vorhanden waren, wurden sowjetische 50-mm- wie erbeutete deutsche 5-cm-Granatwerfer 1943 aus den Frontverbänden abgezogen. Verschiedene Partisanengruppen setzten sie aber fast bis Kriegsende ein – und danach die ukrainischen und lettischen, die 1945–1947 (und länger) einen erbitterten Kleinkrieg gegen die Sowjets führten.

Technische Angaben 5 cm le.Gr.W.36	
Kaliber, mm	50
Anfangsgeschwindigkeit, m/s	75
Höhenrichtbereich, Grad	42-90
Seitenrichbereich, Grad	4
Gewicht in Feuerstellung, kg	14
Feuergeschwindigkeit, S/min	20
Reichweite, m	520
Geschossgewicht, kg	0,9

Gefallene Bedienung eines 5 cm Granatwerfers 36.

8 cm Granatwerfer 34

Sowjetischen Truppen fiel im Lauf des Krieges eine beträchtliche Anzahl schwerer 8 cm Granatwerfer 34 (s.Gr.W.34) in die Hände. So zählte die Rote Armee am 1. Januar 1943 immerhin 1981 Beutemörser, meist vom Kaliber 81 mm. Nach der deutschen Vorkriegsklassifikation war der Granatwerfer »schwer« – aber nur deshalb, weil es zur Zeit der Einführung 1934 bei der Reichswehr keine schwerere Waffe gab. Er gehörte zum Bestand der MG-Kompanien der Infanterie-Bataillone: neben 12 schweren Maschinengewehren (d. h. lafettierten 7,92-mm-MG) verfügte jede dieser Kompanien auch über 12 schwere 8-cm-Granatwerfer. Der Sollbestand einer Infanteriedivision betrug 54 s.Gr.W.34. Am 01.06.1941 führte die Wehrmacht 11.767 s.Gr.W.34 im Bestand.

Die Waffe wurde 1932 von der Rheinmetall-Borsig AG entwickelt; 1934 führte die Wehrmacht den s.Gr.W.34 ein. Seine Fertigung lief bis Kriegsende und trotz aller Verluste verfügten die deutschen Streitkräfte am 1. Januar 1945 noch über 16.454 s.Gr.W.34.

Der 8 cm s.Gr.W.34 war nach dem klassischen Schema des »imaginären Dreiecks« aufgebaut, bei dem zwei Seiten des Dreiecks das Rohr und die

8 cm Granatwerfer 34

Erbeuteter 8 cm Granatwerfer 34.

zweibeinige Lafette darstellen und die dritte Seite eine imaginäre Durchgangslinie entlang des Bodens zwischen den Auflagepunkten von Rohr und Zweibein. Der 8 cm s.Gr.W.34 bestand aus dem Rohr, dem Zweibein mit Richtaufsatz und Richttrieben sowie der Bodenplatte. Als Munition verschoss er 3,5 kg schwere Üb-, Splitter- und Nebelgranaten mit Aufschlagzünder. Neben diesen grundlegenden Typen gab es noch eine Granate mit Abstandszünder, mit der sich verdeckte Ziele hinter Geländeerhebungen, in Gräben usw. besonders effektiv bekämpfen ließen. Dieses Geschoss zündete nicht beim Aufschlag, sondern in einer bestimmten Höhe (1,5–2,0 m) über dem Boden und gab reichen »Splittersegen« nach unten ab. D. h. die übliche Splitterwirkung im Umkreis von 30 m wurde dadurch vergrößert.

Rotarmisten untersuchen einen deutschen 8 cm s.Gr.W. 34.

Interessanterweise ließ sich die deutsche 81-mm-Munition aus sowjetischen 82-mm-Mörsern verschießen, aber nicht umgekehrt. Bei der Verwendung erbeuteter 12 cm Granatwerfer (12 cm Gr.W.42) gab es keine derartigen Probleme. Denn hier kupferten ausnahmsweise die Deutschen einmal von den Russen ab: beim 12 cm Gr.W.42 und seiner Munition handelte es sich im Grunde um einen nur leicht veränderten Nachbau des sowjetischen 120-mm-Regimentsgranatwerfers M1938 (PM-38), den deutsche Truppen ebenfalls gern als Beutewaffe einsetzten.

Von Januar 1943 bis Mai 1945 wurden 8461 Gr.W.42 gefertigt.

Im Zuge offensiver Operationen erbeutete die Rote Armee mehrere hundert dieses von Rüstungswerken in der Tschechei hergestellten schweren Granatwerfers. Da sich sowohl deutsche als auch sowjetische Munition aus dem Gr.W.42 wie dem PM-38 verschießen ließ, gab es hüben wie drüben keine Schwierigkeiten bei der Munitionsversorgung.

Nach dem Krieg führten verschiedene Armeen des Warschauer Paktes bis Mitte der 1960er-Jahre erbeutete Gr.W.42 im Bestand. Die Tschechoslowakei exportierte sie in den Nahen Osten.

Technische Angaben 8 cm s.Gr.W.34	
Kaliber, mm	81
Anfangsgeschwindigkeit, m/s	75-174
Höhenrichtbereich, Grad	45-87
Seitenrichtbereich, Grad	10-23
Gewicht in Feuerstellung, kg	57
Feuergeschwindigkeit, S/min	25
Reichweite, m	60-2400
Geschossgewicht, kg	3,5

7,5 cm Infanteriegeschütz 18

Das 7,5 cm leichte Infanteriegeschütz 18 (7,5 cm le.IG.18) gehörte zu den schweren Waffen der Infanterie und war zu ihrer direkten Unterstützung auf dem Gefechtsfeld bestimmt, d. h. zur Bekämpfung von weichen wie harten Zielen, einschließlich gepanzerter Fahrzeuge auf bis zu 300 m. Jedes Infanterieregiment verfügte über eine Infanteriegeschütz-Kompanie mit sechs leichten Infanteriegeschützen 18 (IG 18) und zwei schweren Infanteriegeschützen 33 (s.IG.33). Rechnet man die beiden leichten Infanteriegeschütze der Aufklärungsabteilung mit ein, führte die Infanteriedivision also 20 leichte und 6 schwere Infanteriegeschütze im Bestand. In etwas geringerer Zahl waren leichte Infanteriegeschütze bei motorisierten, Panzer- und Gebirgsdivisionen im Einsatz. Vor dem deutschen Angriff auf die Sowjetunion verfügte die Wehrmacht über 4176 Geschütze dieses Typs.

Das 7,5 cm le.IG.18 wurde 1927 von Rheinmetall-Borsig entworfen. Es erhielt eine Einholmlafette mit kastenförmigem Rahmen auf Holzspeichenrädern für den Pferdezug. Für den Transport mit Motorzugmitteln erhielten einige Geschütze Gummibereifung.

Das Höhenrichtfeld reichte von – 0° bis +73°. Der Schwenkbereich betrug aufgrund des Vorhandenseins eines einteiligen Kastenrahmens nur 5,5°. Dieser Nachteil wurde jedoch durch das geringe Gewicht in Feuerstellung (ca. 440 kg) ausgeglichen;

Rotarmisten inspizieren ein 7,5 cm leichtes Infanteriegeschütz 18.

7,5 cm leichtes Infanteriegeschütz 18.

Erbeutetes le.IG. 18 für Pferdezug.

Stellungswechsel konnte die Bedienung – je nach Gelände – im Mannschaftszug vornehmen. Die geringe Feuerhöhe und der große Höhenrichtbereich, der sogar ein Schießen in der oberen Winkelgruppe erlaubte, erleichterten die Auswahl teilgedeckter Feuerstellungen; die geringen Abmessungen der Waffe die Tarnung. Zu den Nachteilen gehörten die mit bis zu 12 S/min relativ geringe Feuergeschwindigkeit, was nicht zuletzt an der geteilten Munition lag.

Die Hauptgeschosstypen bildeten zwei 5,5 bzw. 6 kg schwere Sprenggeschosse. Eines diente vorwiegend zur Bekämpfung offener lebende Ziele oder von Zielen hinter leichten Deckungen (z. B. Feldunterstände). Mit dem anderen ließen sich auch gepanzerte Fahrzeuge bis auf 800 m Entfernung bekämpfen. Gegen Letztere konnten dies Weiteren die Hohlladungsgranaten HL/A und HL/B verschossen werden, die bis zu 75 bzw. 90 mm Panzerstahl auf bis zu 800 m durchschlugen. Ein spezielles Übungsgeschoss stieß etwa 120 ziegelfarbene Pappscheiben und 100 rote Kugeln aus, welche die Trefferlage markierten.

Technische Angaben 7,5 cm le.IG.18	
Kaliber, mm	75
Anfangsgeschwindigkeit	75-174
Sprenggranate, m/s	92-216
Kaliberlänge	11,8
Größte Rohrerhöhung, Grad	+73
Tiefste Rohrerhöhung, Grad	–10
Seitenrichtbereich, Grad	5.5
Gewicht in Feuerstellung, kg	440
Gewicht in Fahrstellung, kg	1840
Feuergeschwindigkeit, S/min	12
Größte Schussweite, m	3550
Effektive Einsatzschussweite, m	800
Panzerdurchschlag (Hohlladung), mm	75-90
Gewicht Sprenggeschoss, kg	5.5

Erbeutetes le.IG. 18 mit Bereifung für den mot.-Zug.

Trotz der 1939 bereits veralteten Konstruktion (Einholm-Lafette, Holzräder, getrennte Munition) erfüllte das 7,5 cm le.IG.18 die Aufgaben einer Infanterie-Unterstützungswaffe insgesamt ganz gut. Die deutsche Infanterie setzte es während des gesamten Krieges ein. Für 1942 ist ein Munitionsverbrauch von 6200 Tausend Schuss, 1943 für 7796 Tausend Schuss, 1944 für 10.817 Tausend Schuss und im Januar-Februar 1945 für 1750 Tausend Schuss bekannt.

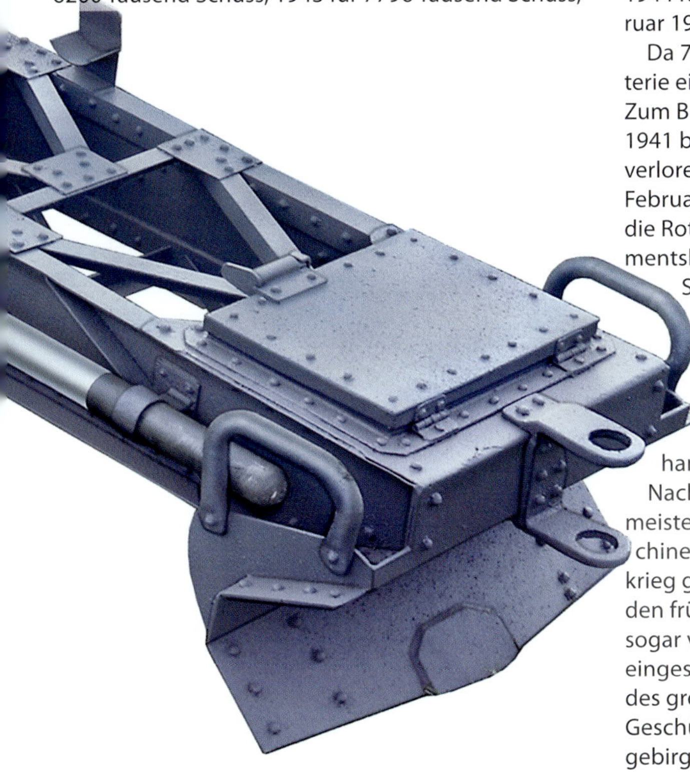

Da 7,5 cm le.IG.18 häufig weit vorn bei der Infanterie eingesetzt wurden, waren ihre Verluste hoch. Zum Beispiel gingen in der Zeit vom 1. Dezember 1941 bis 28. Februar 1942 510 Geschütze dieses Typs verloren und 1131 Geschütze von Oktober 1944 bis Februar 1945. Erbeutete 7,5 cm le.IG.18 verwendete die Rote Armee als Ersatz für ihre 76,2-mm-Regimentskanone M1927 in den Artilleriebatterien der Schützenregimenter und Artilleriedivisionen der Schützenbrigaden. Jede Batterie bestand aus vier Geschützen und eine Abteilung aus zwölf. Eine effizientere Nutzung der Waffe ermöglichte ein ins Russische übersetzte und 1943 herausgegebenes Bedienungshandbuch einschließlich Schusstafeln.

Nach Ende des Krieges gab die Rote Armee die meisten Beutegeschütze 7,5 cm le.IG.18 an die chinesischen Kommunisten ab, die einen Bürgerkrieg gegen die Kuomintang-Truppen führten. In den frühen 1950er-Jahren wurden die Geschütze sogar von chinesischen »Freiwilligen« im Koreakrieg eingesetzt. Aufgrund des geringeren Gewichts und des großen Höhenrichtbereichs war das deutsche Geschütz für die spezifischen Bedingungen der gebirgigen koreanischen Halbinsel besser geeignet als das sowjetische 76,2-mm-Modell 1927.

15 cm Infanteriegeschütz 33

15 cm schweres Infanteriegeschütz 33.

Die Firma Rheinmetall-Borsig begann 1927 mit der Entwicklung eines schweren Infanteriegeschützes im Kaliber 15 cm, das die Wehrmacht 1933 unter der Bezeichnung 15 cm schweres Infanteriegeschüz 33 (15 cm s.IG.33) einführte; die eigentliche Serienfertigung begann erst 1936. Je zwei 15 cm s.IG.33 fanden sich in den Infanteriegeschütz-Kompanien der Infanterieregimenter. Ihre Zahl kletterte bis zum 01.06.1941 auf 867 Stück.

Tatsächlich besaß keine andere Streitkraft der Welt zu Beginn des Krieges 1939 ein derart großkalibriges Infanteriegeschütz – auch später nicht. Das 15 cm s.IG.33 verschoss 38 kg schwere Granaten, die ein Eingreifen des Artillerieregiments der Division im Gefecht oft erübrigte (was meist mit Zeitverzögerungen verbunden war), so dass das Infanterieregiment seine Aufgaben selbst, sozusagen ohne fremde Hilfe, rasch lösen konnte. Wie schon das leichte 7,5-cm-Infanteriegeschütz diente es zur Bekämpfung offener und gedeckter Ziele sowie von gepanzerten Fahrzeugen.

Die Waffe baute auf einer einholmigen Radlafette auf. Obwohl einige Teile aus Leichtmetall bestanden, fiel das Gewicht mit 1750 kg in der Feuerstellung und 2750 kg in der Fahrstellung recht hoch aus. Das Rohr war mit einer Kaliberlänge L/11,4 verhältnismäßig

Technische Angaben 15 cm s.IG.33	
Kaliber, mm	150
Anfangsgeschwindigkeit	75-174
Sprenggranate, m/s	125-240
Rohrlänge, Kaliber	11,4
Größte Rohrerhöhung, Grad	+75
Tiefste Rohrerhöhung, Grad	–4
Seitenrichtbereich, Grad	12
Gewicht in Feuerstellung, kg	1750
Gewicht in Fahrstellung, kg	2750
Feuergeschwindigkeit, S/min	3-4
Höchstschussweite, m	4700
Höchstschussweite im direkten Richten	925
Panzerdurchschlag mit Hohlladung, mm	bis 160

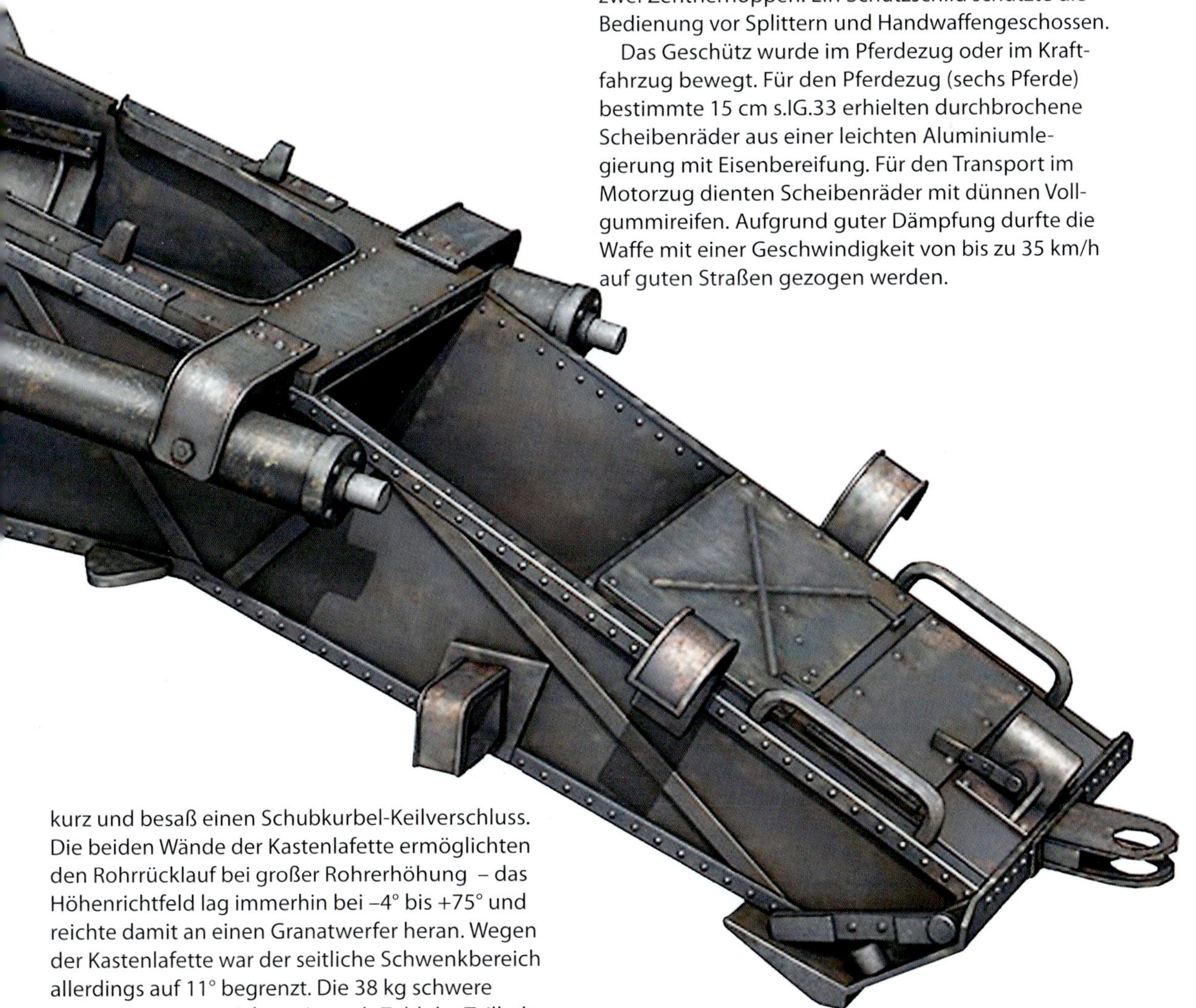

kurz und besaß einen Schubkurbel-Keilverschluss. Die beiden Wände der Kastenlafette ermöglichten den Rohrrücklauf bei großer Rohrerhöhung – das Höhenrichtfeld lag immerhin bei –4° bis +75° und reichte damit an einen Granatwerfer heran. Wegen der Kastenlafette war der seitliche Schwenkbereich allerdings auf 11° begrenzt. Die 38 kg schwere Sprenggranate erreichte – je nach Zahl der Teilladungen in der Hülsenkartusche; maximal sechs – eine Anfangsgeschwindigkeit von 125 bis 240 m/s und Schussweiten von 1475 bis 4700 m. Die Verwendung geteilter Munition und die hohe Masse der Granaten begrenzte die Feuergeschwindigkeit auf 3–4 Schuss pro Minute. Außer den 15 cm Sprenggranaten 33 und 38 standen Nebelgranaten zur Auswahl sowie die für die schwere 15 cm Feldhaubitze 18 (s.FH. 18) entwickelte Hohlladungsgranate. Bei einer Anfangsgeschwindigkeit von 280 m/s durchdrang dieses Geschoss Panzerungen bis zu 160 mm Stärke. Alle Geschosse besaßen ein Bimetall-Führungsband und zwei Zentriernoppen. Ein Schutzschild schützte die Bedienung vor Splittern und Handwaffengeschossen.

Das Geschütz wurde im Pferdezug oder im Kraftfahrzug bewegt. Für den Pferdezug (sechs Pferde) bestimmte 15 cm s.IG.33 erhielten durchbrochene Scheibenräder aus einer leichten Aluminiumlegierung mit Eisenbereifung. Für den Transport im Motorzug dienten Scheibenräder mit dünnen Vollgummireifen. Aufgrund guter Dämpfung durfte die Waffe mit einer Geschwindigkeit von bis zu 35 km/h auf guten Straßen gezogen werden.

Rotarmisten mit Beutegeschützen 15 cm s.IG. 33.

Um die taktische Beweglichkeit zu erhöhen, wurden verschiedene Selbstfahrlafetten auf Basis der Pz.Kpfw. I, II und III sowie des tschechoslowakischen Pz.Kpfw. 38(t) entwickelt. Letztere trug die Bezeichnung Sd.Kfz. 138/1 »Bison«.

Wie das leichte 7,5-cm- wurde auch das schwere 15-cm-Infanteriegeschütz im Allgemeinen seiner Rolle als Infanterie-Unterstützungswaffe voll gerecht; die Wehrmacht setzte es bis zum Ende des Krieges ein. Am 1. März 1945 verfügten die Grenadierregimenter von Heer und Waffen-SS noch über 1539 s.IG.33.

Sowjetsoldaten und 15 cm s.IG. 33 in einer eingenommenen Feuerstellung.

Aufgrund der relativ geringen Schussweite (bis zu 4700 m) mussten diese Geschütze ihre Feuerstellungen verhältnismäßig weit vorn beziehen. Bei raschen Vorstößen des Feindes war ihnen deshalb ein Ausweichen nicht immer mehr möglich. Und so fielen im Lauf des Krieges mehrere hundert 15 cm s.IG.33 und eine beträchtliche Menge Munition den Sowjets in die Hände. Anfangs gingen diese Geschütze an Schützenregimenter und -divisionen zur zusätzlichen Feuerverstärkung. Ab Ende 1942 wurden Beutegeschütze anstelle der raren sowjetischen 122-mm-Haubitzen M-30 an gemischte Divisionen und Artillerieregimenter einiger Schützendivisionen verteilt. Dieser Ersatz war jedoch nicht ganz gleichwertig. Die Leistung des 15-cm-Geschosses war natürlich höher, aber in Sachen Schussweite konnte das Infanteriegeschütz mit einer Divisionshaubitze, seien es die M-30 oder die modernisierten M1909/37 und M1910/30, nicht mithalten. Trotz der geringeren Schussweite setzte die sowjetische Artillerie die deutschen 15-cm-Infanteriegeschütze aber bis in die letzten Kriegstage ein.

3,7 cm-Panzerabwehrkanone 35/36

In der Anfangsphase des Unternehmens »Barbarossa« ging die Hauptbedrohung für die sowjetischen Truppen von den Panzerdivisionen der Wehrmacht aus, die schnell tief auf sowjetisches Gebiet vorstießen und ganze sowjetische Armeen einkesselten und zerschlugen. Um den deutschen Panzerkräften entgegenzuwirken, setzte die Rote Armee alle verfügbaren Mittel ein, von Pak über großkalibriger Artillerie im direkten Richten, Brandflaschen (»Molotow-Cocktails«) bis zu Brandbomben, die aus Flugzeugen abgeworfen wurden. Erbeutete deutsche Panzerabwehrkanonen 3,7 cm Pak 35/36 waren in diesen Tagen hoch willkommen, die damals den Haupt-Paktyp der Wehrmacht bildeten. Anfangs wurden sie nach Gutdünken eingesetzt, bis die Rote Armee ab Ende 1941 eigene Panzerabwehr-Abteilungen mit 3,7 cm Pak 35/36 aufstellte.

Den ersten Prototyp der 3,7-cm-Panzerabwehrkanone stellte die Rheinmetall-Borsig AG bereits 1926 vor. Nach Feldversuchen wurde die Waffe verbessert und 1932 von der Reichswehr angenommen. 1934 erschien eine Version mit verbesserter Zieleinrichtung und einer Lafette mit Luftgummibereifung, die sich besser für den Motorzug eignete. Die ersten Expemplare kamen freilich noch mit Holzspeichenrädern, denn viele Panzerabwehreinheiten waren damals noch pferdebespannt. Die Reichswehr/Wehrmacht übernahm das Geschütz unter der Bezeichnung 3,7 cm Panzerabwehrkanone 35/36 (3,7 cm Pak 35/36).

Die leichte Zweiradlafette mit spreizbaren Rohrholmen ermöglichte ein Seitenrichtfeld von 60° in Feuerstellung. Freilich konnte auch mit geschlossenen Holmen gefeuert werden. Die Waffe erhielt einen horizontalen Schubkurbel-Keilverschluss, der nach dem Einführen einer Granatpatrone automatisch schloss, was eine Feuergeschwindigkeit von bis zu 20 Schuss pro Minute ermöglichte. Als Visiereinrichtung diente ein optisches Kollimatorvisier 1 x 11°. Im Unterschied zu vielen ausländischen Pak ihrer Zeit verschoss die 3,7 cm Pak 35/36 keine

Erbeutete 3,7 cm-Pak 35/36 mit Munition.

Erbeutete 3,7 cm Pak 35/ 36

Vollgeschosse, sondern Panzersprenggranaten und Sprenggranaten. Das panzerbrechende Geschoss mit Leuchtspur wog 0,68 kg. Zusätzlich wurde mit der Pzgr. 40 ein 0,37 kg schweres panzerbrechendes Hartkerngeschoss mit Wolframkern eingeführt. Ersteres durchschlug bei einem Auftreffwinkel von 30° auf 100 m eine 31 mm dicke Panzerplatte und auf 500 m noch 22 mm. Die Pzgr. 40 schaffte auf dieselben Entfernungen 65 bzw. 31 mm. Dies genügte zur Zeit der Einführung zur Bekämpfung der meisten gegnerischen Panzerkampfwagen vollauf. Im Krieg änderte sich dies aufgrund gestiegener Panzerdicken rasch, so dass die 3,7 cm Pak ihrer Aufgabe kaum mehr gerecht werden konnte. Dies sollte die 1943 entwickelte, 8,6 kg schwere und drallstabilisierte Hohlladungs-Stielgranate 41 ändern, die beim Laden in die Mündung gesteckt wurde. Eine geschosslose Kartusche mit Treibladung, über den Verschluss geladen, sorgte für den Antrieb. Mit dieser Granate ließen sich Entfernungsunabhängig etwa 90 mm Panzerstahl durchschlagen. Die maximale Schussweite lag aber bei nur 300 m, die effektivste auf »Nahkampfentfernung« bei etwa 100 m.

Die 3,7 cm Pak 35/36 zählte zur Zeit ihrer Einführung zu den fortschrittlichsten Panzerabwehrkanonen weltweit. Exportversionen gingen an Finnland, Estland, Spanien, Japan, die Tschecheslowakei und die Türkei. Die sowjetische 45-mm-Pak M1937 wurde auf ihrer Grundlage konstruiert – die UdSSR hatte die technischen Unterlagen käuflich erworben (s. u.). 1939 war die 3,7 cm Pak 35/36 die wichtigste Panzerabwehrwaffe der deutschen Infanteriedivisionen. Jedes Regiment verfügte über eine Panzerabwehrkompanie mit zwölf Geschützen, zusätzlich gab es die Panzerabwehrabteilung mit drei Kompanien und 36 Pak. Die Aufklärungsabteilung erhielt drei weitere 3,7 cm Pak 35/36. Und so zählte die Infanteriedivision 75 Pak 35/36 im Sollbestand. Insgesamt wurden etwa 16.000 hergestellt.

Die Nutzung von Beute-Pak 35/36 durch die Rote Armee vereinfachte der Umstand, dass die UdSSR Anfang der 1930er-Jahre eine Lizenz zur Herstellung einer der frühen Versionen der Waffe erworben hatte, die die sowjetische Bezeichnung »37-mm-Panzerabwehrkanone Modell 1930« trug. Die sowjetische Industrie produzierte davon 499 Stück. Anschließend wurden auf Grundlage der 37-mm-Kanone die sowjetischen 45-mm-Pak Modell 1932 und Modell 1937 (siehe oben) entwickelt.

Im direkten Vergleich war die Pak 35/36 allein schon wegen des schwächeren Kalibers (bei Verwendung von Standardmunition) der sowjetischen 45-mm-Pak M1937 unterlegen. Deren leistungsgesteigertes panzerbrechendes 45-mm-Projektil B-240 durchschlug bei Auftreffwinkel 90° auf 500 m 43 mm Panzerstahl; die Panzersprenggranate der 3,7 cm Pak 35/36 lediglich 22 mm. Mit der in der Anfangszeit des Krieges verwendeten Munition war die Panzerdurchschlagsleistung der deutschen 3,7-cm- und der sowjetischen 45-mm-Pak jedoch ungefähr gleich.

Dies lag im Wesentlichen an der Tatsache, dass sowjetische panzerbrechende Granaten 1941 nicht die geforderten Eigenschaften erfüllten. Aufgrund

produktionstechnischer Fehler zerlegten sich die 45-mm-Geschosse oft schon beim Auftreffen auf Panzerplatten, was die Panzerdurchdringung stark reduzierte. Gemäß einer Reihe sowjetischer Quellen betrug die tatsächliche Durchdringung eines 45-mm-Projektils nur 20–22 mm auf 500 m. Die Splitterwirkung des Sprenggeschosses war

Technische Angaben 3,7 cm Pak 35/36	
Kaliber, mm	37
Anfangsgeschwindigkeit	75-174
Panzersprenggranate, m/s	762
Rohrlänge, Kaliber	45
Größte Rohrerhöhung, Grad	+25
Tiefste Rohrerhöhung, Grad	–8
Seitenrichtbereich, Grad	60
Gewicht in Feuerstellung, kg	450
Feuergeschwindigkeit, S/min	bis zu 20
Größte Schussweite, m	6800
Effektive Einsatzschussweite, m	bis 600
Panzerdurchschlag 100 m, mm	31

Untersuchung einer erbeuteten 3,7 cm Pak.

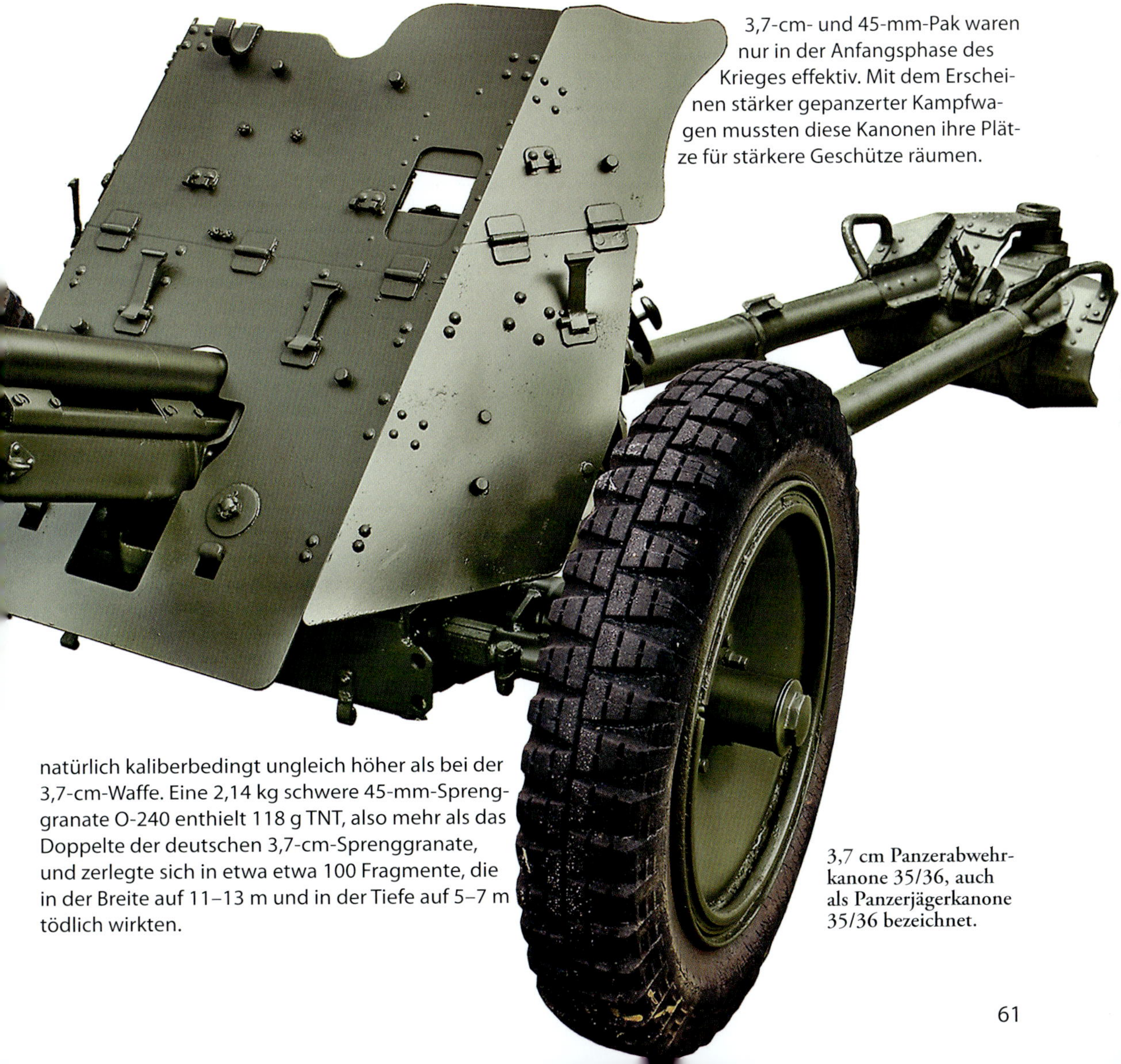

3,7-cm- und 45-mm-Pak waren nur in der Anfangsphase des Krieges effektiv. Mit dem Erscheinen stärker gepanzerter Kampfwagen mussten diese Kanonen ihre Plätze für stärkere Geschütze räumen.

natürlich kaliberbedingt ungleich höher als bei der 3,7-cm-Waffe. Eine 2,14 kg schwere 45-mm-Sprenggranate O-240 enthielt 118 g TNT, also mehr als das Doppelte der deutschen 3,7-cm-Sprenggranate, und zerlegte sich in etwa etwa 100 Fragmente, die in der Breite auf 11–13 m und in der Tiefe auf 5–7 m tödlich wirkten.

3,7 cm Panzerabwehrkanone 35/36, auch als Panzerjägerkanone 35/36 bezeichnet.

5 cm Panzerabwehrkanone 38

Die 5 cm Pak 38 wurde ab 1938 von der Rheinmetall-Borsig AG entwickelt. Sie sollte die 3,7 cm Pak 35/36 ersetzen, die die Wehrmachtsführung schon damals als unzureichend zur Bekämpfung von Panzerkampfwagen mit verbesserter Panzerung ansah. Die Serienproduktion der 5 cm Pak 38 begann Ende 1940. Zum 1. Juni 1941 verfügte die Wehrmacht über 1047 Geschütze (bis 1943 wurden insgesamt 9567 Stück der 5 cm Pak 38 hergestellt).

Die 5 cm Pak 38 entsprach im Aufbau der 3,7 cm Pak 35/36 und verfügte über eine Lafette mit Spreizholmen, die einen Seitenrichtbereich von 65° erlaubte. Das Höhenrichtfeld reichte von –8° bis +27°. Die moderne Drehstabfederung der Lafette verminderte die Beanspruchung beim Fahren, ermöglichte den Transport mit Geschwindigkeiten von bis zu 35 km/h und trug zum Leichtbau des Geschützes bei, das in Feuerstellung nur 986 kg auf die Waage brachte. Ein zweiteiliger Schutzschild aus je 4 mm starken und im Abstand von 25 mm angeordneten Platten erhöhte den Schutz der Bedienung.

Das Rohr mit offizieller Länge L/60 war tatsächlich L/63,5 lang und erhielt als Neuerung eine Mündungsbremse, die einen erheblichen Teil der Rückstoßenergie absorbierte. Der nach links öffnende Schubkurbel-Flachkeilverschluss schloss automatisch und ermöglichte die ziemlich hohe Feuergeschwindigkeit von bis zu 14 Schuss pro Minute.

Die 2,18 kg schwere Panzergranate durchschlug bei einer Anfangsgeschwindigkeit von 823 m/s auf 500 m Entfernung und einem Auftreffwinkel von 90° immerhin 75 mm Panzerstahl (3,7-cm-Pak 35/36: 745 m/s und 50 mm). Auf 100 m waren es 95 mm. Mit der 0,9 kg schweren Panzergranate 40 mit Wolfram-Hartkern erhöhten sich die Werte auf 1180 m/s und 115 mm. Wie die 3,7-cm-Pak erhielt die 5-cm-Pak – aus der Not geboren – eine 8,2 kg schwere Stielgranate mit Hohlladung. Sie durchschlug zwar bis zu 180 mm Panzerstahl, besaß aber eine nur geringe Einsatzreichweite. Die 1,81 kg schwere 5 cm Sprenggranate 38 enthielt 175 g Sprengstoff.

Mit panzerbrechenden Granaten konnte die Pak 38 die Seitenpanzerung mittlerer Panzerkampfwagen T-34 auf bis zu 500 m durchschlagen; die Frontpanzerung auf bis etwa 300 m. Gegen das Unterkaliber-Hartkerngeschoss war der sowjetische T-34 erst ab etwa 700 m gefeit. Aufgrund des Wolframmangels in Deutschland waren solche Granaten aber Mangelware. Berichten zufolge wurde ein erheblicher Teil der Unterkalibergeschosse wieder zerlegt, um ihre Wolframkerne für andere Verwendungszwecke zu gewinnen.

Zur Bekämpfung des T-34 ein Bericht von Werner Hofer, der im Sommer 1941 zur Bedienung einer 5-cm-Pak der Heeres-Panzerjäger-Abteilung 561 gehörte: »Die Folge [der T-34-Angriffe] waren schwere Verluste an Menschen und Material, denn die Pak wurden, nachdem sie sich durch ihr Feuer verraten hatten, entweder zusammengeschossen oder niedergewalzt. … Uns war nach den ersten Erfahrungen klar geworden, daß es selbstmörderisch war, den T-34 frontal und auf weite Entfernung zu bekämpfen. … Wir erkannten jedoch bald durch genaues Studium des T-34, …daß er auch schwache Stellen hatte, was die Panzerung anbetraf. Verwundbar war er vor allem in der Flanke an der Panzerwanne, wo die Panzerung am dünnsten war und einen senkrechten Auftreffwinkel bot. … Es gelang uns immerhin, bis zum 23.8.1941 zehn T-34 mit der 5 cm Pak zu vernichten. Dieser Anfangserfolg gab den Männern an der Pak wieder Vertrauen zur Waffe und zu sich selbst.«

Sowjetische Kanoniere bereiten eine deutsche Panzerabwehrkanone zum Gefecht vor.

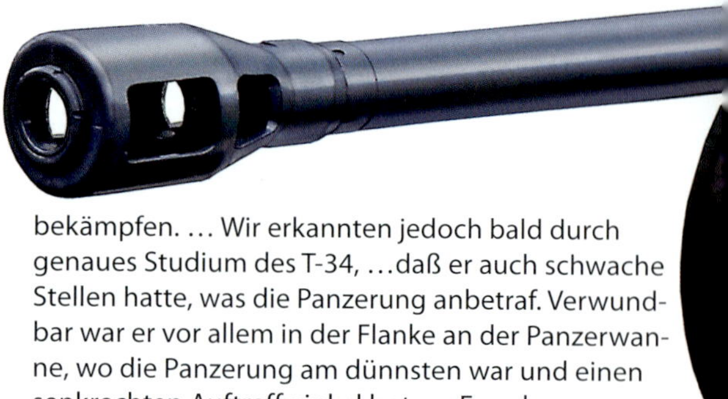

Technische Angaben 5 cm Pak 38	
Kaliber, mm	50
Anfangsgeschwindigkeit	75-174
- Panzersprenggranate, m/s	835
- Unterkaliber-Hartkerngeschoss, m/s	1180
- Sprenggranate, m/s	549
Rohrlänge, Kaliber	60 (63,5)
Größte Rohrerhöhung, Grad	+27
Tiefste Rohrerhöhung, Grad	–8
Seitenrichtbereich, Grad	65
Gewicht in Feuerstellung, kg	968
Gewicht in Fahrstellung, kg	1062
Feuergeschwindigkeit, S/min	12-14
Höchstschussweite, m	9400
Effektive Einsatzschussweite, m	bis 700
Durchschlag Panzersprenggranate 100 und 500 m, mm	95-70

Deutsche Panzerabwehrkanone 38 im Dienst der Roten Armee.

Trotz ihrer Unzulänglichkeiten blieb die 5-cm-Pak 38 bis zum Kriegsende im Einsatz, teils auf Selbstfahrlafetten.

Erstmals erbeuteten sowjetische Truppen Ende 1941 während der Gegenoffensive bei Moskau einige 5 cm Pak 38; eine größere Stückzahl fiel ihnen erst 1943 nach der Schlacht von Stalingrad in die Hände. Dies ermöglichte es, Panzerabwehrabteilungen sowjetischer Schützendivisionen außer mit sowjetischen 45-mm- und 57-mm-Panzerabwehrkanonen auch mit 5 cm Pak 38 zu bewaffnen. Eine Bestandsaufnahme vom 1. Juli 1945 meldete in den Artillerieeinheiten der Roten Armee bzw. in den Sammelstellen für Beutegerät über 400 5 cm Pak.38, die sich für eine weitere Verwendung eigneten. Die Beutekanonen wurden jetzt überwiegend zum Übungsschießen eingesetzt; eine Anzahl Waffen ging nach China. Noch im Koreakrieg 1950–1953 führten chinesische Panzerabwehreinheiten die 5 cm Pak 38.

5 cm Panzerabwehrkanone 38.

7,5 cm Panzerabwehrkanone 40

Hinsichtlich ihrer Leistung unter Berücksichtigung von Beweglichkeit und Masse kann die 7,5 cm Pak 40 mit Fug und Recht als beste deutsche Panzerabwehrkanone des Krieges bezeichnet werden. Die Rote Armee schätzte die gefürchtete Waffe als wertvolles Beutegut und rüstete damit Panzerabwehrabteilungen und -regimenter aus. Zum Beispiel befanden sich bei der Woronesch-Front im September 1943 vier Artillerieregimenter, die erbeutete deutsche Panzerabwehrkanonen führten. Beutepak wurden auch zur Verstärkung von Abteilungen mit sowjetischen 45-mm-Panzerabwehrkanonen M-42 verwendet. Die Gesamtzahl der während des Krieges erbeuteten 7,5 cm Pak 40 wird auf 500 Stück geschätzt.

Das Heereswaffenamt hatte die Firmen Rheinmetall-Borsig und Krupp 1939 mit der Entwicklung einer 7,5-cm-Panzerabwehrkanone beauftragt. In Voraussicht der weiteren Entwicklung der Panzerstärken versprach dieses Kaliber eine ausreichende Durchschlagsleistung selbst gegen schwerste Kampfwagen auf achtbare Entfernung. Beschleunigt wurde die Entwicklung im Sommer 1941 durch das Auftreten schwerer sowjetischer KW-Panzer und des T-34, denen die damaligen deutschen Pak nicht bzw. nur unter günstigen Bedingungen gewachsen waren. Das Muster von Rheinmetall war als erstes fertig und wurde im November 1941 als 7,5 cm Panzerabwehrkanone 40 (7,5 cm Pak 40) eingeführt. Die ersten 15 Geschütze erreichten die Ostfront im Februar 1942; für Anfang April gibt eine deutsche Quelle den Bestand von lediglich 44 Geschützen an. Die Fertigung kam dann rasch in Gang und bis März 1945 wurden 23.300 7,5 cm Pak 40 hergestellt.

Die Waffe baute konstruktiv auf der 5 cm Pak 38 auf und übernahm deren Aufbau mit Spreizlafette, Drehstabfederung, Mündungsbremse und doppeltem Schutzschild. Ein weiterer Teilschutzschild ließ sich nach vorn abklappen. Der Seitenrichtbereich

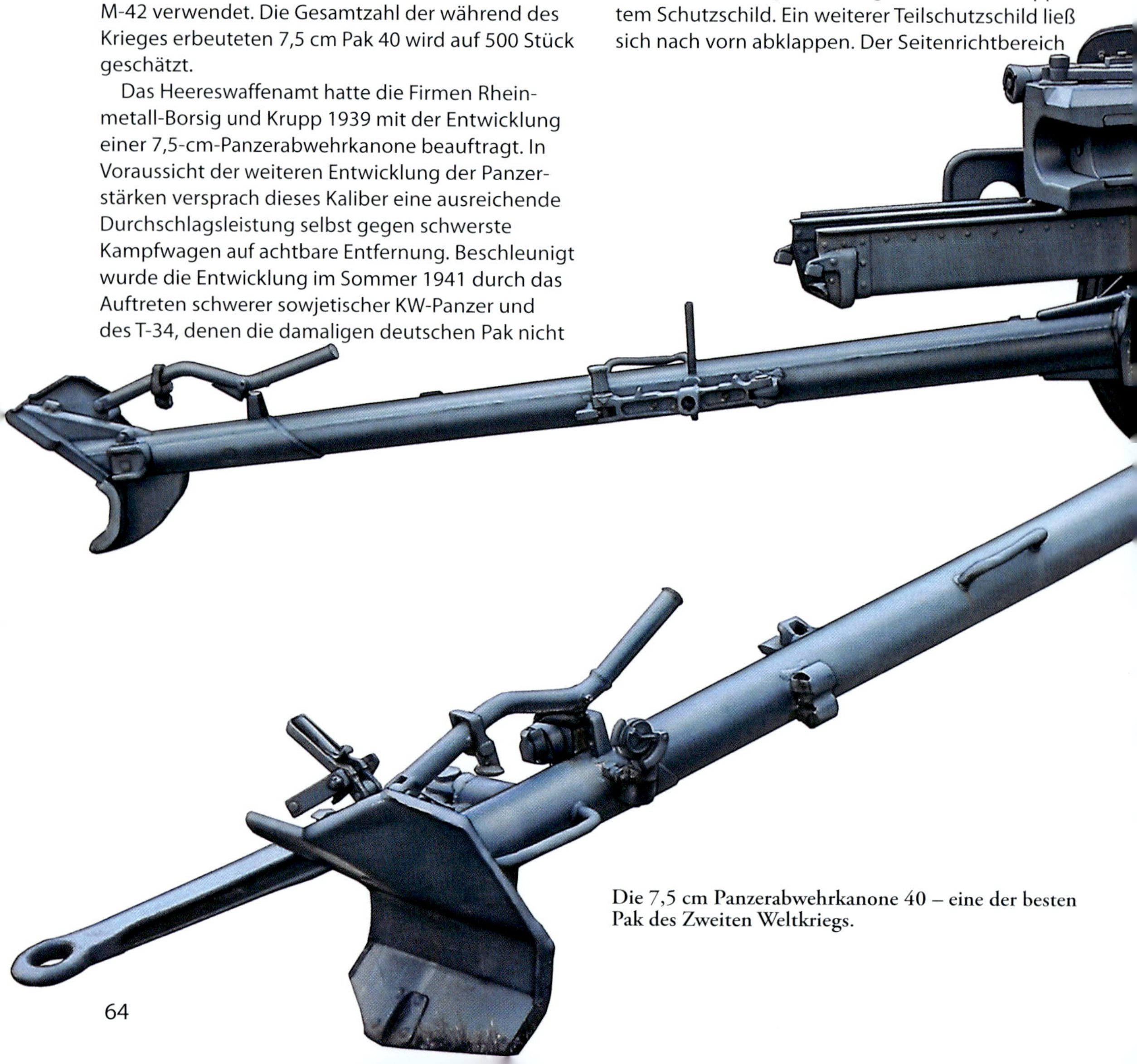

Die 7,5 cm Panzerabwehrkanone 40 – eine der besten Pak des Zweiten Weltkriegs.

betrug 65° und der Höhenrichtbereich –8°/+27°. Hinter dem Rohr L/46 befand sich ein halbautomatischer Keilverschluss, der eine Feuerfolge von bis zu 14 Schuss pro Minute erlaubte. Wegen Rohstoffknappheit bestanden Lafette und Holme nicht mehr aus Leichtmetall, sondern aus Stahl, und so fiel die 7,5 cm Pak 40 mit 1425 kg deutlich schwerer aus als die 5 cm Pak 38 mit 986 kg in Feuerstellung.

Die 7,5 cm Pak 40 verschoss folgende Munition:

- Panzergranate 7,5 cm Pzgr. 39 mit einem Gewicht von 6,8 kg mit einer Anfangsgeschwindigkeit von 792 m/s. Auf 500 m durchschlug sie 132 mm Panzerstahl bei Auftreffwinkel 90°, was eine

Eine während des Rückzugs 1944 aufgegebene 7,5 cm Pak 40.

Technische Angaben 7,5 cm Pak 40	
Kaliber, mm	75
Rohrlänge, Kaliber	46
Größte Rohrerhöhung, Grad	+27
Tiefste Rohrerhöhung, Grad	–8
Seitenrichtbereich, Grad	65
Gewicht in Feuerstellung, kg	1425
Gewicht in Fahrstellung, kg	1500
Feuergeschwindigkeit, S/min	12-14
Höchstschussweite, m	8100
Effektive Einsatzschussweite, m	1500
Durchschlag Panzergranate 39 auf 500 und 1000 m, mm	132-80

Steigerung der Durchschlagsleistung gegenüber der 5 cm Pak 38 um 75 % bedeutete. Auf 1000 m waren es noch 80 mm.

- Das 4,1 kg schwere Unterkalibergeschoss der 7,5 cm Pzgr. 40 erreichte eine Anfangsgeschwindigkeit von 933 m/s und durchdrang auf 500 m 150 mm Panzerung.
- Die 4,4 kg schwere Hohlladungsgranate 7,5 cm Gr. 38 Hl/B durchstanzte auf jede Entfernung 85 mm Panzerstahl.
- Die 5,74 kg schwere Sprenggranate 7,5 cm Sprgr. 34 zur Bekämpfung nicht gepanzerter Ziele enthielt 680 g Sprengstoff.

Rotarmisten feuern mit erbeuteten Panzerabwehrkanonen.

Rotarmisten betrachten neugierig eine erbeutete 7,5 cm Pak 40.

Erbeutete 7,5 cm Pak 40 feuert auf deutsche Panzer.

7,5-cm-Beute-Pak im Schlepp eines Kettentraktors.

Das Erscheinen der 7,5 cm Pak 40 an der Ostfront versetzte die deutsche Panzerabwehrartillerie in die Lage, sämtliche sowjetischen Panzerkampfwagentypen erfolgreich zu bekämpfen. Eine Ausnahme bildete der schwere JS-2, gegen dessen dicke Frontpanzerung die 7,5-cm-Panzergranaten nicht ankamen.

Am 1. März 1945 verfügten die deutschen Streitkräfte noch über 4695 7,5 cm-Pak 40 auf Radlafette und 533 Geschütze auf verschiedenen Ketten-Selbstfahrlafetten.

Verlassene 10,5-cm-Haubitzen le.FH 18M.

Sowjetische Offiziere inspizieren eine deutsche 10,5-cm-Haubitze.

Erbeutete 10,5-cm-Haubitzen im Dienst der Roten Armee.

10,5 cm leichte Feldhaubitze 18

Die 10,5 cm leichte Feldhaubitze 18 (10,5 cm le.F.H. 18) war die Hauptwaffe der deutschen Divisionsartillerie.

Von den vier Abteilungen des Artillerieregiments der Infanteriedivision waren drei (neun Batterien zu vier Geschützen) mit diesem Geschütztyp bewaffnet. Unter Berücksichtigung einer bestimmten Anzahl von leichten Feldhaubitzen 16 zum Zeitpunkt des deutschen Angriffs auf die Sowjetunion zählte die Wehrmacht 7076 10,5-mm-Haubitzen im Bestand.

Die 10,5 cm le.F.H. 18 wurde von der Rheinmetall-Borsig AG entwickelt und ging 1935 in Serie. Für ihre Zeit war sie eine sehr erfolgreiche Waffe, bei der sich hohe Leistungsfähigkeit mit relativ geringen Herstellungskosten und Arbeitsaufwand paarten. Von der 10,5 cm le.F.H. 18 entstanden im Lauf der Jahre verschiedene Ausführungen, die sich u. a. in der Mündungsbremse, der Bereifung und weiteren Merkmalen unterschieden; die Rohrlänge blieb sich mit L/28 aber gleich.

Die Spreizlafette mit genieteten Kastenholmen und großen Klappspornen sorgte für ausreichende Stabilität beim Schießen. Das Höhenrichtfeld betrug – 5°/+42°. Der Seitenrichtbereich von 56° erlaubte das Feuern auf sich schnell bewegende Ziele und der horizontal gleitende Schubkurbel-Flachkeilverschluss eine Feuerfolge von 6–8 Schuss pro Minute. Die Feldhaubitze verwendete geteilte Munition. Eine Messing- oder Stahlkartusche nahm bis zu sechs Treibladungen auf, mit denen sich unter Einbeziehung des Höhenrichtwinkels (Elevationswinkel) die Schussweite bestimmen ließ. Das Standardgeschoss bildete die 14,81 kg schwere Sprenggranate 10,5 cm F.H. Gr. 38, die 1,38 kg TNT oder Amatol enthielt. Mit einer Treibladung betrug die Anfangsgeschwindigkeit 200 m/s (Schussweite 3575 m), mit der sechsten Ladung 470 m/s (Schussweite 10.675 m). Das tödliche Splitterstreubild erstreckte sich vom Aufschlagpunkt (Aufschlagzünder) 10–15 Meter nach vorn, 5–6 nach hinten und 30–40 Meter nach den Seiten. Volltreffer konnten eine 35 cm dicke Stahlbetonwand, eine 1,5 m dicke Ziegelmauer oder eine 25 mm dicke Panzerung durchschlagen. Zur Bekämpfung gepanzerter Fahrzeuge – für Feldhaubitzen eher eine Neben- oder Notaufgabe – gab es die Panzergranaten 10,5 cm Pzgr. und 10,5 cm Pzgr. rot. Erstere, mit einer Masse von 14,25 kg (Sprengstoffgewicht 0,65 kg), verließ das Rohr mit einer Geschwindigkeit von 395 m/s und taugte zur Bekämpfung von Zielen bis 1500 m. Die 10,5 cm Pzgr. Rot verfügte über eine ballistische Spitze und wog 15,71 kg (Sprengstoffgewicht 0,4 kg). Bei einer Anfangsgeschwindigkeit von 390 m/s durchschlug sie auf 1500 m Entfernung bei 90° Auftreffwinkel noch 60 mm Panzerstahl. Eine größere Panzerungsdurchdringung wies die 11,76 kg schwere Hohlladungsgranate 10 cm Gr. 39 rot H1 auf, die eine 1,975-kg-Ladung aus einem TNT-RDX-Gemisch enthielt. Unabhängig von der Schussentfernung durchschmolz sie bei recht-

winkligen Treffern 140 mm Panzerung. Zur weiteren Geschosspalette zählten u. a. Brand- und Nebelgranaten.

Bei örtlichen Gegenangriffen in den ersten Kriegsmonaten konnten Einheiten der Roten Armee eine kleine Anzahl 10,5 cm le.F.H. 18 erbeuten. War Munition vorhanden, wurden sie im direkten Richten oft gegen ihre ehemaligen Besitzer eingesetzt. Ein eher systematischer Einsatz dieser Geschütze durch die Rote Armee begann Ende 1941, als ihr während der Gegenoffensive bei Moskau mehrere aufgegebene 10,5 cm le.F.H. 18 in die Hände fielen, deren Zerstörung den Bedienungen nicht mehr gelungen war. Mehrere Beutehaubitzen kamen zur genaueren Untersuchung ins Hinterland. Die Untersuchungsberichte stellten fest, dass die 10,5 cm le.F.H. 18 den Anforderungen an ein modernes Feldgeschütz dieser Kaliberklasse voll und ganz entsprach. Dabei war die 10,5 cm le.F.H. 18 einfach aufgebaut und technologisch fortschrittlich. Bei der Herstellung wurden keine knappen Legierungen oder Metalle verwendet; die Verwendung von Stanzteilen wirkte sich positiv auf die Produktionskosten aus. Eine Reihe technischer Detaillösungen beeindruckte die sowjetischen Artilleriespezialisten. Die Beweglichkeit des Geschützes beurteilten sie als zufriedenstellend.

Da die sowjetische Artillerie keine 105-mm-Geschütze kannte, bietet sich ein Vergleich mit der russischen 122-mm-Haubitze M1938 (M-30) an, die als so genanntes Divisionsgeschütz bei den Artillerieregimentern der Schützendivisionen im Einsatz war.

Die Haubitze M-30 übertraf die 10,5 cm le.F.H. 18 der ersten Bauart in Bezug auf die Höchstschussweite (11.800 m gegenüber 10.675 m) geringfügig. Nach der Modernisierung der deutschen Haubitze und einer Erhöhung ihrer Schussweite auf 12.325 m ging dieser Vorteil wieder verloren. Der größere Elevationswinkel (+63,5°) der M-30 ermöglichte eine steilere Flugbahn des Projektils im Vergleich zur 10,5 cm le.F.H. 18 und damit eine höhere Effizienz (Splitterwirkung) beim Schießen auf Lebendziele in Gräben und Unterständen. Zudem verschoss die M-30 aufgrund des größeren Kalibers schwerere Sprenggranaten, die mehr Sprengstoff aufnehmen und mehr Splitter bilden konnten (Masse 122-mm-Geschoss: 21,76 kg, 10,5-cm-Geschoss: 14,81 kg). Dies musste die M-30 allerdings mit einer um 400 kg höheren Masse in Feuerstellung und einer geringeren Beweglichkeit bezahlen. Außerdem punktete die 10,5 cm le.F.H. 18 mit einer um 1,5–2 S/min höheren praktischen Feuergeschwindigkeit.

Für die Verwendung erbeuteter Haubitzen wurden Schusstafeln ins Russische übersetzt und eine Bedienungsanleitung herausgegeben. Diese war bereits Ende 1942/Anfang 1943 sehr nützlich, als der Roten Armee im Kessel von Stalingrad mehrere hundert Haubitzen 10,5 cm le.F.H. 18 der zerschlagenen 6. Armee in die Hände fielen. In sowjetischen Wer-

Technische Angaben 10,5 cm le.F.H. 18	
Kaliber, mm	105
Anfangsgeschwindigkeit, m/s	470
Rohrlänge, Kaliber	28
Größte Rohrerhöhung, Grad	+42
Tiefste Rohrerhöhung, Grad	–5
Seitenrichtbereich, Grad	56
Gewicht in Feuerstellung, kg	1985
Gewicht in Fahrstellung, kg	3490
Feuergeschwindigkeit, S/min	6-8
Höchstschussweite, m	12.325
Gewicht Sprenggranate, kg	14,81

ken reparierte und wieder einsatzfähig gemachte Geschütze gingen an die Artillerieregimenter einiger Schützendivisionen, wo sie zusammen mit sowjetischen 122-mm-Haubitzen und 76,2-mm-Kanonen in gemischten Artillerieabteilungen eingesetzt wurden.
In der Endphase des Krieges, nachdem die Rote Armee die strategische Initiative ergriffen und zu groß angelegten Offensivoperationen übergegangen war, stieg die Zahl erbeuteter 10,5 cm le.F.H. 18 und zugehöriger Munitionsbestände stark an. Dies ermöglichte es, einige Artillerieabteilungen vollständig mit Beutehaubitzen auszustatten.

Außerdem ordnete das sowjetische Oberkommando die Errichtung zusätzlicher 10,5-cm-Batterien in den Artillerieregimenteren von Schützendivisionen an, um deren Schlagkraft zu erhöhen. Schon ein Befehl des Artilleriekommandeurs der 13. Armee vom 31. März 1944 betonte die Notwendigkeit, die Sammlung und Reparatur von erbeutetem wie eigenen Geschützen auf den Schlachtfeldern besser zu organisieren und eine zusätzliche 4-Geschütz-Batterie von 10,5-cm-Haubitzen in jedem Artillerieregiment zu schaffen. Etwas später erging der Befehl, erbeutete 10,5-cm-Haubitzen so dicht als möglich hinter der Hauptkampflinie aufzustellen und zur Zerstörung von Widerstandsnestern, Feuerstellungen sowie Panzersperren einzusetzen. Bei ausreichender Munitionsmenge sollte der Beschuss auf weiter hinten liegende Ziele ausgedehnt werden.

Die Gesamtzahl erbeuteter 10,5 cm le.F.H. 18 schätzen russische Quellen auf etwa 1000 Einheiten.

Eine Batterie erbeuteter 10,5-cm-Haubitzen beim Feuern.

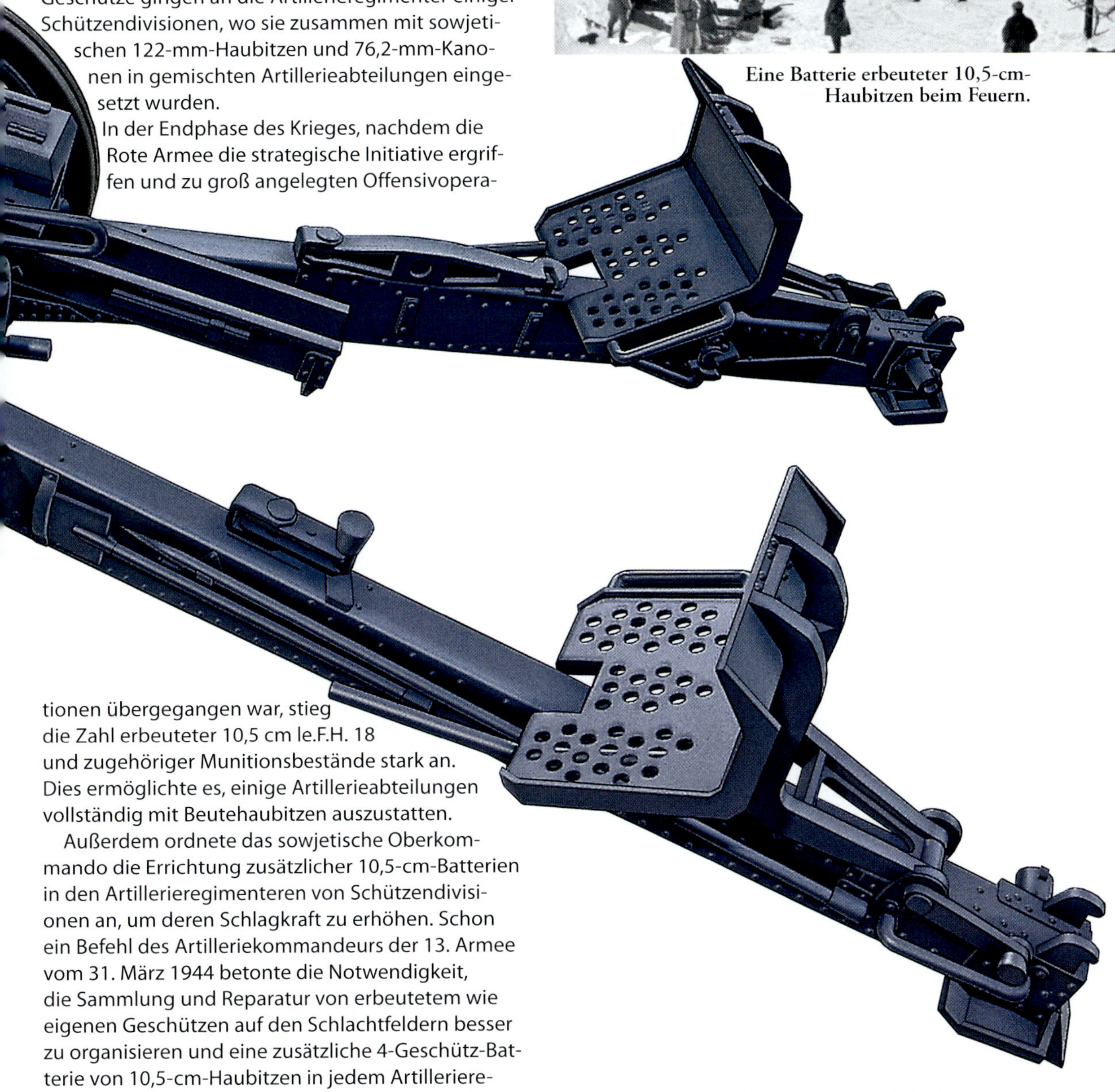

10,5 cm leichte Feldhaubitze 18M.

15 cm schwere Feldhaubitze 18

In den Sommerschlachten 1941 verlor die Rote Armee eine beträchtliche Anzahl großkalibriger Artilleriegeschütze, wovon sie sich praktisch während des gesamten Krieges nicht vollständig erholen konnte. Der Einsatz entsprechender Beutegeschütze trug zur Behebung des Mangels bei. (Wobei die Anzahl schwerer Geschütze auch nach den Verlusten immer höher lag als bei den deutschen Streitkräften). Von besonderem Wert waren erbeutete 15 cm schwere Feldhaubitzen 18 (15 cm s.F.H. 18), die zur Ausstattung der Artillerieregimenter der Infanteriedivisionen gehörten, und zwar war eine der vier Abteilungen des Regiments mit diesem Geschütz bewaffnet.

Die 15-cm-Haubitze wurde von 1926–1930 gemeinsam von Rheinmetall-Borsig und Krupp entwickelt. Die Serienproduktion der 15 cm s.F.H. 18 begann 1934, zu Beginn des Krieges 1939 verfügte die deutsche Artillerie über 1353 Stück.

Die Haubitze erhielt eine Spreizlafette mit genieteten Holmen, die auch bei der parallel entwickelten schweren 10 cm Kanone 18 (10 cm K. 18) Verwendung fand (deren tatsächliches Kaliber war 10,5 cm und mit der 10 cm K. 18 wurden die schweren III. Abteilungen der Artillerieregimenter der Panzerdivisionen ausgerüstet). Der Höhenrichtfeld der 15 cm s.F.H. 18 betrug 0°/+45°, das Seitenrichtfeld 60°.

In der Urversion wies das Rohr L/29,5 noch keine Mündungsbremse auf; dies änderte sich mit der Produktion der modernisierten 15 cm schweren Feldhaubitze 36 (15 cm s.F.H. 36). Die Geschützmasse von 5512 kg in Feuerstellung erforderte den Pferdezug in zwei Lasten (Leichtmetall-Scheibenräder mit Eisenreifen), bei mot.-Zug in einer Last mit zurückgezogenem Rohr (Vollgummireifen). Beim sechsspännigen Pferdezug teilte sich das Gewicht auf Geschütz und Geschützwagen. Die Schleppgeschwindigkeit erreichte auf diese Weise 8 km/h. Im Mot.-Zug waren hingegen auf guten Straßen Geschwindigkeiten bis zu 40 km/h möglich. Den Übergang von der Fahr- in die Feuerstellung bewältigte die neunköpfige Bedienung bei Pferdezug in 6–8 Minuten (2 Lasten).

In den späten 1930er-Jahren diente die Halbkettenzugmaschine Sd.Kfz. 7 der 15 cm s.F.H. 18 und der 10 cm K. 18 als Zugmittel. Der Übergang von der Fahr- in die Feuerstellung verringerte sich auf 3–4 Minuten (1 Last).

Die 15 cm s.F.H. 18 verwendete geteilte Munition (Kartuschen und Granaten) mit bis zu acht Ladungen. Mit 7. und 8. Ladung durfte aufgrund des erhöhten Rohrverschleißes nur in besonderen Lagen geschossen werden. Als Hauptgeschoss diente die 43,62 kg schwere Sprenggranate 15 cm Gr. 19 mit einer Füllung aus 4,4 kg TNT.

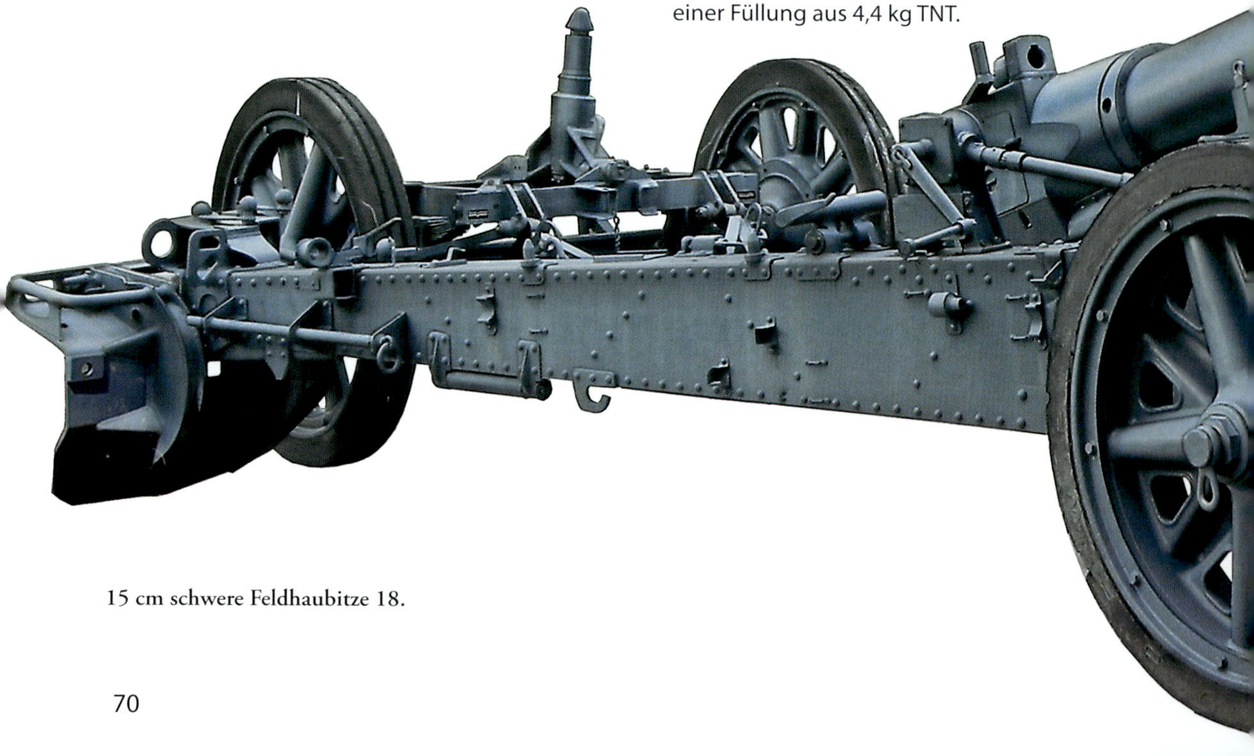

15 cm schwere Feldhaubitze 18.

Der Zünder ließ sich mechanisch auf Aufschlag- oder Bodenabstandszündung einstellen. Bei der Zündung in optimalen rund 10 m Höhe verteilten sich tödliche Splitter bis zu 26 nach vorn und 60–65 m zur Seite. Bei Auftreffwinkel 90° durchschlug die Sprenggranate bis zu 0,45 n dicke Stahlbetonwände und bis zu 3 m dicke Ziegelmauern. Die Betongranate 15 cm Gr.19 BE mit stumpfem Kopf wog 43,5 kg und enthielt 3,18 kg TNT. Die Nebelgranate 15 cm Gr.19 Nb mit einem Gewicht von 38,97 kg enthielt eine 0,5-kg-Ladung aus einem nebelerzeugenden Gemisch, das nach der Zündung eine bis zu 50 m dicke Nebelwolke bildete, die bei schwachem Wind bis zu 40 Sekunden blieb.

Während des Krieges wurden mehrere neue Granaten für die 15 cm s.F.H. 18 eingeführt:

- Die 25 kg schwere Hohlladungsgranate 15 cm Gr. 39 H1/A enthielt eine 4 kg Ladung TNT-RDX. Der Panzerdurchschlag betrug entfernungsunabhängig bei einem Auftreffwinkel von 45° stolze 180–200 mm; d. h. auch die stärksten sowjetischen Panzerkampfwagen und Sturmgeschütze hatten da schlechte Karten.
- Das 15 kg schwere panzerbrechende Unterkali-

15 cm schwere Feldhaubitze s.F.H. 18 in einer verlassenen Feuerstellung.

Erbeutete 15 cm s.F.H. 18.

Deutsche 15 cm s.F.H. 18 im Einsatz bei der 238. schweren Haubitzenbrigade der Roten Armee.

bergeschoss 15 cm PzGr. 39 TS durchschlug auf 1000 m bei 90° Auftreffwinkel 125 mm Panzerstahl.

- Die verbesserte Sprenggranate 15 cm Gr. 36 FES mit Eisen-Keramik-Führungsband maß 680 mm in der Länge (statt bisher 615) und enthielt eine auf 5,1 kg erhöhte Sprengladung.

Feuerstellungen von 15 cm s.F.H. 18 befanden sich in aller Regel in beträchtlichem Abstand zur vorderen Linie, so dass sowjetische Truppen keine nennenswerte Anzahl dieses Geschützes erbeuten konnten. Erst bei Gegenoffensiven (Moskau, Stalingrad) gerieten mehrere Dutzend 15 cm s.F.H. 18 und 10 cm K. 18 nebst Munition in Feindeshand. Dies ermöglichte im Frühjahr 1943 die Bildung erster Beutegeschützbatterien. Einige sowjetische Artillerieverbände, z. B. die 238. schwere Artilleriebrigade, waren fast vollständig damit ausgestattet. Erbeutete 15-cm-Haubitzen und -Kanonen setzte die Roten Armee im Sommer 1945 gegen die Japaner ein. In der Nachkriegszeit wurden sie in Depots überführt, wo sie bis Ende der 1950er- Jahre verblieben.

Technische Angaben 15 cm s.F.H. 18	
Kaliber, mm	149
Anfangsgeschw. Sprenggranate, m/s	520
Rohrlänge, Kaliber	29,5
Größte Rohrerhöhung, Grad	+45
Tiefste Rohrerhöhung, Grad	0
Seitenrichtbereich, Grad	60
Gewicht in Feuerstellung, kg	5512
Gewicht in Fahrstellung, kg	6304
Feuergeschwindigkeit, S/min	4
Höchstschussweite Sprenggranate 19, m	13.325
Gewicht Sprenggranate 19, kg	43,62

Erbeutete 15 cm s.F.H. 18L in Feuerstellung.

Batterie 15 cm s.F.H. 18 in falschen Händen.

8,8 cm Flugabwehrkanone 18, 36 und 37

Die 8,8-cm-Flak machte sich während des Zweiten Weltkriegs nicht nur als Flugabwehr-, sondern auch als Erdkampf- und Panzerabwehrwaffe auf allen Kriegsschauplätzen einen herrausragenden Namen. Eingesetzt von Verbänden der Luftwaffe, des Heeres und der Waffen-SS, stellt sie wahrscheinlich das bekannteste Fla-Geschütz des Krieges überhaupt dar. Rommel ließ in Nordafrika oft 8,8-cm-Flakbatterien sogar vor seine angreifenden Panzerverbände vorziehen, um englische Panzer auf Entfernungen zu bekämpfen, auf denen deutsche wie britische Panzerkanonen wenig ausrichten konnten.

Mit der Entwicklung dieser Waffe beschäftigte sich die Firma Friedrich Krupp ab 1928. Erste Prototypen gingen 1931 in die Erprobung, die Serienfertigung begann 1933. Im selben Jahr führte die Reichswehr das Geschütz als 8,8 cm Flugabwehrkanone 18 ein. Schon damals galt die 8,8 cm Flak 18 mit Rohrlänge L/56 als außergewöhnliches Geschütz. Es verfügte über einen selbsttätigen und selbstspannenen Schubkurbelverschluss, der die erstaunliche Feuergeschwindigkeit von 15–20 Schuss in der Minute ermöglichte. Dies auch, weil die Ladeschale mit Ansetzer von der Truppe meist abgebaut wurde. Die Kreuzlafette erlaubte einen Höhenrichtbereich von –3°/+ 85°, wobei sich die Waffe rundum schwenken ließ. Zur Bekämpfung von Luftzielen diente ein zentrales Kommandogerät, das die Feuerleitung für eine Batterie von vier Geschützen übernahm. Das Übertragungssystem arbeitete mit Lampen und Folgezeiger sowie einem 108-adrigen Kabel zum Anschluss an die Waffe. Die Zündereinstellung erfolgte über eine getrennte Zünderstellmaschine. Entsprechende Informationen wurden per Fernsprecher übertragen. Als Munition standen verschiedene Granatpatronen zur Verfügung. Sprenggranaten mit Fernzünder dienten der Bekämpfung von Flugzielen. Die Anfangsgeschwindigkeit einer 9 kg schweren Granate mit 0,87 kg Sprengstoff lag bei 820 m/s. Die vertikale Schusshöhe erreichte 10.600 m.

Während des Spanischen Bürgerkrieges 1936–39 erlebte die 8,8 cm Flak 18 ihre Feuertaufe bei der Legion Condor in Gestalt mehrerer Batterien. Mit Erfolg bekämpfte sie nicht nur Flugzeuge, sondern auch Bodenziele und Panzerkampfwagen. Unter Berücksichtigung der in Spanien gewonnenen Erfahrungen wurden panzerbrechende und Hohlladungsgranaten für die 8,8-cm-Flak entwickelt, außerdem erhielt

Panzergranaten für die 8,8 cm Flak 18

Bezeichnung	Panzerungsdurchdringung, mm	
	auf 100 m	auf 1500 m
Panzergranate Pzgr	98	78
Panzergranate Pzgr. 39	128	97
Panzergranate Pzgr. 40	185	123

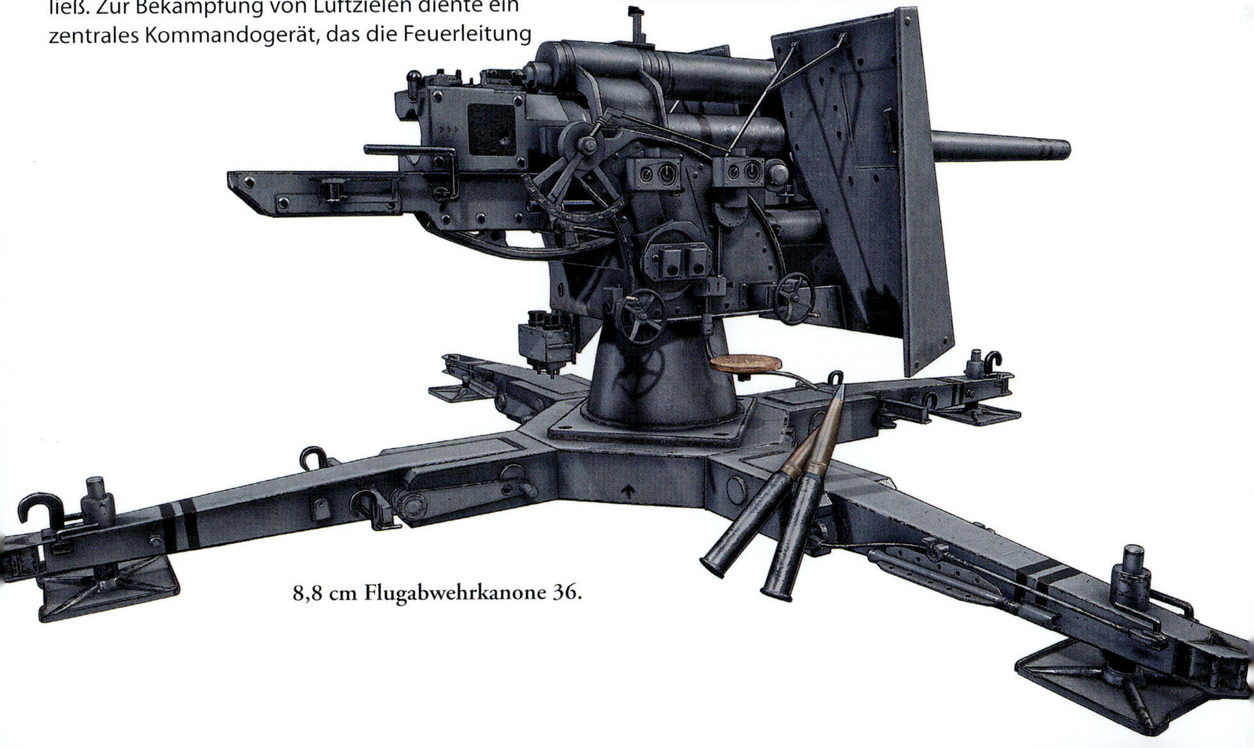

8,8 cm Flugabwehrkanone 36.

Deutsche Flak- und Heeres-Flak-Batterien setzten die 8,8-cm-Flak häufig und sehr erfolgreich zur Panzerabwehr ein.

Verlassene 8,8-cm-Flugabwehrgeschütze.

die Waffe für den Erdeinsatz einen Schutzschild, der die Bedienung vor Handwaffengeschossen, Granat- und Bombensplittern schützte.

Das Hohlladungsgeschoss HLGr. 39 durchdrang auf Entfernungen bis zu 3000 m Panzerungen mit einer Stärke von bis zu 90 mm.

Der Transport der Waffe erfolgte auf einem Zweiachs-Anhänger, dessen Hinterachse Doppelbereifung und die Vorderachse Einzelbereifung aufwies.

Die Weiterentwicklung der 8,8 cm Flak 18 führte zu den verbesserten Ausführungen 8,8 cm Flak 36 und 37. Die 8,8 cm Flak 36 erschien 1935 und unterschied sich von ihrer Vorgängerin u. a. durch eine vereinfachte Lafette, ein verbessertes Seelentohr (geteilt statt einteilig) und niedrigere Herstellungskosten durch Ersatz aller Messing- durch Stahlteile.

Die nächste Modifikation 8,8 cm Flak 37 erschien ein Jahr später mit verbessertem Feuerleitsystem. Die sonstigen Leistungsmerkmale entsprachen in etwa der Flak 18.

Nach dem Angriff auf die UdSSR war die 8,8-cm-Flak für einige Zeit das einzige deutsche Geschütz unter 10 cm, das die Frontpanzerungen schwerer sowjetischer Panzerkampfwagen und des T-34 auch auf größere Entfernungen durchschlug (wie schon in Frankreich 1940 bei schweren französischen und britischen Panzern). In der zweiten Hälfte des Jahres 1942, als die Anzahl der 8,8-cm-Geschütze an der

8,8 cm Flugabwehrkanone 18.

Ostfrront relativ gering war, wurden jedoch nicht viele T-34 oder KW-Panzer von ihnen ausgeschaltet (nur etwa 3,4 % gingen auf ihr Konto). Dies änderte sich dann rasch und im Sommer 1944 kletterte der Anteil der durch 8,8-cm-Geschütze zerstörten sowjetischen mittleren und schweren Panzerkampfwagen und Sturmgeschütze auf bis zu 38 %. Mit dem Vordringen der Roten Armee auf deutsches Reichsgebiet 1944/45 kam es zu einer noch-

Rotarmisten an einer erbeuteten 8,8 cm Flak 36.

Technische Angaben 8,8 cm Flak 18/36/37	
Kaliber, mm	88
Anfangsgeschwindigkeit:	
- Sprenggranate, m/s	820
- Panzergranate, m/s	795
Rohrlänge, Kaliber	56
Größte Rohrerhöhung, Grad	+85
Tiefste Rohrerhöhung, Grad	–3
Seitenrichtbereich, Grad	360
Gewicht in Feuerstellung, kg	5000
Gewicht in Fahrstellung, kg	7200
Feuergeschwindigkeit, S/min	15-20
Max. Schusshöhe, m	10.600
Höchstschussweite, m	14.860
Panzerdurchschlag Hohlladungsgranate bis 3000 m, mm	90
Geschossgewicht:	
- Sprenggranate, kg	9
- Panzergranate, kg	9,5

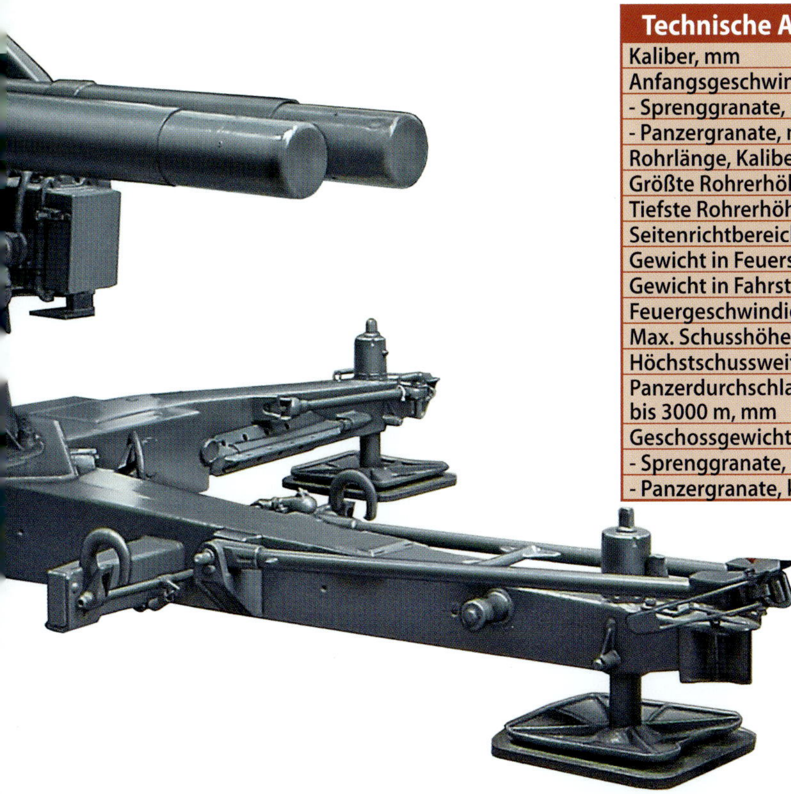

maligen Steigerung auf 50–70 %. Die meisten Sowjetpanzer wurden auf Entfernungen von 700–800 m abgeschossen.

Erbeutete 8,8 cm Flak setzte die Rote Armee bis Anfang 1943 nur sporadisch ein, hauptsächlich zum Beschuss von Bodenzielen. Das Schießen auf Luftziele gestaltete sich für sowjetische Kanoniere aufgrund des Fehlens von Kommandogeräten, von Schusstafeln und russischen Handbüchern als ziemlich schwierig und natürlich fehlte ihnen auch die solide Ausbildung der deutschen Bedienungen an dieser Flak.

Nach der Zerschlagung der 6. Armee in Stalingrad fielen mehrere hundert gebrauchsfähiger 8,8-cm-Flak den Sowjets in die Hände. Dies ermöglichte die Aufstellung mehrerer »Hochleistungs-Artillerieregimenter«. Sie sollten feindliche Panzerfahrzeuge und Artilleriestellungen sowie wichtige Objekte in der Tiefe der deutschen Verteidigung bekämpfen. Zum Beispiel verfügte die Woronesch-Front im Juli 1943 über zwei solcher Regimenter. Nach dem Krieg lagerten bis Mitte der 1960er-Jahre mehrere hundert deutsche 8,8-cm-Flugabwehrgeschütze in sowjetischen Artilleriedepots.

Was gibt es noch zu sagen? Der legendäre deutsche Panzerkampfwagen VI »Tiger I« erhielt eine aus der 8,8-cm-Flak entwickelte Kampfwagenkanone. Und die sowjetische 85-mm-Flak M1939 (52-K) ging ursprünglich auf einen deutschen Rheinmetall-Entwurf zurück und glich schon rein äußerlich in vielen Merkmalen der 8,8-cm-Flak, errang aber nie deren Bekanntheitsgrad.

8,8 cm Flugabwehrkanone 37 mit zahlreichen Abschussringen.

Erbeutete 8,8-cm-Kanone beim Feuern auf Flugziele.

Ergebnisse des 8,8-cm-Beschusses an einem schweren KW-1.

15 cm Nebelwerfer 41

Die Bezeichnung »Nebelwerfer« ist etwas irreführend und hat eher wenig mit dem Verschuss von Nebelgeschossen zu tun. Irrigerweise soll das Raketen-Salvengeschütz auf den deutschen Raketenpionier Dip.-Ing. Rudolf Nebel (1894–1978) zurückgegangen sein, der bereits als Jagdflieger im Ersten Weltkrieg Pulverraketen mit Sprengkopf gebaut und damit feindliche Flugzeuge abgeschossen hatte. In den 1920er- und 1930er-Jahren wirkte Nebel als Raketenforscher, entwickelte aber keinerlei »Nebelwerfer«. Viel eher verschleierte die Reichswehr mit dem Begriff die neue Gattung der »Raketenwerfer«. Offiziell zählten Nebelwerfer nicht einmal zur Artillerie, sondern zur Werfertruppe. Nebelwerfer wurden in den 1920er-Jahren als Nachfolger der Minenwerfer des Ersten Weltkriegs entwickelt, um im Falle des verbotenen Einsatzes von Giftgas durch mögliche Gegner eigene Trägermittel für chemische Kampfmittel zur Verfügung zu haben. Tatsächlich dienten sie vor allem dazu, künstlichen Nebel zu Sichtsperrzwecken zu legen. Während des Zweiten Weltkriegs aber war es ihre wichtigste Aufgabe, im Schwerpunkt der Kämpfe vorn eingesetzt, durch konzentriertes Salvenfeuer mit Raketengeschossen Flächenziele (erkannte Bereitstellungen, Kolonnen, Massierungen von Infanterie oder Panzern odrgl.) zu zerschlagen und durch Druck-, Splitter- und Brandwirkung eine durchschlagende vernichtende und moralische Wirkung beim Gegner zu erzielen.

Dafür stand u. a. der Ende der 1930er-Jahre vom Heereswaffenamt entwickelte sechsrohrige 15 cm Nebelwerfer 41 (15 cm Nb.W. 41) zur Verfügung, den die Wehrmacht 1940 einführte. Es handelte sich um sechs kreisförmig angeordnete Wurfrohre Kaliber 15 cm (genau 158,5 mm) auf der Spreizlafette der 3,7 cm Pak 35/36 mit Zieleinrichtung (übernommen vom 8 cm s.Gr.W. 34) sowie Zündvorrichtung rechts am Laufblock mit Verteilerkasten und Siebenfachstecker. Kurzum: ein einfach, schnell und kostengünstig herzustellendes Gerät. Bei der Munition handelte es sich um neuartige Pulverraketengeschosse, die mit dem elektrischen Randdüsenzünder 39 gezündet wurden. Der elektrische Zünder wurde wiederum manuell aktiviert. Den für die Flugstabilität notwendigen Drall erzeugten die im Winkel von 14° schräg gestellten 28 Austrittsdüsen mit Durchmesser 5,5 mm der Turbine (Raketenmotor). Obwohl die Rotationsbewegung

Erbeutete 15 cm Nb.W. 41.

Der sechsrohrige 15 cm Nebelwerfer 41.

(mehrere tausend Umdrehungen pro Minute) einen Teil der Antriebsladung verbrauchte, waren die Geschosse effektiver als pfeilstabilisierte Raketengeschosse (z. B. des sowjetischen Raketenwerfers M-13 »Katjuscha«/»Stalinorgel«), da ihnen der Drall eine höhere Treffgenauigkeit verlieh. Als Munition standen die 15 cm Wurfgranaten 41 Nebel und Spreng (15 cm Wgr 41 Nebel, 15 cm Wgr 41 Spreng) mit verschiedenen Treibsätzen zur Verfügung. Die Schussweite der Wurfgranate Spreng betrug 6900 m,

Technische Angaben 15 cm Nb.W. 41	
Kaliber, mm	158,5
Anzahl der Rohre	6
Anfangsgeschwindigkeit, m/s	340
Größte Rohrerhöhung, Grad	+45
Tiefste Rohrerhöhung, Grad	+5,6
Seitenrichtbereich, Grad	24
Gewicht in Feuerstellung, kg	770
Gewicht in Fahrstellung, kg	590
Feuergeschwindigkeit in 10 Sekunden	6 Schuss
Höchstschussweite, m	6900
Effektive Einsatzschussweite, m	4000-6500
Gewicht Sprenggeschoss, kg	34,15

15 cm Nb.W. 41 in den Händen von Rotarmisten.

15 cm Nb.W. 41 auf einer Sammelstelle für Beutegerät.

Batterie 15 cm Nb.W. 41 in Feuerstellung.

ihr tödlicher Splitterradius reichte 40 m nach den Seiten und 13 m nach vorn. Unter günstigen meteorologischen Bedingungen bildete die Wurfgranate Nebel eine Nebelwolke mit 80–100 m Durchmesser, die 40 Sekunden eine ausreichend hohe Dichte beibehielt.

Der sechsrohrige Nebelwerfer verschoss eine Salve in etwa 10 Sekunden. So konnte eine Abteilung Nebelwerfer, bestehend aus drei Batterien zu je 6 Werfern, innerhalb von 10 Sekunden 108 Wurfgranaten feuern. In der Frontpraxis galt eine Feuergeschwindigkeit von 3 Salven alle 5 Minuten als realistischer. Nach kurzer Zeit war aufgrund der verräterischen Feuerschweife sowie des Abgasstrahls, der Rauch- und Staubwolken aufwirbelte, meist Stellungswechsel angesagt. Ein längeres Verharren in ein- und derselben Feuerstellung hätte unweigerlich die Aufmerksamkeit und das Gegenfeuer des Gegners auf sich gezogen. Aus demselben Grund empfahl die deutsche »Betriebsanleitung« auch, auf das Einschießen zu verzichten.

Den 15 cm Nb.W. 41 setzten deutsche Werferverbände an der Ostfront häufig ein. Anfang 1942 verfügte die Wehrmacht über drei Werfertregimenter zu drei Abteilungen sowie über neun separate Werferabteilungen zu drei Batterien mit je sechs Werfern. Ab 1943 gehörten Batterien mit 15 cm Nb.W. 41 zur Ausstattung der leichten Abteilungen der Artillerieregimenter der Infanteriedivisionen, wo sie die 10,5-cm-Feldhaubitzen ersetzten. In der Regel verfügte eine Abteilung über zwei Werferbatterien, in einigen Fällen wurde ihre Zahl jedoch auf drei erhöht. Insgesamt produzierte die deutsche Industrie 5283 15-cm-Nb.W.41 sowie 5,5 Millionen Wurfgranaten 41 Spreng und Rauch.

Mit dem organisierten Einsatz erbeuteter 15 cm Nb.W. 41 begannen die Sowjets erst ab 1943, als sie eine erste 15-cm-Werferbatterie aufstellten, für die ausreichend Munition vorhanden war und russische Unterlagen zur Verfügung standen.

Gegen Ende des Krieges erließen die Artilleriekommandeure einer Reihe von Fronten (Heeresgruppen) Befehle, in denen sie die Artilleriechefs ihrer Korps und Divisionen anwiesen, erbeutete 15 cm Nb.W. 41 gegen Verteidigungssstellungen, Panzer- und Drahthindernisse einzusetzen.

Aufgrund der schmerzlichen Erkenntnis, dass die drallstabilisierten deutschen Wurfgranaten wesentlich treffgenauer als die pfeilstabilisierten sowjetischen M-13-Raketen gewesen waren, kam es in der UdSSR nach dem Krieg zur Entwicklung des Raketenwerfers M-14, der drallstabilisierte Geschosse verschoss.

21 cm Nebelwerfer 42

Im Bestreben, Feuerdichte und Wirkung des 15 cm Nebelwerfer 41 weiter zu steigern – sprich: noch mehr Sprengstoff auf größere Entfernung ins Ziel zu bringen – schuf das Heereswaffenamt auf dessen Grundlage den 21 cm Nebelwerfer 42 (21 cm Nb.W. 42). Die Wehrmacht führte den fünfrohrigen Werfer offiziell am 30.06.1943 ein.

Wie der 15-cm-Nebelwerfer 41 bestand er aus den beiden Hauptbaugruppen Rohrbündel und Radlafette, die dem des 15 cm Nb.W. 41 entsprach und sich austauschen ließ. Die Vergrößerung des Kalibers auf 21 cm brachte allerdings eine Verminderung von sechs auf fünf Rohre mit sich. Dafür konnten die 21-cm-Wurfgranaten deutlich mehr Sprengstoff aufnehmen. Eine 21 cm Wurfgranate 42 Spreng wog 112,5 kg, wobei auf den Gefechtskopf 47,5 kg entfielen. Auch die Höchstschussweite steigerte sich mit 7850 m um rund einen Kilometer. Aus Gründen der Streuung galten 5000 m als ideale Einsatzschussweite. Die Feuergeschwindigkeit lag bei 5 Schuss in 8 Sekunden. So brachte eine Werferabteilung aus drei Batterien zu je sechs Werfern binnen 8 Sekunden 90 Wurfgranaten mit einem Gesamtgewicht von 10.125 kg an den Feind. Drei solcher Salven konnten innerhalb von 5 Minuten abgefeuert werden. Die Splitterwirkung der 21 cm Wgr. 42 Spreng betrug im Aufschlag etwa 46 m nach jeder Seite

Eine Abteilung 21 cm Nb.W. 42 bildete zusammen mit zwei Abteilungen 15 cm Nb.W. 41 (mit je einer zusätzlichen Panzerwerferbatterie) ein mittleres Werfergiment, das zusammen mit einem schweren Werferregiment (30 cm Nb.W. 42) wiederum Bestandteil einer selbstständigen Werferbrigade war. Im Frühjahr 1945 verfügten die deutschen Streitkräfte über 15 solcher Brigaden. Auch die Rote Armee setzte erbeutete 21-cm-Nb.W 42 zusammen mit 15 cm Nb.W. 41 ein.

Der fünfrohrige 21 cm Nebelwerfer 42.

Erbeuteter Nebelwerfer 42 mit demontierten Rädern.

Ende März 1942 eroberten sowjetische Truppen in der Region Wolchow ein deutsches Munitionsdepot, in dem deutsche 21-cm-Wurfgranaten und 30-cm-Wurfkörper gelagert waren. Sie dienten als Grundlage zur Entwicklung der sowjetischen Raketengeschosse M-28 (MTB-280) und M-32 (MTB-320). Die an der Leningrader Front verwendete Kurzbezeichnung MTB (Мина тяжелая вращающаяся, in etwa: schwere Rotationsmine) spiegelt das Prinzip der Stabilisierung der Mine im Flug wider – eine Rotation um die Längsachse durch Pulvergase, die aus der Strahlkammer durch eine Düsenturbine mit 26 leicht schräg gestellten Löchern strömten (siehe oben 15 cm Nb.W. 41). Beide Geschosse hatten ungefähr den gleichen Aufbau und bestanden aus einem Körper, einer Strahlkammer mit Turbine, einer Zünddüse, einer Kopfhülse, einer Sprengladung (für die M-32 eine brennbare Flüssigkeit) sowie einem Zünder. Die Raketentriebwerke hatten einen Durchmesser von 128 mm, der Durchmesser des Geschossteils des M-28 betrug 280 mm, des M-32 320 mm.

Bis Juli 1942 lieferten Leningrader Firmen 460 M-28 und 31 M-32-Minen. Am 20. Juli 1942 fand die Erprobung unter Gefechtsbedingungen statt: 192 schwere M-28 (über 15 t Sprengstoff und Stahl) wurden auf Stellungen der Spanischen Freiwilligen-Division (»Blaue Division«) verschossen, die als besonders gefürchteter Gegner galt.

Den Raketengeschossen M-28 und M-32 und ihren Werfern war jedoch nur ein kurzes Leben beschieden, da die Rote Armee im Juni 1942 das stärkere M-30-Geschoss mit fast doppelter Schussweite (2,8 km statt 1,5 km) einführte.

Technische Angaben 21 cm Nb.W. 42	
Kaliber, mm	210
Anzahl der Geschützrohre	5
Anfangsgeschwindigkeit, m/s	320
Größte Rohrerhöhung, Grad	+45
Tiefste Rohrerhöhung, Grad	+5,6
Seitenrichtbereich, Grad	24
Gewicht in Feuerstellung, kg	1100
Gewicht in Fahrstellung, kg	605
Feuergeschwindigkeit in 8 Sekunden	5 Schuss
Höchstschussweite, m	7850
Effektive Einsatzschussweite, m	bis 5000
Gewicht Sprenggeschoss, kg	112,5

GEPANZERTE FAHRZEUGE

Einige Wochen nach Ausbruch des Krieges 1941 erhielt das Volkskommissariat für Verteidigung (NPO) Berichte über die Erbeutung deutscher Panzerfahrzeuge durch die Rote Armee:

- Beim Gegenschlag des 7. Mechanisierten Korps am 7. Juli 1941 brach Oberleutnant Rjasanow im Gebiet der Siedlung Kotsy mit seinem T-26-Panzer in den Rücken des Feindes, wo er zwei Tage lang kämpfte. Dann zog er sich zu den eigenen Linien zurück und brachte zwei T-26 und einen erbeuteten Pz.Kpfw. III mit.
- Bei einem Gefecht am 5. August 1941 erbeutete ein Panzerregiment am Stadtrand von Leningrad zwei durch Minen beschädigte Pz.Kpfw. 38(t), die nach ihrer Reparatur ins Regiment aufgenommen wurden.
- Während der Verteidigung Kiews im August 1941 erbeuteten Einheiten der Roten Armee zwei Selbstfahrlafetten Stug. III, von denen eine zu Versuchswecken nach Moskau geschickt und die andere bei Kampfhandlungen eingesetzt wurde.
- Im September 1941, während der Schlacht von Smolensk, wechselte die Panzerbesatzung von Leutnant Klimow, nachdem sie ihren Panzer verloren hatte, auf ein erbeutetes Stug III und zerstörte an einem Tag der Schlacht zwei feindliche Panzer, einen gepanzerten Mannschaftswagen und zwei Lastwagen.

Für die ordnungsgemäße Sammlung erbeuteter gepanzerter Fahrzeuge errichtete die Panzerdirektion der NKO Ende 1941 eine Berge- und Sammelabteilung. Diese bekam eine Menge zu tun, als nach der Schlacht vor Moskau sowie nach Gegenangriffen bei Rostow und Tichwin einige hundert beschädigte deutscher Fahrzeuge anfielen, darunter Lastwagen, Panzerkampfwagen und Sturmgeschütze. Zum Beispiel bei der sowjetischen 5. Armee von Dezember 1941 bis 10. April 1942 13 mittlere und 12 leichte Panzerkampfwagen, 2 Sturmgeschütze, 5 gepanzerte Fahrzeuge, 24 Halbketten-Zugmaschinen, 196 Lkw, 116 Pkw, 43 Motorräder (insgesamt 411 Fahrzeuge). Darüber hinaus sammelten andere Großverbände im gleichen Zeitraum 741 Einheiten an Beutegerät (darunter 33 mittlere und 26 leichte Panzer, 6 Sturmgeschütze, 5 gepanzerte Fahrzeuge, 17 Zugmaschinen, 462 Lkw, 140 Pkw und 52 Motorräder). Weitere 38 Panzerfahrzeuge fielen an anderen Orten an. Von April bis Mai 1942 wurde der größte Teil dieser Ausrüstung zur Reparatur nach hinten gebracht.

Das erste Unternehmen, das mit der Reparatur erbeuteter Panzerfahrzeuge betraut wurde, war die Reparaturwerkstatt Nr. 82 in Moskau. 1942 reparierte sie 90 Beutepanzer aller Art. Insgesamt 32 Reparaturstützpunkte führten Reparaturen erbeuteter Waffen und Ausrüstung durch. An der Instandsetzung erbeuteter Panzer waren auch zwölf Werke der Schwerindustrie beteiligt. Während des Krieges wurden so mindestens 800 Beutepanzer und -Sturmgeschütze in sowjetischen Betrieben repariert. Neben den weit im Hinterland befindlichen Reparaturbetrieben wurden in Frontnähe mobile technische Brigaden gebildet, die nach Möglichkeit erbeutete Ausrüstung direkt vor Ort reparierten. Sie arbeiteten in engem Kontakt mit Instandsetzungseinheiten des Militärs, die hauptsächlich für die Reparatur eigener Panzerkampfwagen zuständig waren. Dennoch reparierten beispielsweise das 22. Heeres-Instandsetzungsbataillon im Juni 1942 zehn und das 132. Bataillon im gleichen Zeitraum 30 deutsche Panzer.

Die meisten reparierten Beutepanzer wurden an Fronteinheiten verteilt; erbeutete Ausrüstung an Militärschulen und Reserveeinheiten übergeben. Einige Panzer wurden in Sturmgeschütze SG-122 und SU-76I mit sowjetischer Bewaffnung verwandelt.

Reparierte Beutetpanzer wurden zusammen mit in gutem Zustand erbeuteten Fahrzeugen verwendet, um einzelne Kompanien und Abteilungen auszurüsten. Eine dieser Abteilungen wurde Ende 1942 bei der 20. Armee aufgestellt. Nach Soll sollte sie 219 Mann, 34 Beutepanzer, 3 Halbkettenzugmaschinen, 10 Lkw (5 GAS-AA und fünf Opel), drei Tankwagen und einen Pkw GAS M-1 umfassen. Der Verband wurde in Dokumenten als selbstständige Sonderpanzerabteilung geführt. Da als Kommandeur ein Major Nebylow auftrat, wurde der Truppenteil auch als »Panzerabteilung Nebylow« bezeichnet. Am 9. August 1942 umfasste sie 6 Pz.Kpw. IV, 12 Pz.Kpw. III, 10 Pz.Kpfw. 38(t) und 2 StuG. III. Der Verband wurde bis Oktober 1942 gefechtsmäßig eingesetzt. Eine weitere Abteilung mit Beutepanzern stellte die 31. Armee im Juli 1942 auf (in Dokumenten als »selbstständige Panzerabteilung B« bezeichnet). Sie bestand am 1. August aus 9 T-60 und 19 Beutepanzern. Wie die »Abteilung Nebylow« operierte dieser Verband bis Oktober 1942.

Es gab auch größere mit erbeuteten Panzerfahrzeugen ausgerüstete Verbände. Zum Beispiel war die 213. Panzerbrigade, die im Kaukasus kämpfte, fast vollständig mit erbeuteter deutscher Ausrüstung ausgestattet. Am 15. Oktober 1943 umfasste diese Brigade 3 T-34 und 46 Beutepanzer.

1944 steigerte die sowjetische Panzerindustrie ihren Ausstoß an Panzerkampfwagen und Sturmgeschützen derart, dass neue Verbände errichtet und materielle Verluste ausgeglichen werden konnten. Damit nahm die Bedeutung erbeuteter deutscher Panzer und Sturmgeschütze ab. Eine gewisse Rolle spielte auch, dass ab Mitte 1943 die Qualität der deutschen Panzerabwehr in bedenklichem Maße für die Sowjets zunahm. Die meisten sowjetischen und die meist älteren deutschen Baumuster konnten diesen Waffen auch auf größere Entfernungen nicht mehr standhalten. Der Kampfwert von Fahrzeugen, die durch eine 50-mm-Frontpanzerung geschützt und mit 50-mm- oder 75-mm-Kurzrohrgeschützen bewaffnet waren, nahm bis zum Sommer 1943 stetig ab. Hinzu kam das Auftreten neuer und kampfwertgesteigerter deutscher Panzerkampfwagen mit langrohrigen 7,5-cm- und 8,8-cm-Geschützen erhöhter Durchschlagskraft und dickerer Panzerung. Aus diesem Grund ordnete das Oberkommando der Roten Armee am 24. Oktober 1944 die Verwendung von Beutepanzern nur noch zu Sicherungsaufgaben an Bahnhöfen, Hauptquartieren und großen Siedlungen an.

Nichtsdestoweniger nutzten die sowjetischen Streitkräfte auch nach Kriegsende bis ins Frühjahr 1946 weiterhin Beutefahrzeuge. Als Reparaturen anfielen und die Ersatzteile ausgingen, wurden sie verschrottet oder als Ziele auf Versuchsgeländen und Übungsplätzen eingesetzt.

In Bezug auf Feuerkraft, Schutz und Beweglichkeit in schwierigem Terrain übertrafen die deutschen Muster von 1941–1942 den sowjetischen T-34 nicht. Bei der Beurteilung der Kampf- und Einsatzqualitäten erbeuteter deutscher Panzerkampfwagen und Sturmgeschütze mussten sowjetische Panzerbesatzungen jedoch feststellen, dass die Lebens- und Arbeitsbedingungen in ihnen besser waren als in sowjetischen Fahrzeugen. Zudem waren deutsche Zieloptiken, Beobachtungs- und Funkgeräte den sowjetischen teils haushoch überlegen. Auf der anderen Seite erforderten deutsche Panzerfahrzeuge eine gründlichere Wartung und ließen sich schwieriger reparieren. Als wesentlicher Nachteil wurde die Schwierigkeit des Anlassens des Motors bei tiefen Minusgraden moniert. Die Vergasermotoren deutscher Panzer waren, was den Fahrbereich anging, unwirtschaftlicher als sowjetische Dieselmotoren. Sie fuhren bei vergleichbarem Tankinhalt schneller leer und mussten früher nachbetankt werden.

Soldaten der Roten Armee inspizieren einen Pz.Kpfw.38(t).

Panzerkampfwagen 38(t)

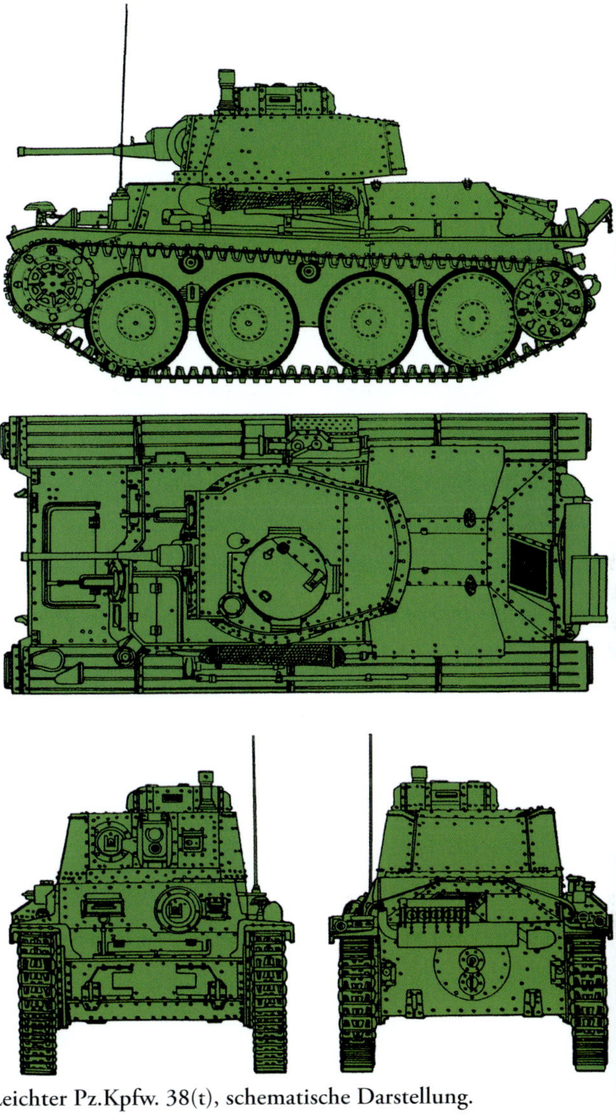

Leichter Pz.Kpfw. 38(t), schematische Darstellung.

Beim Angriff auf die UdSSR befanden sich unter den leichten deutschen Panzerkampfwagen 625 Pz.Kpfw. 38(t) tschechischen Ursprungs, zu denen weitere 35 in der Ausführung als Panzerbefehlswagen kamen. Von den 17 deutschen Panzerdivisionen, die 1941 am Unternehmen »Barbarossa« teilnahmen, waren fünf mit Pz.Kpfw. 38(t) bewaffnet, nämlich die 7., 8., 12., 19. und 20. Panzerdivision. Unter Berücksichtigung von Pz.Kpfw. 35 (t) erreichte der Anteil tschechischer Panzer bei den am Angriff teilnehmenden Panzerverbänden immerhin 25 %.

Der Panzerkampfwagen 38(t) wurde von Konstrukteuren der tschechischen Firma ČKD für die tschechoslowakische Armee und für den Export entwickelt. Das tschechoslowakische Heer nahm ihm am 31. August 1938 unter der Bezeichnung *Lehky Tank vzor 38* (Leichter Panzerkampfwagen Modell 38) an. Nach der Besetzung Tschechiens 1938 übernahm ihn die deutsche Panzertruppe als Pz.Kpfw. 38(t), wobei »t« für »tschechisch« stand. Die ersten neun neu hergestellten Pz.Kpfw 38 (t) der Böhmisch-Mährischen Maschinenfabrik (BMM, ehemals ČKD) wurden Ende Mai 1939 übergeben. Bis September 1939 stellte BMM 98 Panzer dieses Typs her; der Gesamtausstoß betrug 1436 Exemplare.

Der Pz.Kpfw. 38(t) zeichnete sich durch einen einfachen, rationalen Entwurf aus. Sein Fahrwerk verwendete auf jeder Seite vier paarweise aufgehängte Laufräder großen Durchmessers mit Blattfederung. Die Antriebsräder mit dem Getriebe befanden sich vorn. Um Getriebereparaturen im Feld zu erleichtern, wurde an der Wannenvorderseite eine große Wartungsluke angebracht. Die Bewaffnung bestand aus einer halbautomatischen Skoda 37-mm-Kanone (deutsche Bezeichnung: 3,7 cm KwK 37(t)). Ihr panzerbrechendes Geschoss entwickelte eine Anfangsgeschwindigkeit von 740 m/s und durchbohrte auf 500 Metern bei Auftreffwinkel 90° 35 mm Panzerstahl. Dies genügte für alle leichten Sowjetpanzer. Hinzu kamen zwei 7,92-mm-Maschinengewehre ZB-53, von denen eines unabhängig von der Kanone im Turm und das zweite vorn in der Wanne untergebracht war. Die Frontpanzerung von Wanne und Turm betrug 25 mm. Aufgrund des geringen Nickelgehalts war die Panzerung sehr spröde. In der UdSSR durchgeführte Studien zeigten, dass sie Beschuss selbst von leichter Pak kaum standhielt, ja sogar an den Seiten von schweren MG durchschlagen werden konnte. Ein zusätzliches Problem war die Vernietung der Panzerung. Beim Aufschlag von Geschossen konnten innere Nietenteile abplatzen und als Splitter umherfliegen.

Den Antrieb lieferte ein flüssigkeitsgekühlter 6-Zylinder-Vergasermotor Praga ERA mit einer Leistung von 125 PS. Er verlieh dem knapp 10 t schweren Fahrzeug eine Höchstgeschwindigkeit von bis zu 42 km/h auf Straßen und von 15 km/h im Gelände.

Ihre ersten Pz.Kpfw. 38(t) erbeutete die Rote Armee Anfang August 1941 in der Nähe des Dorfes Krapiwnja bei Smolensk. Sie gehörten zur deut-

Ein von sowjetischen Truppen erbeuteter Pz.Kpfw. 38(t).

Pz.Kpfw. 38(t), der den Eigentümer wechselte.

schen 20. Panzerdivision. Anschließend nahm die Zahl der erbeuteten Panzer dieses Typs deutlich zu. Gebrauchsfähige Fahrzeuge wurden umgehend verwendet, beschädigte zur Reparaturwerkstatt Nr. 82 nach Moskau geschickt. Da die Panzerschäden oft sehr hoch waren, konnten von 53 Pz.Kpfw. 38(t) nur 13 wieder instandgesetzt werden. An der Reparatur erbeuteter Panzerfahrzeuge beteiligte sich auch das Reparaturwerk Nr. 8, das 1943 im Verlauf von elf Monaten 102 Pz.Kpfw. 38(t) reparierte.

Der erste Verband, den die Rote Armee vollständig mit Beutepanzern ausstattete, war eine selbstständige Sonderpanzerabteilung, die Ende Juli 1942 bei der 20. Armee aufgestellt wurde. Nach Sollbestand verfügte sie über 219 Mann, 34 erbeutete Panzerkampfwagen, 3 Halbkettenzugmaschinen, 10 Lkw (5 GAS-AA und 5 Opel), 3 Tankwagen und einen Pkw GAS M-1. Am 9. August 1942 zählte die Abteilung 10 Pz.Kpfw. 38(t), 12 Pz.Kpfw. III, 6 Pz.Kpfw. IV und 2 Stug. III im Bestand.

Bei der Nutzung des Pz.Kpfw. 38(t) stellten sowjetische Panzerbesatzungen fest, dass er in vielerlei Hinsicht, insbesondere aber bei Panzerung, Motorleistung, Anlassfreudigkeit und Geschwindigkeit, den leichten sowjetischen T-26 und T-60 überlegen war, ganz zu schweigen von den Schwimmpanzern T-37, T-38 und T-40 mit MG-Bewaffnung. Dies galt auch für die leichten deutschen Pz.Kpfw. I und II. Eine Verstärkung mit Verdopplung der Frontpanzerung machte den Pz.Kpfw. 38(t) gegen den Beschuss der sowjetischen 45-mm-Panzerabwehrkanone selbst aus nächster Nähe unverwundbar, was freilich nicht für die Kanone des T-34 galt.

Technische Angaben Pz.Kpfw. 38(t)	
Gefechtsgewicht	9,4 t
Maße:	
Länge	4600 mm
Breite	2120 mm
Höhe	2400 mm
Besatzung	4 Mann
Bewaffnung	1 x 3,7 cm KwK 38(t) 2 x 7,92 mm Maschinengewehr
Kampfbeladung	72 Granaten 2400 Patronen
Panzerung:	
Wannenfront	25 mm
Turmfront	25 mm
Motor	Vergaser »Prag«
Maximale Leistung	125 PS
Höchstgeschwindigkeit	42 km/h
Fahrbereich	250 km

Leichter Panzerkampfwagen 38(t) mit sowjetischen »Turm-MG«.

Reparatur von Pz.Kpfw. 38 (t) im Moskauer Panzerreparaturwerk Nr. 82.

Zug mit instandgesetzten Beute-Pz.Kpfw.38(t).

Panzerkampfwagen III

Die Firma Daimler-Benz entwickelte den Panzerkampfwagen III ab 1933 zunächst als Befehlsfahrzeug für Zugführer leichter Panzereinheiten. Später ging die Entwicklung in Richtung eines mittleren Panzerkampfwagens zur Ausstattung ganzer Verbände. Dabei wurde die verbesserte Funkausstattung des Urtyps ebenso beibehalten wie die guten Beobachtungsmittel des Kommandanten zur Überwachung des Gefechtsfeldes. Ab 1937 ersetzte der Pz.Kpfw. III bei den Panzerdivisionen die leichten Pz.Kpfw. I und II.

Der Pz.Kpfw. III war wie folgt aufgebaut: Motor im Heck, Drehturm mit Kampfraum in der Mitte, Antriebsstrang mit Getriebe und Antriebsräder im Wannenbug. Die relativ niedrige Wanne mit Panzerkasten bestand aus gewalzten und zusammengeschweißten Panzerplatten. Bei den Ausführungen A bis E war die Frontpanzerung 15 mm dick, bei den Ausführungen F und G 30 mm, bei der Ausführung H wurde sie mit zusätzlichen Blechen auf 30 + 20 mm verstärkt, und bei den Ausführungen J bis O betrug sie 50 +20 mm. Im facettenreichen Turm befand sich die Hauptwaffe (zuerst 3,7 cm, dann 5 cm) ohne Mündungsbremse in breiter Walzenblende. Zu den Ausführungen und ihrer Bewaffnung:

A bis F: 3,7 cm KwK 36
G bis J: 5 cm KwK 38
J1 bis M: lange 5 cm KwK 39
N: 7,5 cm KwK 37

Desweiteren entstanden auf dem Fahrgestell des Pz.Kpfw. III das Sturmgeschütz III mit 7,5 cm Hau-

Rotarmisten inspizieren einen Pz Kpfw III.

Panzerkampfwagen III Ausf. L.

Technische Angaben Pz.Kpfw. III Aust. B	
Gefechtsgewicht	15,9 t
Maße:	
Länge	5670 mm
Breite	2810 mm
Höhe	2390
Besatzung	5 Mann
Bewaffnung	1 x 3,7 cm Kwk 36 3 x 7,92 mm Maschinengewehr
Kampfbeladung	125 Granaten 4050 Patronen
Panzerung:	
Wannenfront	15 mm
Turmfront	15 mm
Motor	Vergaser Maybach HL 108TR
Maximale Leistung	250 PS
Höchstgeschwindigkeit	35 km/h
Fahrbereich	165 km

bitze, ein Flammpanzer, ein Befehlspanzerwagen und ein Beobachtunspanzerwagen.

Die Besatzung des Pz.Kpfw. III aller Ausführungen bestand aus fünf Mann: Kommandant, Richtschütze, Ladeschütze, Fahrer und Funker.

Eine der jüngsten Modifikationen, die Ausführung M, erhielt neben einer neuen Auspuffanlage, die ein Waten bis 1,3 m Tiefe erlaubte, eine Nebelwurfanlage am Turm sowie ein Heizgerät, das warme Luft vom Kühler in den Kampfraum umleitete.

Am 1. Juni 1941 verfügte die Wehrmacht über 350 Pz.Kpfw. III mit 3,7-cm-KwK und 1090 Pz.Kpfw. III mit 5-cm-KwK. Etwa 65 weitere Fahrzeuge befanden sich im Bau bzw. in der Überholung. Für das Unternehmen»Barbarossa« wurden 966 Pz.Kpfw. III bereitgestellt (davon 259 mit 3,7-cm-Bewaffnung), verteilt auf elf Panzerdivisionen (die 6., 7., 8., 12., 19. und 20. Panzerdivision führten den Pz.Kpfw. 38 (t), siehe oben). Weitere 30 Pz.Kpfw. III, davon fünf mit 3,7-cm-Kanone, gehörten zu den Flammpanzer-Abteilungen 100. und 101. und zur Panzerabteilung 40 in Finnland.

Erbeutete, gebrauchsfähige Pz.Kpfw. III setzten sowjetische Verbände als zusätzliche Panzerkampfwagen gleich weiter ein oder sie gingen an spezielle, mit Beutegerät bewaffnete Truppenteile wie die oben erwähnte Sonderpanzerabteilung der 20. Armee, die neben anderem Beutegerät zwölf Pz.Kpfw. III umfasste.

Die selbstständige 75. Panzerabteilung der 56. Armee war sowohl mit englischen Panzertypen aus Hilfslieferungen als auch mit Beutepanzern

Reparierte Pz.Kpfw. III auf dem Weg zur Front – nur auf der falschen Seite.

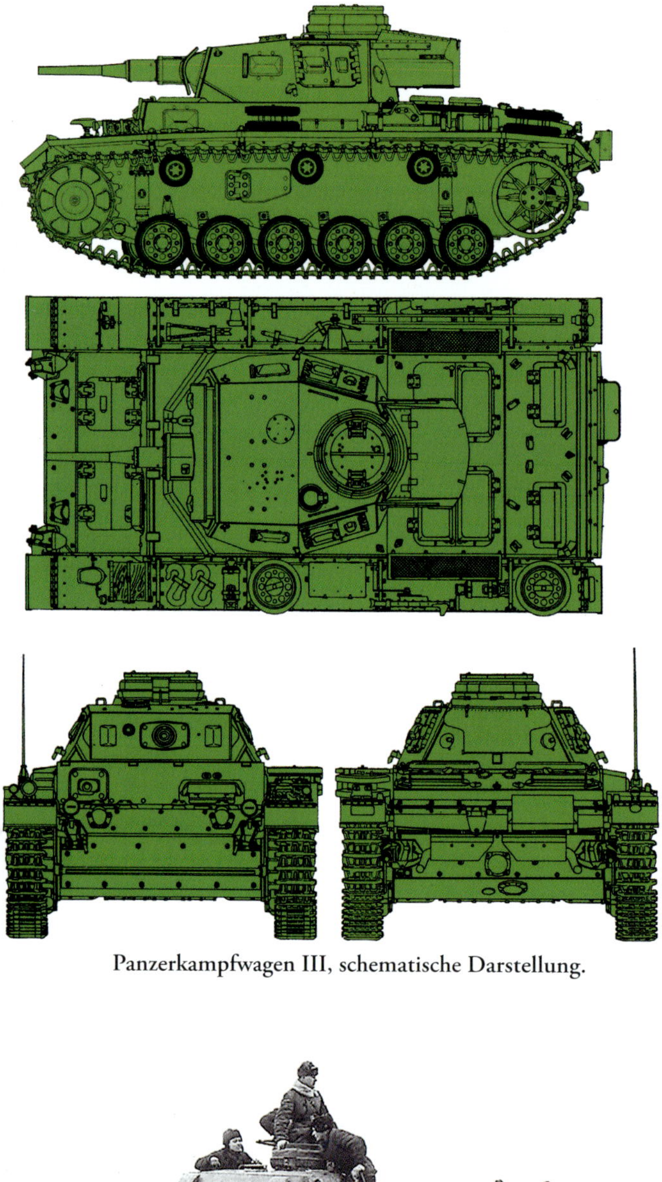

Panzerkampfwagen III, schematische Darstellung.

ausgerüstet. So gab es in der 1. und 4. Kompanie vier Pz.Kpfw. IV und acht Pz.Kpfw. III, die 2. und 3. Kompanie fuhren englische »Valentine«. Bei der II. Abteilung der 151. Panzerbrigade fanden sich im März 1943 22 Beutepanzer, die meisten davon Pz.Kpfw. III. Der Pz.Kpfw. III war auch in der vollständig mit Beutegerät ausgestatteten 213. Panzerbrigade vertreten. Am 15. Oktober 1943 verfügte die Brigade über 35 Pz.Kpfw. III. Eine selbstständige Kompanie mit 13 Pz.Kpfw. III, drei Pz.Kpfw. IV und zwei amerikanischen Panzerkampfwagen wurde im August 1943 der 44. Armee zugeteilt. Zusammen mit der 130. Schützendivision war sie am 29. und 30. August an der Einnahme des Dorfes Warenochka und der Stadt Taganrog beteiligt.

In der Endphase des Krieges wurden erbeutete Pz.Kpfw. III zu Ausbildungszwecken bei diversen Panzerabteilungen und bei Sicherungskompanien höherer Stäbe eingesetzt. Dank seiner hervorragenden Funk- und Beobachtungsmittel fand der Pz.Kpfw. III häufig auch als Befehlspanzerwagen bei Panzer- und Sturmgeschützeinheiten Verwendung.

Nach Angaben sowjetischer Panzersoldaten war der Pz.Kpfw. III ein zuverlässiges, leicht zu fahrendes Fahrzeug mit einem hohen Maß an Komfort, dessen Bewaffnung für die Anfangszeit des Krieges durchaus genügte. Das bewährte Fahrwerk des Pz.Kpfw. III diente den sowjetischen Sturmgeschützen SU-76(I) und SG-122 als Unterbau.

Kolonne erbeuteter Pz.Kpfw. III und StuG. III.

Pz.Kpfw. III mit aufgesessenen Schützen.

Panzerkampfwagen IV

Unter dem Kürzel »BW« (»Bataillonsführerwagen« oder »Begleitwagen«) entwickelten die Firmen Daimler-Benz, MAN und Krupp ab 1934 einen Panzerkampfwagen mit 7,5-cm-Bewaffnung. 1935 ging das Krupp-Fahrzeug als Sieger hervor, durchlief aber noch zahlreiche Änderungen, bevor im März 1938 ein erstes Baulos von 35 Panzerkampfwagen IV (Pz. Kpfw. IV) erschien. Dann aber brachte es das von 1937 bis 1945 in neun Serienausführungen gefertigte Fahrzeug mit einer Stückzahl von 8573 nicht nur zum meistgebauten deutschen Panzerkampfwagen des Zweiten Weltkriegs, sondern zum bislang in der größten Stückzahl gefertigten deutschen Kampfpanzertyp überhaupt.

Am 1. Juni 1941 verfügte die deutsche Panzertruppe über 517 Pz.Kpfw. IV; an die 40 weitere Fahrzeuge befanden sich in Reparatur. Zum Unternehmen »Barbarossa« traten 439 Pz.Kpfw. IV an, verteilt auf 17 Panzerdivisionen.

Wie beim Pz.Kpfw. III befand sich der Motor hinten, das Getriebe mit Antriebsstrang und Antriebsrädern vorn. Vorn in der Wanne waren Fahrer und Funker platziert; Letzterer bediente auch das kugellafettierte Bug-Maschinengewehr. Im Kampfraum des geschweißten Drehturms waren Kommandant, Richtschütze, Ladeschütze und Kanone nebst Koaxial-MG untergebracht.

Die Hauptbewaffnung änderte sich je nach Serienausführung:

- Ausführung A bis F: kurze 7,5 cm KwK. 37
- Ausführung G: 7,5 cm KwK. 40 L/43
- Ausführung N bis K: 7,5 cm KwK 40 L/48.

Aufgrund der ständigen Zunahme der Panzerdicken stieg das Gefechtsgewicht des Pz.Kpfw. IV im Laufe der Produktion von 17,1 t (Ausf. A) auf 24,6 t (Ausf. H–K) – und mehr (Zusatzpanzerung). Zur Erhöhung des Laufwerkschutzes wurden ab 1943 Seitenschützen an den Wannenseiten und teils auch am Turm montiert.

Die mit der langrohrigen 7,5-cm-Kanone ausgestatteten Ausführungen G, H und K konnten es waffentechnisch mit jedem mittleren feindlichen Panzerkampfwagen aufnehmen und auch mit einigen schweren Mustern. Die 7,5-cm-Hartkerngranate mit Unterkaliber-Projektil durchschlug auf 100 m noch 110 mm Panzerstahl. Erstmals fiel der Roten Armee während der Winterkämpfe vor Moskau 1941

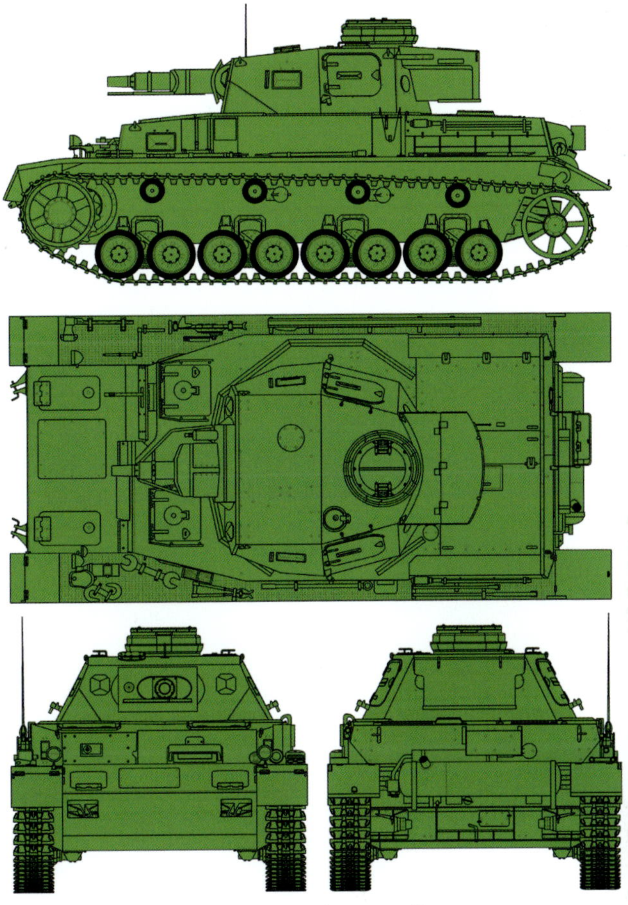

Panzerkampfwagen IV, schematische Darstellung.

Technische Angaben Pz.Kpfw. IV Ausf. G	
Gefechtsgewicht	23,5 t
Maße:	
Länge	5930 mm
Breite	2840 mm
Höhe	2680 mm
Besatzung	5 Mann
Bewaffnung	1 x 7,5 cm KwK 40 L/43
	2 x 7,92 mm Maschinengewehr
Kampfbeladung	87 Granaten 3150 Patronen
Panzerung:	
Wannenfront	50 mm
Turmfront	50 mm
Motor	Vergaser Maybach HL120TRM
Maximale Leistung	300 PS
Höchstgeschwindigkeit	40 km/h
Fahrbereich	200 km

Pz.Kpfw. IV Ausf. G mit langer 7,5-cm-Kanone.

eine Anzahl Pz.Kpfw. IV in die Hände – von einigen Einzelstücken zuvor abgesehen. Mehr wurden es dann nach der Zerschlagung der 6. Armee im Kessel von Stalingrad. Erbeutete Pz.Kpfw. IV wurden zusammen mit Pz.Kpfw. III einerseits dazu verwendet, dezimierte sowjetische Panzereinheiten aufzufüllen; andererseits zur Aufstellung von Truppenteilen, die hauptsächlich Beutegerät erhielten. Seine größte Verbreitung als Beutewaffe fand der Pz.Kpfw. IV bei Teilen der West- und Nordkaukasischen Front (Heeresgruppen). Anfang August 1942 befanden sich bei der 20. und 33. Armee 26 erbeutete Pz.Kpfw. IV sowie eineinhalb Dutzend in Einheiten der 151. Panzerbrigade, des 244. Panzerregiments, der 62. und 75. selbstständigen Panzerabteilungen der Nordkaukasischen Front. Die 213. Panzerbrigade, im November 1943 Teil der 33. Armee, verfügte über elf Pz.Kpfw. IV.

Im September 1944 schrieb Generaloberst D.D. Leljuschenko, Befehlshaber der 4. Panzerarmee: »Ich glaube, dass sich ein deutscher Panzer vom Typ Pz. IV, der …. leicht zu bedienen und zu reparieren ist, besser zur Durchführung verdeckter Offensivoperationen eignet als sowjetische Muster ...«. Leljuschenko und andere Panzerfachleute stuften den Pz.Kpfw. IV als Kampffahrzeug mit starker Bewaffnung und zuverlässigem Panzerschutz ein, das noch über erhebliche Reserven zur Kampfwertsteigerung verfüge.

Freilich blieben auch die Nachteile nicht verborgen, zu denen die unzureichende Motorleistung und

Pz.Kpfw. IV Ausf. H im Dienst der Roten Armee.

Mittlerer Panzerkampfwagen IV Ausf. F1.

Erbeuteter Pz.Kpfw. IV Ausf. F1.

Pz.Kpfw. IV der deutschen 22. Panzerdivision, der bei den Kämpfen auf der Krim in sowjetische Hände fiel.

die veraltete Federung zählten. Die Verwendung einer starren Blattfederaufhängung reduzierte Beweglichkeit und Geländegängigkeit des Fahrzeugs. Der Einbau der langen Kanone erhöhte die Schlagkraft des Pz.Kpfw. IV zwar erheblich, belastete die vorderen Rollen und das Seitenvorgelege aber zusätzlich, was zu einem erheblichen Schwanken während der Geländefahrt führte. Auch wenn der Pz.Kpfw. IV in vielen Verbänden durch den Pz.Kpfw. V »Panther« ersetzt und mittelfristig abgelöst werden sollte, blieb er bis zum letzten Kriegstag als »Arbeitspferd der deutschen Panzertruppe« im Einsatz.

Pz.Kpfw. IV Ausf. H im Dienst der Roten Armee.

Panzerkampfwagen V »Panther«

Das Auftauchen des T-34 sowie stark gepanzerter KW-Panzer stellte in den ersten Wochen des Ostfeldzuges eine unangenehme Überraschung für deutsche Verbände und das Oberkommando der Wehrmacht dar. Am 25. November 1941 erging an MAN und Daimler-Benz der Auftrag des Heereswaffenamtes zur Entwicklung eines mittleren Panzerkampfwagens, der dem T-34 in Bewaffnung und Panzerung überlegen sein sollte. Daimler-Benz schlug einen Entwurf vor, der sich in Aussehen und Aufbau an den sowjetischen Panzer T-34 anlehnte, mit Motor und Antriebsrädern im Heck. MAN wählte hingegen die im deutschen Panzerbau bisher übliche Anordnung mit Motor im Heck, Getriebe und Antriebsrädern im Bug. Denn so ließ sich der Turm etwa in der Mitte anordnen und mit einer langrohrigen Kanone versehen, die nicht zu sehr überstand. Der so genannte Panther-Ausschuss aus militärischen und zivilen Fachleuten sowie Vertretern des Heereswaffenamtes entschied sich – entgegen der Präferenz Hitlers – für den MAN-Entwurf. Und so lief nach Versuchen im September 1942 und einigen Änderungen im Januar 1943 die Serienfertigung des mittleren Panzerkampfwagens V »Panther« (Pz.Kpfw.V »Panther« Ausf. D) bei MAN und Daimler-Benz an, zu denen als dritter Hersteller noch die Maschinenfabrik Niedersachsen Hannover (MNH) trat. Nach Plan sollten bis zum 12. Mai 1943 – dem geplanten und später mehrfach verschobenen Beginn des Unternehmens »Zitadelle« im Kursker Bogen – 250 »Panther« bereitstehen.

Der Pz.Kpfw.V markierte einen großen Sprung nach vorn im deutschen und internationalen Pan-

Der Panzerkampfwagen V »Panther« gilt als bester mittlerer Panzer des Zweiten Weltkriegs.

zerbau. Neben den geschossabweisenden Schrägflächen an Turm und Wanne – hier diente der sowjetische T-34 als Vorbild – erhielt der »Panther« eine neu entwickelte, äußerst leistungsfähige Kanone – die 7,5 cm KwK. 42. Bei einer Lauflänge von 70 Kalibern durchschlug ein panzerbrechendes Geschoss auf 1000 m Panzerungen von 130 mm Stärke; ein Unterkalibergeschoss schaffte sogar bis zu 160 mm. Auch in der sonstigen Technik wurden viele Neuerungen umgesetzt: hydraulische Bremssteuerung, ein synchronisiertes Mehrradien-Planetengetriebe, eine Vorrichtung zum Ausblasen des Rohrs mit Druckluft nach dem Schuss, ein hydraulischer Turmantrieb zum Schwenken des Turms usw. Die Fülle an Innovationen hatte jedoch auch ihre Schattenseiten: Der Aufwand zur Herstellung war hoch, der Betrieb des Fahrzeugs verlangte besondere Sorgfalt und Ausbildung, die empfindliche Technik litt an Kinderkrankheiten und bedingte – zumindest anfänglich – viele Ausfälle. Im Unterschied zu anderen Fahrzeugen durchlief der »Panther« auch nicht den üblichen Truppenversuch. Er ging unerprobt an die Front.

Und so traten die Mängel des »Panther« beim Ersteinsatz während der Kursker Offensive im Juli 1943 voll zutage, dem Unternehmen »Zitadelle«. Hier traten die Panther im aus zwei Panther-Abteilungen neu aufgestellten Panzerregiment 39 an; insgesamt 192 Fahrzeuge. Das Regiment stand zusammen mit zwölf »Tigern« der 13. Kompanie/Panzerregiment »Großdeutschland« unter dem Kommando der Panzerbrigade 10, die einen der Hauptstöße führen sollte. Die Kampfkraft der Brigade lässt sich zumin-

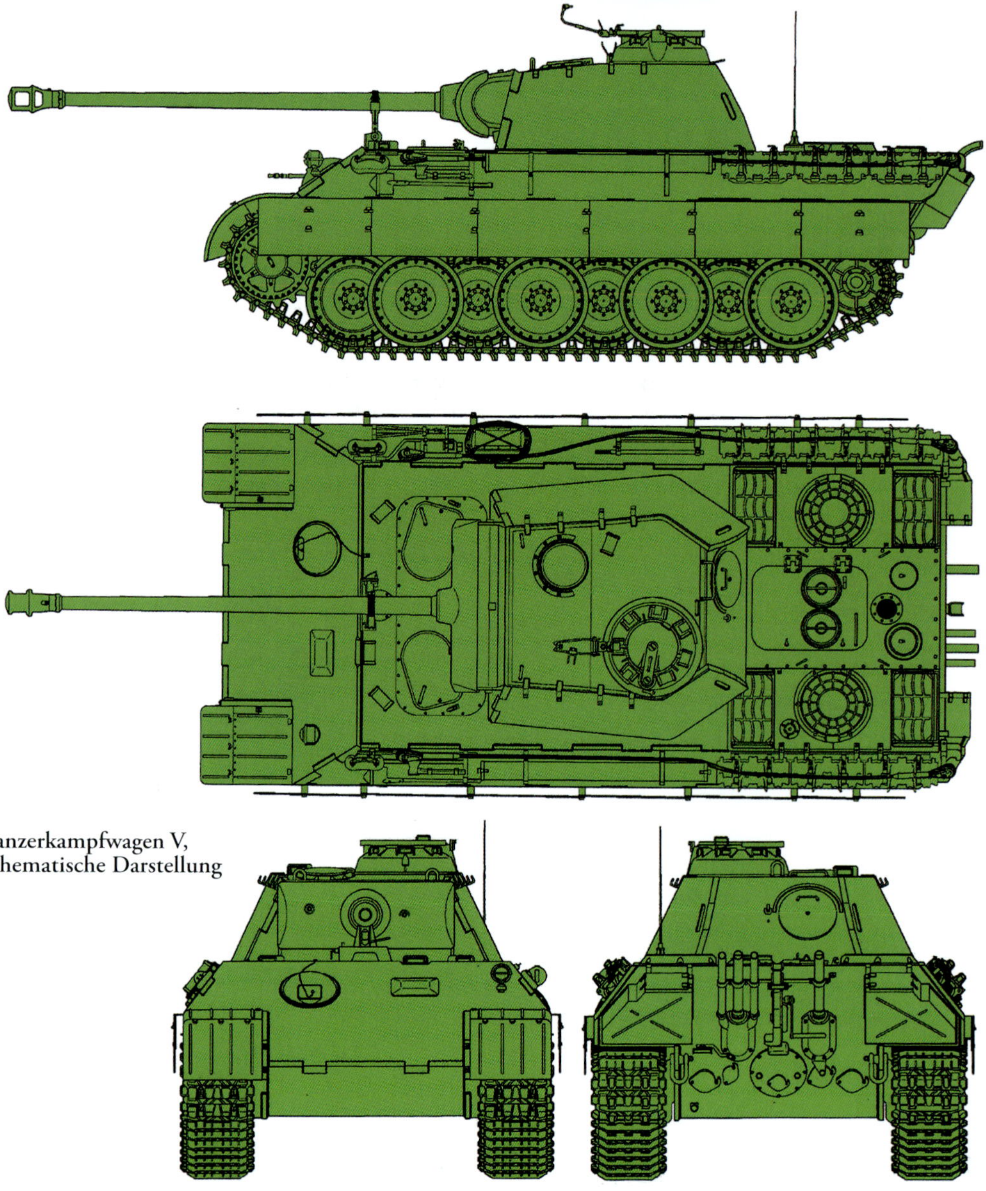

Panzerkampfwagen V,
schematische Darstellung

dest daran messen, dass ein Panzerkorps der Roten Armee zu diesem Zeitpunkt sollmäßig über 209 T-34 verfügte. Als die Brigade ihre Ausgangsstellungen für die Offensive bezog, war etwa ein Viertel der »Panther« wegen technischer Schäden bereits ausgefallen. Unter dem Strich fielen die meisten »Panther« bei Kursk nicht aufgrund feindlicher Waffenwirkung, sondern wegen Fahrwerks- und Getriebeproblemen aus. Die Totalverluste beliefen sich bis zum 17. Juli auf 43 Fahrzeuge.

Verbesserungen waren angesagt, die in die laufende Serienproduktion einflossen. Bei den auf die D-Ausführung folgenden Ausführungen A und G wurden viele Mängel ausgemerzt. Einige »Panther« Ausf. G erhielten versuchsweise sogar Nachtsichtgeräte FG 1250. Serienmäßig kam ein Flugabwehr-Maschinengewehr MG 34 zum Einbau ebenso wie Seitenschürzen zum Schutz des Laufwerks; eine Zimmerit-Beschichtung sollte vor Hohlladungen schützen.

Insgesamt gilt der Pz.Kpfw. V als bester deutscher Panzerkampfwagen des Zweiten Weltkriegs. Der »Panther« wurde fast bis Kriegsende produziert und löste den Pz.Kpfw. IV in den Panzerdivisionen ab, ohne das alte Schlachtross jedoch vollständig zu verdrängen. Insgesamt wurden 6132 Pz.Kpfw. V, 347 »Bergepanther« und 425 „Jagdpanther" auf »Panther«-Fahrgestell (ohne Drehturm, aber mit 8,8-cm-Kanone) hergestellt.

Am 1. März 1945 verfügten die deutschen Ver-

Sowjetisches Werkstattpersonal versucht einen Pz.Kpfw. V wieder in Gang zu bringen.

bände noch über 1763 Pz.Kpfw.V plus 169 Panzerbefehlswagen »Panther«. Hinzu kamen 256 »Bergepanther« und 202 »Jagdpanther« beim Ersatzheer.

Sowjetische Panzersoldaten machten bei »Zitadelle« erstmals Bekanntschaft mit dem neuen deutschen Panzerkampfwagen. Bereits am 20. Juli 1943, also rund eine Woche nach Abbruch der Offensive, begannen Spezialisten mit der Untersuchung von 31 auf dem Schlachtfeld zurückgelassenen Pz.Kpfw.V. Davon waren 22 durch Paktreffer an den Seiten oder am Heck ausgeschaltet worden. Das gab Hoffnung, denn der »Panther« hatte mit seiner 7,5-cm-KwK unter den Sowjetpanzern und -Pak gewütet und gegenüber

Oben und unten: Beute-»Panther« auf einem Versuchsgelände der Roten Armee.

frontalen Treffern hatte er sich als recht widerstandsfähig gezeigt. Und so war es eine unangenehme Nachricht, dass bei allen Fahrzeugen keine Durchdringung der Frontpanzerung festgestellt werden konnte. Fünf »Panther« (zwei davon wieder fahrbereit) wurden auf ein Versuchsgelände verbracht und einer umfassenden Untersuchung unterzogen.

Zunächst wurde ein »Panther« mit der 45-mm-Kanone eines T-70 seitlich beschossen – einen Frontalbeschuss konnte man sich sparen. Die Ergebnisse des seitlichen Beschusses stellten sich als gemischt heraus: an den abgeschrägten Flächen hinterließen die panzerbrechenden 45-mm-Geschosse selbst auf 100 m nur Dellen und Kratzer, aber sie durchschlugen die vertikale Seite des Chassis aus bis zu 500 Metern. Bei »Panthern« sollten die senkrechten Fahrwerksseiten mit 5 mm starken Schürzen abgedeckt werden, aber in der Praxis fehlten diese oft. Auf 300 m konnte ein 45-mm-Geschoss das Heck und auf 400 m die Turmseite durchdringen.

Dann wurde ein »Panther« aus einer F-34-Kanone eines T-34 mit 7,62-mm-Unterkalibergranaten beschossen. Auf 100 Meter wurde die bewegliche Geschützblende durchbohrt. Die Blende wurde im Gießverfahren hergestellt, was sich negativ auf die Widerstandsfähigkeit auswirkte. Auf 1000 m durchschlug die F-34 mit Hartkerngeschoss eine Seite des »Panther«. Da man sich die 7,62-mm-Kanone hier sparen konnte, wurde die Frontpanzerung mit einer 85-mm-Kanone D-5 beschossen (Hauptwaffe der schweren Panzerkampfwagen KW-85 und JS-1 sowie des Sturmgeschützes SU-85). Die Ergebnisse waren enttäuschend: Selbst auf schlappe 100 Meter ließ sich die schräge Wannenfront nicht durchschlagen. Man beobachtete im Gegenteil Abpraller. Nur an durch vorherige Treffer geschwächten Stellen sowie am Zusammenschluss von Front- und Seitenplatten drangen die 85-mm-Geschosse ein.

Deutlich bessere Ergebnisse erbrachte der Beschuss durch die 122-mm-Kanone D-25G eines JS-2-Prototypen. Der erste Schuss aus 1400 m Entfernung durchbrach die Frontpanzerung. Schließlich kam die 152-mm-Kanone ML-20 eines Sturmgeschützes SU-152 an die Reihe. Aus 1400 Metern prallte das Geschoss von der oberen Frontplatte ab, hinterließ aber eine große Delle von 360 x 470 mm. Damit wäre der »Panther« garantiert außer Gefecht gesetzt worden.

Das Fahrgestell des deutschen Panzers bewertete die sowjetische Kommission positiv. Sie bescheinigte ihm eine sehr kompetente Auslegung aller Baugruppen, die noch dazu recht kompakt ausfielen. Der Unterwagen erforderte nur minimale Wartungszeit. Besonderes Augenmerk wurde auf das zentrale Schmiersystem der Laufradaufhängung gerichtet, dessen Übernahme empfohlen wurde. Hohes Lob widerfuhr der Drehstabfederung mit zwei parallelen Wellen pro Laufrolle. Eine derartige Aufhängung sorgt bei ausreichender Festigkeit der Torsionswellen für ein sehr weiches Fahrverhalten auch im Gelände, wie die Tester überdies feststellten.

Im Zuge späterer Untersuchungen verglichen sowjetische Fachleute den Pz.Kpfw. V mit dem schweren JS-2, dessen Gefechtsgewicht nur um eine

Beute-»Panther« setzten die Russen meist zusammen mit T-34/85 ein.

Tonne über dem mittleren deutschen Panzer lag. Der JS-2 war aufgrund seiner elend langen Kanone zwar länger als der »Panther«, doch dessen Wanne war 130 mm länger als der Rumpf des JS-2, sein Rumpf 360 mm breiter und 180 mm höher. Auch der spezifische Bodendruck des deutschen Panzer erwies sich als relativ hoch. Der »Panther« übertraf den JS-2 in der spezifischen Motorleistung, was jedoch auch Schattenseiten hatte: Der Kraftstoffverbrauch des Pz.Kpfw. V betrug bei Straßenfahrten bis zu 595 l Benzin auf 100 km (nach deutschen Angaben: 450 l), der JS-2 verbrauchte 440 Liter Diesel pro 100 km Landstraße.

Beim Marsch gab es keinen signifikanten Unterschied zwischen dem rasanten »Panther«, der es bei 45 t Gefechtsgewicht auf eine Höchstgeschwindigkeit von immerhin 45 km/h brachte, und dem etwas langsameren und weniger spurtfreudigen JS-2. Dies wird durch deutsche Dokumente bestätigt: Die durchschnittliche Marschgeschwindigkeit des »Panther« Ausf. D auf Landstraßen betrug 20 km/h, was sich nicht wesentlich von den 18 km/h des JS-2 unterschied. Ein deutlicher Unterschied in der Durchschnittsgeschwindigkeit trat jedoch auf gut ausgebauten Straßen zutage. Da hinkte der JS-2 mit 27 km/h dem «Panther« mit 35 km/h schon auffällig hinterher.

Trotz des geltenden Befehls, während des Rückzugs fahruntüchtige und beschädigte Panzer zu zerstören, fielen sowjetischen Verbänden viele liegengebliebene Pz.Kpfw. V ungesprengt in die Hände. Ein Einsatz bei sowjetischen Einheiten erforderte jedoch eine entsprechende Ausbildung der Besatzungen und das Vorhandensein entsprechener Instandsetzungstruppenteile. Der »Panther« war eben kein anspruchsloser Panjegaul, sondern ein edles Rassepferd, das entsprechende Reiter und Pflege verlangte.

Laut einem Bericht der 4. Garde-Panzerarmee »sind diese Panzer (Pz.Kpfw.V) schwer zu bedienen und zu reparieren. Für sie gibt es keine Ersatzteile, was ihre planmäßige Wartung nicht ermöglicht. Für den normalen Betrieb der Panzermotoren ist es notwendig, für eine unterbrechungsfreie Versorgung mit hochwertigem Flugbenzin zu sorgen.

Darüber hinaus gibt es große Probleme mit der Munition für das deutsche 75-mm-Panzergeschütz Mod. 1942 (KwK.42), da die Munition aus dem Geschütz Mod. 1940 (KwK.40) sich nicht für den Einsatz im Panther-Panzer eignet.«

Trotzdem waren Beute-»Panther« bei sowjetischen Verbänden gar nicht so selten. In Sturmgeschütz-regimentern wurden sie als Befehlspanzerwagen und Jagdpanzer eingesetzt. So gab es im 991. Sturmgeschützegiment drei und im 366. Regiment fünf Pz.Kpfw. V. Des Weiteren verfügte wohl das selbstständige 51. Kradschützenregiment über eine Kompanie mit 5 Pz.Kpfw. VI und 2 Pz.Kpfw. V. Bis zum Beginn der so genannten Lwow-Sandomierz-Operation (Sommeroffensive in der Ukraine und Polen 1944) schmolz der Bestand auf nur einen »Panther«, der repariert werden musste. Das Fahrzeug befand sich den ganzen Juli in »durchschnittlichem Reparaturzustand«, nahm aber weiterhin an Gefechten teil. Dies war nicht ungewöhnlich, auch andere Verbände der 1. Ukrainischen Front klagten ständig über anfallende »Panther«-Reparaturen. Am 18. August 1944 fielen der 59. Garde-Panzerbrigade im Raum Jasenitsa (Polen) drei Pz.Kpfw. V Ausf. A der 5. SS-Panzerdivision »Wiking« in die Hände, die sie am nächsten Tag dem 62. schweren Garde-Panzerregiment übergab. Weitere Pz.Kpfw. V befanden sich bei anderen Panzerregimentern und -brigaden. Nach Ende des Krieges wurden sie außer Dienst gestellt.

Technische Angaben Pz.Kpfw. V Ausf. G	
Gefechtsgewicht	44,8 t
Maße:	
Länge	8860 mm
Breite	3420 mm
Höhe	2980 mm
Besatzung	5 Mann
Bewaffnung	1 x 7,5 cm KwK. 42 3 x 7,92 mm Maschinengewehr
Kampfbeladung	79 Granaten 4500 Patronen
Panzerung:	
Wannenfront	80 mm
Turmfront	100 mm
Motor	Vergaser »Maybach« Typ H230P30
Maximale Leistung	700 PS
Höchstgeschwindigkeit	46 km/h
Fahrbereich	200 km

Panzerkampfwagen VI »Tiger«

Der schwere Panzerkampfwagen VI »Tiger I« war wegen seiner Feuer- und Widerstandskraft bei seinen Gegnern gefürchtet. Gemessen an der Gesamtzahl gebauter »Tiger« schoss kein anderer Panzertyp mehr Feindpanzer ab.

Dieser erste schwere deutsche Panzerkampfwagen erwarb sich nach einem misslungenen Debüt bald einen legendären Ruf an der Ostfront, unter den sowjetischen Panzerverbänden verbreitete er Furcht und Schrecken. Der »Tiger« war keineswegs die Antwort auf den T-34 oder die schweren KW-Panzer gewesen, denn seine Entwicklung reichte bis ins Jahr 1937 zurück. Es kam dann zu Parallelentwicklungen der Firmen Porsche und Henschel; Ende Oktober 1942 entschied schließlich eine Gruppe unabhängiger Fachleute (Tigerkommission) den Wettstreit zugunsten des Henschel-Entwurfs.

Das in Dienst gestellte Fahrzeug hieß ursprünglich »Pz.Kpfw. VI »Tiger« Ausf. H1 (VK 45.01/H)«, dann »Panzerkampfwagen VI H (8,8 cm) (Sd.Kfz. 182) Ausführung H1« und ab März 1943 »Panzerkampfwagen Tiger (8,8 cm L/56) (Sd.Kfz. 181) Ausführung E«. Erst ein Führerbefehl vom 27.02.44 gab dann dem Fahrzeug seinen endgültigen Namen: »Panzerkampfwagen Tiger Ausf. E«. Sein Nachfolger, der »Königstiger«, hieß offiziell »Panzerkampfwagen VI Ausf. B Tiger II (Sd.Kfz. 182)«. Zur Unterscheidung wurde dem »Tiger E« die römische Ziffer »I« angehängt, um ihn vom »Tiger B« oder »Tiger II« zu unterscheiden.

Die Serienproduktion des Henschel-Modells begann bereits im August 1942. Bis August 1944 baute die Firma insgesamt 1350 Pz.Kpfw. VI »Tiger I« und 84 Panzerbefehlswagen. Der »Tiger I« entsprach im grundsätzlichen Aufbau dem traditionellen Muster mit Motor hinten, Getriebe vorn, Drehturm mit Kampfraum in der Mitte, fünfköpfige Besatzung. Charakteristisch war der von Krupp/Porsche entworfene hufeisenförmige Turm mit keinerlei seitlichen Schrägflächen, aber einer Panzerung von 80 mm. Darin die mächtige 8,8 cm KwK. 36 als Hauptwaffe; ein aus der Flak 18/36 entwickeltes Geschütz mit Mündungsbremse. Die gestreckte Flugbahn der rasanten 8,8-cm-Geschosse (eine Folge der hohen Mündungsgeschwindigkeit und guten Ballistik) in Verbindung mit der Präzisionsoptik des Leitz Turmzielfernrohrs TZF 9b ermöglichte eine hohe Schussgenauigkeit. Britische Versuche mit einem in Tunesien erbeuteten »Tiger« zeigten, dass fünf aufeinanderfolgende Schüsse auf 1100 m in einem 410 x 460 mm großen Rechteck lagen. Die Panzergrante 39 durchschlug auf 1000 m 115 mm Panzerstahl und die Panzergranate 40 schaffte sogar 140 mm. Damit konnte der Pz.Kpfw. VI alle sowjetischen Panzertypen auf Entfernungen zerstören, auf denen ihre Waffen dem »Tiger« noch nicht gefährlich wurden. Einzelnen »Tiger I« gelangen spektakuläre Abschusserfolge, wie sie kein anderer deutscher geschweige denn sowjetischer, britischer oder amerikanischer Panztertyp jemals erreichte. So schossen vier »Tiger« Anfang April 1943 an der Ostfront an einem Tag 160 Feindpanzer ab. Im Zuge der Kursker Offensive zerstörte der 20-jährige Unterscharführer Franz Staudegger von der »Tiger«-Kompanie der Division »Leibstandarte« in einem zweistündigen Gefecht 22 T-34. Der vielleicht bekannteste »Tiger-Raid« ereignete sich am 13. Juni 1944 beim Städtchen Villers-Bocage in der Normandie. Obersturmführer Michael Wittmann und seine Besatzung von der schweren SS-Panzerabteilung 101 griffen spontan eine komplette britische Panzerbrigade an, die sich in Marschkolonne bewegte – 1500 Mann mit über

300 gepanzerten Fahrzeugen, darunter zahlreiche »Cromwell«- und »Sherman«-Panzer. Zurück bleiben 20 zerstörte »Cromwell«, vier »Sherman« sowie schätzungsweise 40 zerstörte Schützenpanzer, Halbkettenfahrzeuge und Panzerkaretten.

Zur starken Bewaffnung kam eine massive Panzerung mit 100 mm an der Wannen- und Turmfront, bis zu 120 mm an der Walzenblende sowie 60–80 mm an den Seiten. Trotz fehlender Schrägflächen machte sie den »Tiger« zu einem wahren Beschusswunder. Die »Tigerfibel«, ein Handbuch für »Tiger«-Besatzungen, führte ein besonders markantes Beispiel eines »Tiger« auf, der im Südabschnitt der Ostfront »227 Treffer Panzerbüchse, 14 Treffer 5,2 cm und 11 Treffer 7,62 cm erhielt. Keiner ging durch. Laufrollen und Verbindungsstücke waren zerschossen, 2 Schwingarme arbeiteten nicht mehr, mehrere Pak-Treffer saßen genau auf der Kette, und auf 3 Minen war er gefahren. Er fuhr mit eigener Kraft noch 60 km Gelände«. Keine Propaganda, sondern Tatsache: Es handelte sich um den »Tiger« mit Turmnummer 121 des Leutnants Friedrich-Karl Zabel von der s.Pz.Abt. 503, die im Januar/Februar 1943 an Manytsch und Don in schwere Abwehrkämpfe verwickelt war.

Die Sekundärbewaffnung bestand aus zwei 7,92-mm-Maschinengewehren. Für den Antrieb sorgte ein Maybach-Motor; die ersten 250 Fahrzeuger erhielten den 650 PS leistenden HL210, der Rest den 700 PS starken HL230.

Das Laufwerk des 56-Tonners bestand aus Reihen von Scheibenrädern, die zusammen mit der Drehstabfederung für ein angenehmes Fahrverhalten im Gelände sorgten wie die 72 cm breite Gefechtskette für einen verhältnismäßig geringen Bodendruck. Die Gefechts- oder Geländeketten machten den »Tiger« für den Schienentransport allerdings zu breit und mussten dafür durch schmalere Verladeketten ersetzt werden.

Auch der »Tiger« litt an verschiedenen Mängeln. Dazu gehörten die zu schwache Motorisierung und die Empfindlichkeit von Fahrwerk und Getriebe. So fielen beim Ersteinsatz im September 1942 in panzerungünstigem Gelände vor Leningrad alle vier »Tiger« durch technische Schäden und Artilleriebeschuss aus bzw. wurden schwer beschädigt. Ein gesprengter »Tiger« konnte von sowjetischen Truppen geborgen werden. Die Ergebnisse der Untersuchung durch Panzerfachleute beschleunigten die Entwicklung des schweren sowjetischen Panzerkampfwagens JS-2, die Kampfwertsteigerung des T-34/76 zum T-34/85 sowie von Sturmgeschützen und Panzerabwehrwaffen.

Erbeutete Pz.Kpfw. VI setzte die Rote Armee selten ein. Sie dienten in der Regel zu Erprobungen und Versuchen; ein »Tiger« wurde auf einer Ausstellung erbeuteter Waffen in Moskau gezeigt.

Der erste Pz.Kpfw. VI, den die Sowjets unbeschädigt erbeuteten – und zwar die 28. Panzerbrigade der 39. Armee der Weißrussischen Front – gehörte zur s.Pz.Abt. 507. Er hatte sich bei einem Gefecht am 27. Dezember 1943 in der Nähe des Dorfes Sinjawki in einer tiefen Bodensenke oder einem Granat-/Bombentrichter festgefahren und war von seiner Besatzung aufgegeben worden. Während der Operation »Bagration« – der sowjetischen Sommeroffensive 1944, die zur Zerschlagung der Heeresgruppe Mitte führte – konnte die Brigade einen zweiten Pz.Kpfw. VI erbeuten. Ein weiterer fiel Truppen der 48. Armee der 1. Weißrussischen Front in die Hände, den das 713. Sturmgeschützregiment dann übernahm. Weiterhin ist bekannt, dass die Werkstattkompanie der 5. Panzerbrigade der 4. Ukrainischen Front am 21. August 1944 einen Pz.Kpfw VI reparierte, der zusammen mit anderen Beutefahrzeugen in eine speziell gebildete Kompanie kam.

Sowjetische Panzersoldaten gestanden sich ein, dass der Pz.Kpfw VI in jeder Hinsicht (Bewaffnung, Panzerung, bessere oder gleichwertige Beweglichkeit) den schweren sowjetischen Panzerkampfwagen KW-1 und KW-1S überlegen war. Dies galt auch für die Übergangstypen KW-85 und JS-1, obwohl

Technische Angaben Pz.Kpfw. VI »Tiger I«	
Gefechtsgewicht	55 t
Maße:	
Länge	6200 mm
Breite	3730 mm
Höhe	2860 mm
Besatzung	5 Mann
Bewaffnung	1 x 8,8 cm KwK. 36 2 x 7,92 mm Maschinengewehr
Kampfbeladung	92 Granaten 4800 Patronen
Panzerung:	
Wannenfront	100 mm
Turmfront	110 mm
Motor	Vergaser »Maybach« Typ HL230
Maximale Leistung	700 PS
Höchstgeschwindigkeit	38 km/h
Fahrbereich	140 km

Sowjetische Panzersoldaten untersuchen einen »Tiger«.

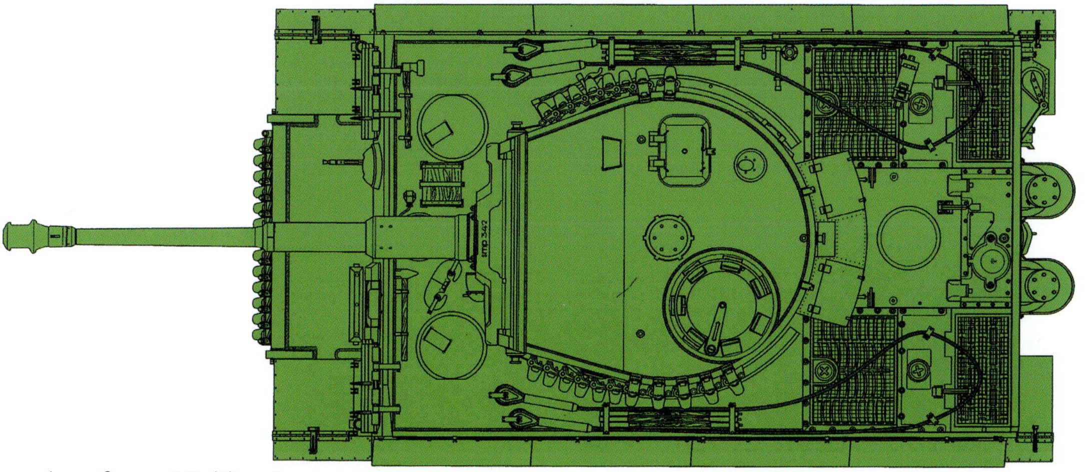

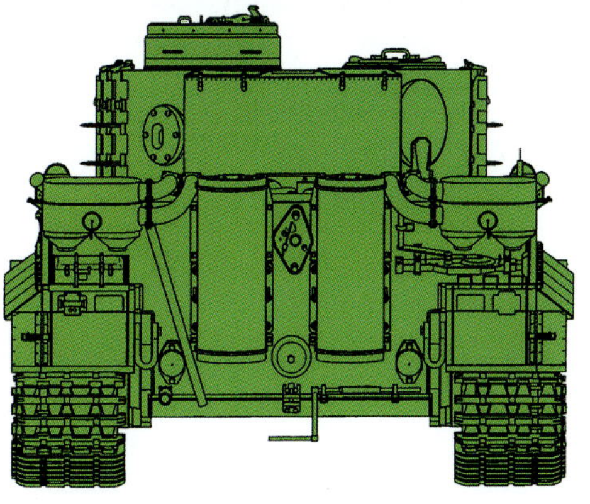

Panzerkampfwagen VI »Tiger I«, schematische Darstellung

deren 85-mm-Kanonen dem »Tiger I« auf bis zu 1000 m Entfernung gefährlich werden konnten. Die Dicke des Panzerschutzes des JS-1 übertraf an einigen Stellen zwar den des »Tiger I«, aber die gegossene, abgestufte Wannenfront durchschlug die 8,8 cm KwK. 36 mit Panzergranaten auf Entfernungen von etwa 1,2–1,5 km.

Ende 1943 führte die Rote Armee den schweren JS-2 ein, den sie für einen gleichwertigen Gegner des »Tiger I« hielt. Tatsächlich konnte die 122-mm-Kanone D-25T den »Tiger« auf die üblichen Gefechtsentfernungen ausschalten, doch ihre Feuergeschwindigkeit lag aufgrund geteilter Munition deutlich hinter der KwK. 36 (5–8 S/min gegenüber 4–6). Der Panzerschutz blieb zunächst der gleiche wie beim JS-1. In der zweiten Hälfte 1944, nach Einführung der begradigten oberen Wannenfront des JS-2, verbesserte sich die Widerstandsfähigkeit gegen 8,8-cm-Granaten, was nicht für die Turmfront galt. Theoretisch war der »Tiger I« dem JS-2 in Bezug auf Panzerung und Trefferwirkung (insbesondere gegen ungepanzerte Ziele) unterlegen, aber unter dem Strich wurden weit mehr JS-2 durch »Tiger« abgeschossen als umgekehrt.

Sturmgeschütz III

Das Sturmgeschütz III (StuG. III) wurde von Daimler-Benz auf Basis des Pz.Kpfw. III entwickelt. Sturmgeschütze sollten die Infanterie direkt unterstützen. Sie zählten zur Sturmartillerie, nicht zur Panzertruppe. Der erste Prototyp des StuG III Ausf. A wurde 1937 gebaut und durchlief die Erprobung recht erfolgreich. Es folgte der Bau einer Vorserie von fünf Fahrzeugen, die im Dezember zum Truppenversuch zum Panzerregiment 1 kamen. Sie nahmen nicht an Kampfhandlungen teil und wurden bis 1941 nur zur Ausbildungszwecken verwendet.

Das Sturmgeschütz oder »Gepanzerte Selbstfahrlafette für Sturmgeschütz«, wie es anfänglich hieß, unterschied sich vom Panzerkampfwagen hauptsächlich durch das Fehlen eines Drehturms. Die 7,5 cm Sturmkanone 37 (StuK. 37) entsprach technisch und mit Rohrlänge L/24 weitgehend der Stummelkanone des Pz.Kpfw. IV, wurde aber in einem gepanzerte Aufbau auf Fahrgestell Pz.Kpfw. III montiert. Auf dem Dach links hinter der Kanone saß die Kommandantenkuppel mit Beobachtungsgeräten. Alle Fahrzeuge erhielten eine Funkausstattung sowie eine Rauchabzugsanlage. Die vierköpfige Besatzung bestand aus Kommandant/Geschützführer, Richtkanonier, Ladekanonier und Fahrer. Im Zuge der Serienfertigung wurde das Fahrzeug sowohl in der Bewaffnung als auch im Panzerschutz immer wieder modernisiert::

- **StuG. III Ausf. A:** Erstes Serienmodell auf Fahrgestell des Pz.Kpfw. III Ausf. F und Wanne aus Panzerstahl. Insgesamt baute die Fa. Daimler-Benz von Januar bis Mai 1940 30 Fahrzeuge; sechs weitere entstanden aus Umbauten des Pz.Kpfw. III Ausf. G. Im Westfeldzug 1940 kämpften sie bei den Sturmgeschützbatterien 640, 659, 660 und 665.
- **StuG. III Ausf .B:** wie Ausf. A, jedoch mit 380 mm breiter Kette und Laufrädern 520 x 95 mm sowie neuen Antriebs- und Leiträdern. Manuelles 6-Gang-Getriebe. Von Juni 1940 bis Mai 1941 baute die Altmärkische Kettenwerk GmbH (Alkett) 300 Fahrzeuge, die zur Aufstellung von vier Sturmgeschützabteilungen zu je drei Batterien dienten.
- **StuG. Ш Ausf. C:** Ausstattung mit langem Sfl.-Zielfernrohr unter Wegfall des bisherigen Optikschachtes und Änderung des Daches des Panzeraubaus. Seitliche Aufbaupanzerung stärker abfallend. Im April 1941 baute Alkett 50 Fahrzeuge, die später an der Ostfront zum Einsatz kamen.
- **StuG. III Ausf. D:** wie Ausf. C, jedoch mit Bordsprechanlage anstelle des bisherigen Sprechschlauches. Von Mai bis September 1941 baute Alkett 150 Fahrzeuge; einige als Zugführer- oder Batteriechefgeschütze mit erweiterter Funkausstattung. Sie wurden hauptsächlich an der Ostfront eingesetzt.
- **StuG. III Ausf. E:** Letzte Bauart mit kurzer Stummelkanone. Erweiterung der Kampfbeladung auf 50 Granatpatronen durch kastenartigen Ausbau der rechten Aufbauseite. Halterung zur Aufnahme von Kettengliedern (Zusatzpanzerung)

an der Wannenstirnwand. Einbau einer Warmluftheizung. Halterung für MG 34 in der rechten hinteren Ecke des Kampfraums sowie Halter am hinteren Munitionskasten. Von September 1941 bis Februar 1942 baute Alkett 284 von ursprünglich 500 bestellten Fahrzeugen, von denen einige zur Befehlswagen umgebaut und mit Scherenfernrohren SF 14 Z ausgestattet wurden. Meldungen zufolge gab es ab Juli 1942 616 StuG III aller Varianten, ein Jahr später wurde ihre Zahl jedoch auf 142 reduziert.

- **StuG. III Ausf. F (Sd.Kfz. 142/1):** Verstärkte Panzerung und Einbau der langen 7,5 cm StuK 40 L/43 mit entsprechender Änderung des Aufbaus und der Geschützblende. Mit der neuen Waffe konnte

Reparatur von StuG. III an vorderster Front.

Sturmgeschütz III Ausf. D.

Erbeutete deutsche Sturmgeschütze III.

das StuG. III alle sowjetischen und britischen Panzer erfolgreicher bekämpfen, denn ihre Panzergranate durchschlug eine 91 mm dicke Panzerung auf 500 m. Ab Juni 1943 Einbau der längeren 7,5 cm StuK 40 L/48, die auf 500 jetzt 108-mm-Panzerplatten durchschlug. Zwischen März und September 1942 baute Alkett 366 Fahrzeuge.

- **StuG. III Ausf. F/8:** Variante mit Fahrgestelle des Pz.Kpfw. III Ausf. J. Verlängerung der Heckplatte, Verbesserung der Belüftung; die zusätzlichen 30-mm-Bleche wurden nicht mehr ans Wannenvorderteil geschweißt, sondern geschraubt. Entsprach sonst der Ausf. F, jedoch ausschließlich mit 7,5 cm StuK 40 L/48. Von September bis Dezember 1942 baute Alkett 250 Fahrzeuge.
- **StuG. III Ausf. G:** Letzte Ausführung, von der bei MIAG (Mühlenbau und Industrie Aktiengesellschaft) und Alkett von Dezember 1942 bis April 1945 stolze 7720 Einheiten vom Band liefen (nach anderen Quellen 8423 Stück). Verbreiteter Aufbau mit leicht abgeschrägten Seiten, neue Komman-

Technische Angaben StuG. III Ausf. G	
Gefechtsgewicht	23,4 t
Maße:	
Länge	5400 mm
Breite	2950 mm
Höhe	2160 mm
Besatzung	4 Mann
Bewaffnung	1 x 7,5 cm StuK 40 1 x 7,92 mm Maschinengewehr
Kampfbeladung	54 Granaten 600 Patronen
Panzerung:	
Wannenfront	50 + 30 mm
Motor	Vergaser »Maybach« Typ HL120TRM
Maximale Leistung	300 PS
Höchstgeschwindigkeit	40 km/h
Fahrbereich	155 km

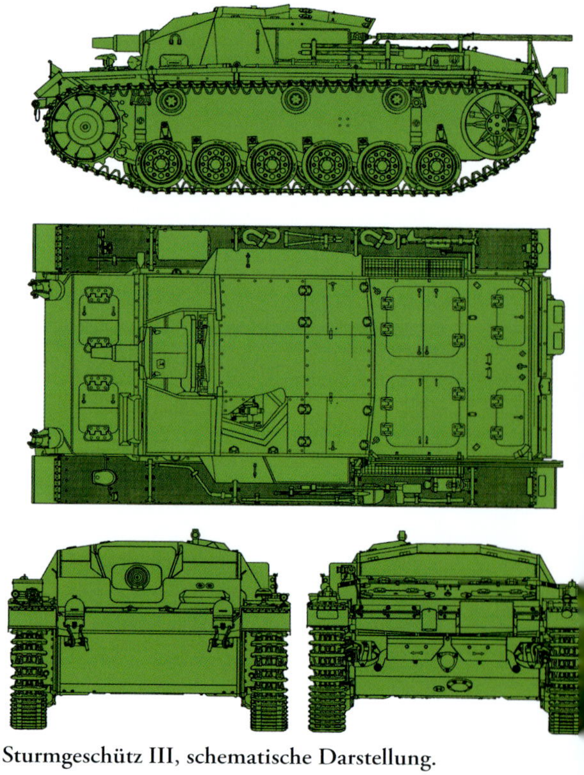

Sturmgeschütz III, schematische Darstellung.

dantenkuppel, Fla-MG mit Schutzschild, Zusatzpanzerung an der Wannenstirn, Kettenschürzen. Ab Oktober Ersatz der Walzen- durch eine Topfblende (»Saukopfblende«). Ab Anfang 1944 Einbau eines koaxialen Maschinengewehrs und der sogenannten Nahkampfwaffe zur Abwehr von Panzernahkämpfern. Der Ersteinsatz der Ausf. G erfolgte 1943 im Kursker Bogen.

Bei der Sturmhaubitze StuH. 42 handelte es sich um eine Variante mit 10,5 cm Sturmhaubitze. Ihrem Verwendungszweck entsprechend, operierten StuG. III vorwiegend zur Unterstützung der Infanterie und machten sich vor allem in der Panzerabwehr einen Namen. Erbeutete StuG. III wurden häufig in Panzerregimentern und -brigaden der Roten Armee eingesetzt. Beeindruckt von der hohen Effizienz dieser Waffe fiel auf einer Besprechung des Artilleriekomitees der Hauptartilleriedirektion am 15. April 1942 der Beschluss, eine eigene Sturmartillerie zu schaffen. Bereits im Dezember 1942 wurde mit der selbstfahrenden Haubitze SU-122 das erste sowjetische Sturmgeschütz in Dienst gestellt und in Produktion genommen. Ihm folgten selbstfahrende Geschütze verschiedener Kaliber, die bei Kriegsende einen bedeutenden Teil der sowjetischen Panzerflotte ausmachten.

Erbeutete StuG. III auf dem Hof des Moskauer Werks Podemnik, April 1942.

Beute-StuG. III beim Marsch an die Front.

Sturmgeschütz SU-76(I)

Während ihrer Gegenoffensive im eisigen Jahrhundertwinter 1941/42 fiel der Roten Armee eine beträchtliche Anzahl liegen gebliebener (Kälte, Benzinmangel), aber vielfach unbeschädigter deutscher Pz.Kpfw. III und IV in die Hände. Der Einsatz dieser Kampffahrzeuge in ihrer ursprünglichen Form war aufgrund fehlender Munition für die Kanonen schwierig. Ende Januar 1942 wurde daher beschlossen, auf ihrer Grundlage ein Sturmgeschütz zu entwickeln, das die sowjetische 76,2-mm-Kanone SIS-3 tragen sollte

Die Entwicklungsarbeiten oblagen einer Gruppe von Konstrukteuren unter Leitung von A.N. Kaschtanow. Im Februar 1943 begann das Werk Nr. 37 mit dem Bau eines Prototyps mit Werksbezeichnung SU-S-1. Am 6. März ging er in den Versuch und schon am 21. März empfahl die staatliche Prüfungs-

Das sowjetische Sturmgeschütz SU-76(I) war auf dem Fahrgestell des deutschen Pz.Kpfw. III aufgebaut.

kommission das neue Sturmgeschütz (eigentlich ein Panzerjäger) zur Übernahme. Eine Rolle spielte auch, dass im Frühjahr 1943 die Produktion des sowjetischen Sturmgeschützes SU-76 auf Basis des T-70 aufgrund zahlreicher Mängel eingestellt wurde, was den Auf- bzw. Ausbau der Sturmartillerie gefährdete. Diese Krise wurde durch den Aufbau der SU-76(I)-Produktion abgewendet.

Die Fertigung des SU-S-1, das nun offiziell SU-76(I) hieß, lief im Nr. Werk 37. Der Buchstabe »I« stand dabei für das russische Wort Иностранная (Inostrannaja, ausländisch). Die ersten fünf Serienfahrzeuge erhielt Anfang April 1943 das Ausbildungsregiment für selbstfahrende Artillerie im Dorf Klyasma.

Das Sturmgeschütz SU-76(I) war auf dem Fahrgestell des deutschen Pz.Kpfw. III aufgebaut: Motor- und Getriebe befanden sich hinten (das Getriebe befand sich beim Pz.Kpfw. III vorn und wurde nach hinten verlegt), vorn der Kampfraum mit Kanone. Der Fahrer saß links der Kanone. Der Kommandant erhielt eine Beobachtungskuppel mit Sehschlitzen. Die Bewaffnung bestand aus einer 76,2-mm-Panzerkanone F-34 mit halbautomatischen Verschluss; Seitenrichtbereich 20° und Höhenrichtbereich –5° bis +15°. Als Optiken dienten das Zielfernrohr TMFD-7 und ein Panorama-ZF. Vorn, an den Seiten und im Dach des Kampfraums saßen Winkelspiegel mit Schutzglasblöcken.

Technische Angaben SU-76(I)	
Gefechtsgewicht	22,5 t
Maße:	
Länge	5380 mm
Breite	2910 mm
Höhe	2380 mm
Besatzung	4
Bewaffnung	1 x 76,2 mm SIS-3
Kampfbeladung	98 Granaten
Panzerung:	
Wannenfront und Aubau	50 mm
Motor	Vergaser »Maybach« Typ HL120TRL
Maximale Leistung	300 PS
Höchstgeschwindigkeit	40 km/h
Fahrbereich	175 km

SU-76(I), Buganansicht von rechts.

SU-76(I), Buganansicht von links

Oben und unten: SU-76(I) auf einem Übungsgelände.

Der V-förmige flüssigkeitsgekühlte Viertakt-Benzinmotor Maybach HL120 TRL mit 12 Zylindern und einer Leistung von 221 kW (300 PS) verlieh dem Fahrzeug eine Höchstgeschwindigkeit von bis zu 50 km/h. Das SU-76(I) konnte Steigungen bis zu 30°, Gräben bis zu 2,1 m Breite sowie senkrechte Hindernisse bis 1 m Höhe überwinden und Gewässer bis 1 m Tiefe durchwaten. Der spezifische Bodendruck war aufgrund der schmalen Ketten hoch (0,1 MPa oder 1 kgf/cm^2), was beim Fahren in schlammigem Gelände zu berücksichtigen war. Das Sturmgeschütz erhielt das Funkgerät 9R, das auch der T-34 führte (jedenfalls die mit Funk ausgestatteten T-34), sowie die Bordsprechanlage TPU-ZF.

Nach 201 gebauten Fahrzeugen wurde die Fertigung des SU-76(I) im November 1943 eingestellt. Seine Feuertaufe erlebte es im Juli/August 1943 während der Schlacht im Kursker Bogen bei der im Raum Ponyri liegenden 13. Armee, die über etwa 50 SU-76(I) verfügte. Anfang 1944 wurden übrig gebliebene Fahrzeuge an Ausbildungseinheiten abgegeben.

10,5 cm Panzerhaubitze 18 »Wespe« / 15 cm Panzerhaubitze 18 »Hummel«

In der Endphase des Krieges wurden deutsche 10,5 cm Panzerhaubitzen 18 »Wespe« und 15 cm Panzerhaubitzen 18 (M) »Hummel« oft Beute sowjetischer Truppen. Im Unterschied zu Panzerkampfwagen, Sturmgeschützen oder Pak auf Selbstfahrlafetten (Panzerjäger) gehörten diese Geschütze zur Feldartillerie und waren bei den Artillerieregimentern der Panzerdivisionen im Einsatz. Eine Abteilung Panzerhaubitzen bestand normalerweise aus drei Batterien. Zwei Batterien waren mit »Wespe« und die dritte mit »Hummel« ausgestattet. Jede Batterie zählte sollmäßig sechs Geschütze. Ihre Hauptaufgabe war die Feuerunterstützung von Panzerverbänden im Angriff und in der Verteidigung durch Zerschlagen befestigter Stellungen, Widerstandsnestern, von Truppenansammlungen und Kolonnen sowie die Bekämpfung feindlicher Artillerie.

Studien zur Schaffung selbstfahrender Feldartilleriegeschützen stellte das Heereswaffenamt seit 1941 an. Schließlich legte man sich auf zwei Geschütztypen fest, für die Selbstfahrlafetten entwickelt werden sollten: die leichte 10,5-cm-Haubitze l.F.H. 18 und die schwere 15-cm-Haubitze s.F.H. 18 (siehe oben).

Untersuchungen zeigten, dass sich die Fahrgestelle der Pz.Kpfw. III und IV am besten als Träger eigneten. Die Hauptänderungen am Fahrgestell betrafen die Verlegung des Motorraums vom Heck in die Mitte und die Platzierung des geschützten Kampfraums mit Haubitze auf dem hinteren Wannenteil. Die Panzerung des Aufbaus durfte aus Gewichtsgründen nicht zu dick ausfallen und sollte die Besatzung/Bedienung lediglich vor Handwaffengeschossen und Splittern schützen.

Das Panzerchassis sorgte bei fast jedem Höhenwinkel für ausreichende Stabilität beim Schießen, während sich die Geschwindigkeit und Geländegängigkeit der selbstfahrenden Geschütze nicht von den Basispanzern unterschied.

Für die Herstellung der Panzerhaubitzen galt die Vorgabe, alle notwendigen neuen Bauteile und

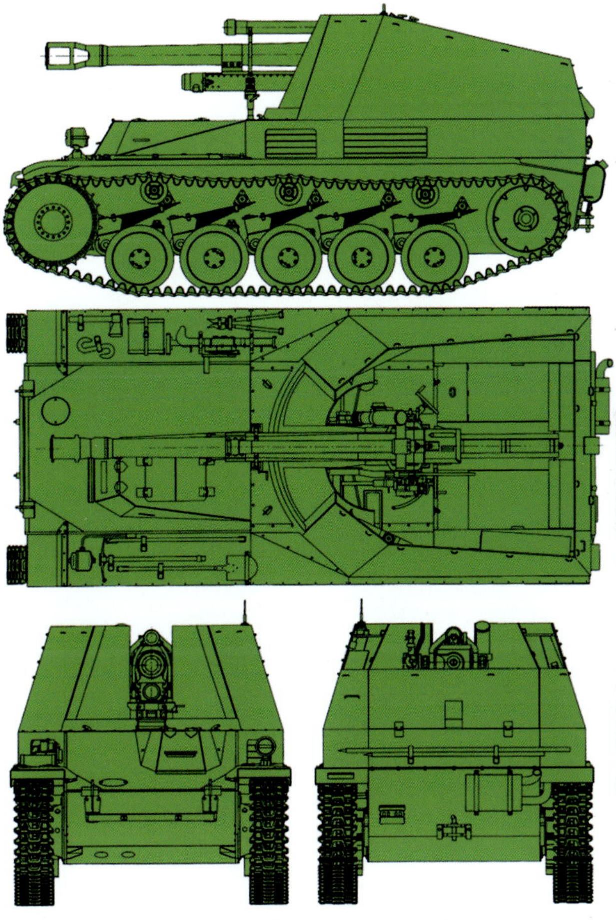

10,5 cm Panzerhaubitze 18 »Wespe«, schematische Darstellung.

Technische Angaben 10,5 cm Panzerhaubitze »Wespe«	
Gefechtsgewicht	11,5 t
Maße:	
Länge	4790 mm
Breite	2240 mm
Höhe	2300 mm
Besatzung	5 Mann
Bewaffnung	1 x 10,5 cm Haubitze 1 x 7,92 mm Maschinengewehr
Kampfbeladung (Bereitschaftsmunition)	32 Granaten + Kartuschen, 600 Patronen
Panzerung:	
Wannenfront	30 mm
Aufbau	20 mm
Motor	Vergaser »Maybach« Typ HL66P
Maximale Leistung	140 PS
Höchstgeschwindigkeit	40 km/h
Fahrbereich	220 km

Konstruktionsdetails unter Verwendung eingeführter Technik und Anlagen zu fertigen und Teile zu minimieren, die eine aufwändige Bearbeitung erforderten.

Die Panzerhaubitze »Wespe« entwickelte die Firma Alkett im Frühjahr 1942; die Fertigung übernahm die Fahrzeug- und Motorenbau GmbH (FAMO).

Trotz ihrer relativ großen Bauhöhe stellte die Panzerhaubitze ein Musterbeispiel für die zweckmäßige Nutzung/Zweitverwertung von Fahrgestellen in die Jahre gekommener Panzertypen dar. 1943 und 1944 wurden 662 (700) »Wespen« und etwa 156 gepanzerte Munitionsträger für sie hergestellt. Im März 1945 verfügte die deutsche Panzerartillerie noch über 301 »Wespen«; sechs weitere Fahrzeuge befanden sich beim Ersatzheer.

10,5 cm Panzerhaubitze 18 »Wespe«.

Auch die Panzerhaubitze »Hummel« entstand bei Alkett. An der Produktion waren mehrere deutsche Firmen beteiligt, die Endmontage erfolgte bei den Deutschen Eisenwerken in Duisburg. Die ersten fünf Serienfahrzeuge wurden im Februar 1943 hergestellt; ihre Feuertaufe erlebte die »Hummel« Anfang Juli 1943 beim Unternehmen »Zitadelle«. Bis Kriegsende wurden insgesamt 714 »Hummel« und 150 Munitionsträger für sie hergestellt. Im Mai 1945

Erbeutete 10,5 cm Panzerhaubitze »Wespe«.

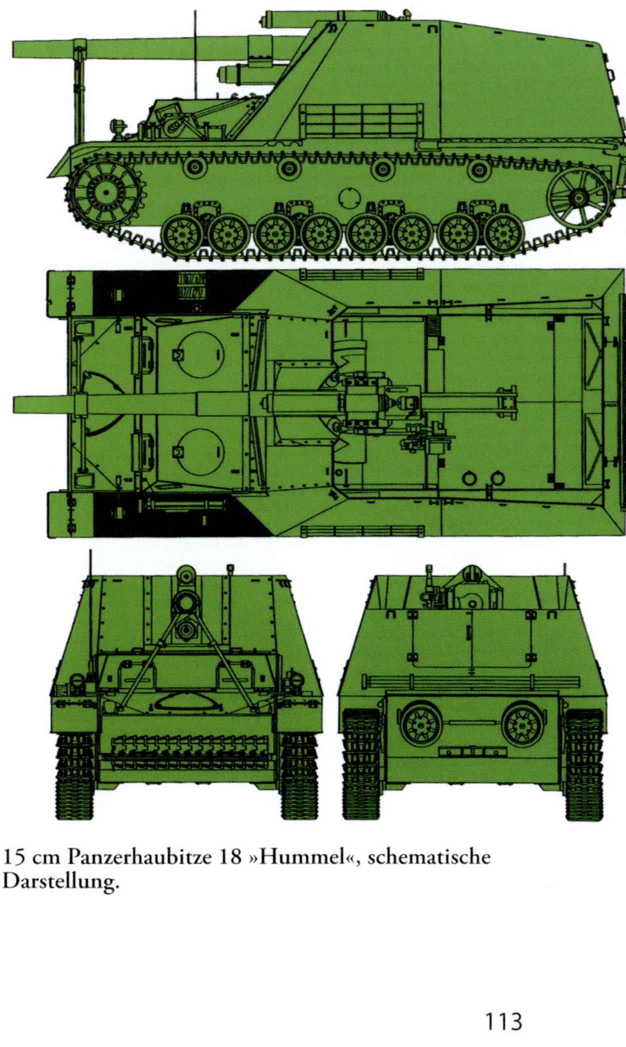

15 cm Panzerhaubitze 18 »Hummel«, schematische Darstellung.

»Hummel«-Haubitzen des 366. Artillerieregiments der Roten Armee. »Hummel« und »Wespe« gaben den Anstoß zur Entwicklung sowjetischer Panzerhaubitzen nach dem Krieg.

verfügte die Wehrmacht noch über 168 Panzerhaubitzen »Hummel«, von denen 128 an der Ostfront eingesetzt waren.

Weil die Feuerstellungen der Panzerhaubitzen in der Regel einige Kilometer hinter der vordersten Frontlinie lagen, ließen sich diese bei feindlichen Durchbrüchen oft noch räumen, so dass den Russen nur wenige »Wespen« und »Hummeln« in die Hände fielen. Als Beutegeschütze in selbstfahrenden Artillerieregimentern machten sie sich deshalb rar.

15 cm Panzerhaubitze 18 »Hummel«.

Außerdem fehlte es den Sowjets an Erfahrung und Weitblick, diese Form der beweglichen Artillerie zweckmäßig zu nutzen. Dafür spricht auch der Umstand, dass man sich in der UdSSR der Nachkriegszeit eher auf die Entwicklung selbstfahrender Panzerabwehrkanonen (Sturmgeschütze) konzentrierte. Erst 1967 verabschiedete der Ministerrat der UdSSR eine Resolution, nach der selbstfahrende Feldgeschütze der so genannten Blumen-Serie entwickelt und in Massenproduktion gebracht wurden: die 122-mm-Panzerhaubitze »Gwosdika« (Nelke), die152-mm-Panzerhaubitze »Akazia« (Akazie), die 152-mm-Panzerkanone »Hyazinth« (Hyazinthe) und der 240-mm-Panzermörser »Tulip« (Tulpe).

Technische Angaben 15 cm Panzerhaubitze »Hummel«	
Gefechtsgewicht	24 t
Maße:	
Länge	5800 mm
Breite	2920 mm
Höhe	2810 mm
Besatzung	6 Mann
Bewaffnung	1 x 15 cm Haubitze 1 x 7,92 mm Maschinengewehr
Kampfbeladung (Bereitschaftsmunition)	18 Granaten + Kartuschen, 600 Patronen
Panzerung:	
Wannenfront	30 mm
Aufbau	10 mm
Motor	Vergaser »Maybach« Typ HL230P30
Maximale Leistung	300 PS
Höchstgeschwindigkeit	42 km/h
Fahrbereich	215 km

Leichter Schützenpanzerwagen Sd.Kfz. 250

Der leichte Schützenpanzerwagen Sd.Kfz. 250 erschien, anders als die niederere Kennzahl vermuten lässt, erst nach seinem »großen Bruder«, dem mittleren Schützenpanzerwagens Sd.Kfz. 251 (siehe unten). Der »Leichte, gepanzerte Kraftwagen« – so die erste Bezeichnung – sollte als so genanntes

Halbgruppen-Fahrzeug sieben Mann aufnehmen und für Aufgaben zur Verfügung stehen, für die sich der mittlere Schützenpanzerwagen (SPW) aufgrund seiner Größe und Ausrichtung als Gruppenfahrzeug für die gepanzerte Infanterie weniger eignete. Durch Verbindung eines verkürzten Fahrgestells der 1-t-Zugmaschine D7 (Sd.Kfz. 10) der Demag (Deutsche Maschinenbau-Aktiengesellschaft) mit einem gepanzerten, oben offenen Aufbau der Büssing NAG entstand 1939 ein 5,6-t-Fahrzeug, das ein 6-Zylinder-Maybach HL42 TUKRM mit 100 PS auf die achtbare Höchstgeschwindigkeit von 65 km/h brachte (mittl. SPW: 9 t / 52 km/h). Dank eines halbautomatischen Gangvorwahl-Getriebes von Maybach mit sieben Vorwärts- und drei Rückwärtsgängen ließ sich der SPW bequem und einfach fahren. Das Laufwerk verwendete Ketten mit Nadelgelenken und äußeren Gummiauflagen. Die Laufrollen waren als Scheibenräder versetzt angeordnet. Die 140 l Kraftstoffvorrat reichten für 320 km auf der Straße und 200 km im Gelände (mittl. SPW: 160 l / 300 bzw. 150 km). Der Panzerschutz von 14 mm (vorn) und 8 mm (seitlich und hinten) entsprach dem »großen Bruder«. Wie bei diesem wichen die zahlreichen Schrägen aus insgesamt 19 Panzer-

Technische Angaben le. SPW Sd.Kfz. 250	
Gefechtsgewicht	5,7 t
Länge	4560 mm
Breite	1950 mm
Höhe	1980 mm
Besatzung	6 Mann
Bewaffnung	je nach Ausführung
Kampfbeladung	je nach Ausführung
Panzerung:	
Bugfront	14 mm
Seiten	8 mm
Motor	Maybach HL42 TUKRM
Maximale Leistung	100 PS
Höchstgeschwindigkeit	65 km/h
Fahrbereich	320 km

Der leichte Schützpanzerwagen Sd.Kfz. 250 war ein gelungener Entwurf und bestach durch Schnelligkeit, Wendigkeit und gute Geländegängigkeit.

Erbeutetes Sd.Kfz. 250.

platten im Oktober 1943 einem fertigungstechnisch einfacheren Aufbau aus nur noch neun Platten (die unterschiedlichen Bauarten wurden als »Alt« und »Neu« bezeichnet). Seine hohe Geschwindigkeit, Beweglichkeit und der Fahrbereich prädestinierten das Sd.Kfz. 250 für die Verwendung bei den Panzeraufklärungs-Abteilungen der Panzerdivisionen sowie bei den Kompanietrupps motorisierter Schützeneinheiten, den späteren Panzergrenadieren.

Die Serienproduktion des Sd.Kfz. 250 begann im Juni 1941 mit einer ersten Charge von 39 Fahrzeugen. Bis 1945 stellten die Firmen Büssing NAG, Weserhütte, Wumag, Wegmann, Ritscher und Deutsche Werke insgesamt 6628 leichte Schützenpanzerwagen Sd.Kfz. 250 her. Besonderen Bekanntheitsgrad erfuhr der SPW als Führungsfahrzeug von »Wüstenfuchs« Erwin Rommel in Nordafrika, insbesondere in Gestalt seines Sd.Kfz. 250/5 »Greif«.

Der leichte Schützenpanzer wurde in 14 verschiedenen Ausführungen hergestellt, die für eine Vielzahl von Kampf- und Unterstützungsaufgaben ausgelegt waren. Hier eine Auswahl der wichtigsten:

- Sd.Kfz. 250/1: Das Fahrzeug sollte vier Soldaten befördern. Seine Bewaffnung bestand aus zwei 7,92-mm-Maschinengewehren;
- Sd.Kfz.250/2: Dieser Schützenpanzer wurde von Nachrichtenabteilungen aller Arten von Divisionen zum Verlegen von Feldkabeln und zur Bereitstellung von Telefonverbindungen verwendet;
- Sd.Kfz. 250/3: Funkwagen mit weitreichender Funkausstattung;
- Sd.Kfz. 250/4 und 5: Beobachtungs- und Aufklärungswagen mit leistungsfähiger Funkausstattung; u. a. für Artilleriebeobachter;
- Sd.Kfz. 250/6: Munitionstransporter für Sturmgeschützeinheiten zur Aufnahme von 60 Granatpatronen 7,5 cm.

Des Weiteren gab es Ausführungen als Träger des 8-cm-Granatwerfers sowie mit eingebauter Kanonenbewaffnung in Form der 7,5 cm KwK. 37 bzw. 51, der 2 cm KwK. 38, der 3,7 cm Pak 36/37 oder der 2,8 cm schweren Panzerbüchse 41.

Erbeutete Sd.Kfz. 250 setzten die Sowjets bei Aufklärungseinheiten sowie Maschinenpistolen-Schützenbataillonen einiger Panzerbrigaden weiter ein. Die Rote Armee verfügte über kein vergleichbares Fahrzeug aus eigener Produktion.

Erbeutete Schützenpanzerwagen Sd.Kfz. 250 setzte die Rote Armee, die keine gleichwertigen Fahrzeuge hatte – auch die gelieferten US-SPW reichten in Qualität und Geschwindigkeit nicht an den 250er heran – vorwiegend in Aufklärungsabteilungen der Panzer- und Mechanisierten Korps sowie in Kradschützenregimentern ein; außerdem als Zugmittel für Panzerabwehrkanonen.

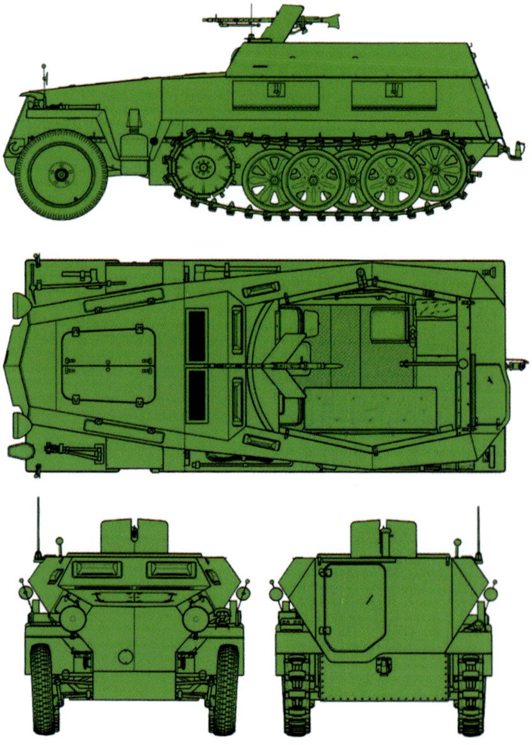

Schützenpanzerwagen Sd.Kfz. 250, schematische Darstellung.

Mittlerer Schützenpanzerwagen Sd.Kfz. 251

Der mittlere Schützenpanzerwagen Sd.Kfz. 251 wurde 1937 von Hanomag entwickelt und ab 1939 von zehn Firmen in Serie gefertigt. Das gepanzerte Halbkettenfahrzeug sollte den motorisierten Schützenverbänden (später: Panzergrenadiere) der Panzerdivisionen dazu dienen, mit den schnellen Panzerkampfwagen Schritt zu halten und den Schützen den Kampf aus dem Fahrzeug wie auch abgesessen zu ermöglichen.

Im Frühjahr 1939 gingen die ersten Sd.Kfz.251/1 Ausf. A an eine Kompanie des Schützenregiments 1 der 1. Panzerdivision in Weimar. Bis zum 1. September 1939 wurden nur 68 Schützenpanzerwagen hergestellt. Ihre Feuertaufe erhielten sie während des Polenfeldzuges. Im Mai 1940 verfügte das Heer bereits über 338 Sd.Kfz. 251 verschiedener Modifikationen. Über die größte Zahl freute sich die Schützenbrigade 1 der 1. Panzerdivision. Bei den Kämpfen in Frankreich gingen 17 Fahrzeuge verloren. Eine große Anzahl Schützenpanzerwagen Sd.Kfz.251 aller Ausführungen wurde dann im Ostfeldzug eingesetzt. In der Regel verfügte jede deutsche Panzerdivision über ein SPW-Bataillon.

Konstruktiv war der Schützenpanzer eine Improvisation: Das Fahrgestell der 3-t-Halbkettenzugmaschine Sd.Kfz. 11 erhielt einen gepanzerten, oben offenen Aufbau für den Personentransport. Im Unterschied zum US-amerikanischen Schützenpanzerwagen M3 verfügte der deutsche SPW über eine zweiflügelige Hecktür, die das Auf- und Absitzen erleichterte. Die Hauptbewaffnung bestand aus zwei Maschinengewehren. Das Kettenlaufwerk mit Nadelbolzen und Gummipolstern zeigte eine versetzte Anordnung von Scheibenrädern. Gelenkt wurde mit den gummibereiften Rädern der Vorderachse, die das Kettenlaufwerk bei starkem Lenkeinschlag unterstützte. Beim Getriebe handelte es sich um ein konventionelles Vierganggetriebe.

Das Sd.Kfz. 251 wurde in vier Grundversionen hergestellt. Während sich die Ausführungen A bis C nur in einigen Merkmalen des gepanzerten Aufbaus und der Position der Luken im Fahrabteil unterschieden, erhielt die Ausführung D eine vereinfachten, am Heck einheitlich abgeschrägten Aufbau, was die Herstellung erheblich vereinfachte. Insgesamt wurden 4650 Sd.Kfz. 251 in den Varianten A bis C und 10.602 in der Variante D hergestellt.

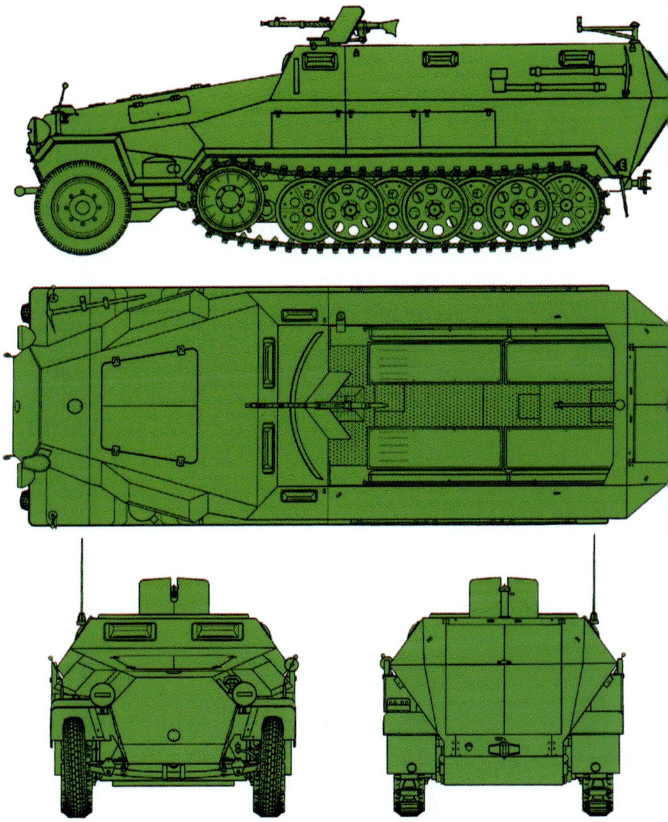

Schützenpanzerwagen Sd.Kfz.251, schematische Darstellung.

Technische Angaben m. SPW Sd.Kfz. 251/1	
Gefechtsgewicht	8,5 t
Maße:	
Länge	5800 mm
Breite	2100 mm
Höhe	2100 mm
Besatzung + Kampfbesatzung	12 Mann
Bewaffnung	je nach Ausführung
Kampfbeladung	je nach Ausführung
Panzerung:	
Bugfront	14 mm
Seiten	8 mm
Motor	Maybach HL 62P
Maximale Leistung	120 PS
Höchstgeschwindigkeit	52 km/h
Fahrbereich	320 km

Sd.Kfz. 251, die deutsche Truppen während des Rückzugs aufgaben.

Erbeutetes Sd.Kfz. 251 mit sowjetischen Schützen.

Gemessen nach Bewaffnung, Ausrüstung und Einsatzzweck gab es über 20 Ausführungen. Zum Beispiel SPW mit eingebauter 7,5-mm-Haubitze, 3,7-cm-Panzerabwehrkanone oder 2-cm-Flugabwehrkanone, mit 8-cm-Mörser, Flammenwerfer oder Infrarot-Suchscheinwerfer.

Bei Offensiven konnte die Rote Armee – die selbst über keine SPW sowjetischer Bauart verfügte – viele gebrauchsfähige oder beschädigte Sd.Kfz. 251 erbeuten Sie wurden hauptsächlich in motorisierten Maschinenpistolenschützen-Bataillonen von Panzerbrigaden sowie als Schlepper für Panzerabwehr- und Divisionsartilleriegeschütze eingesetzt. Spätestens aus der Analyse umfangreicher Erfahrungen beim Einsatz erbeuteter deutscher sowie aus England und den USA gelieferter Schützenpanzerwagen erkannten die sowjetischen Streitkräfte den Bedarf an eigenen SPW. Daher ließen sie nach dem Krieg die ersten sowjetischen Schützenpanzerwagen BTR-40 und BTR-152 entwickeln und bauen.

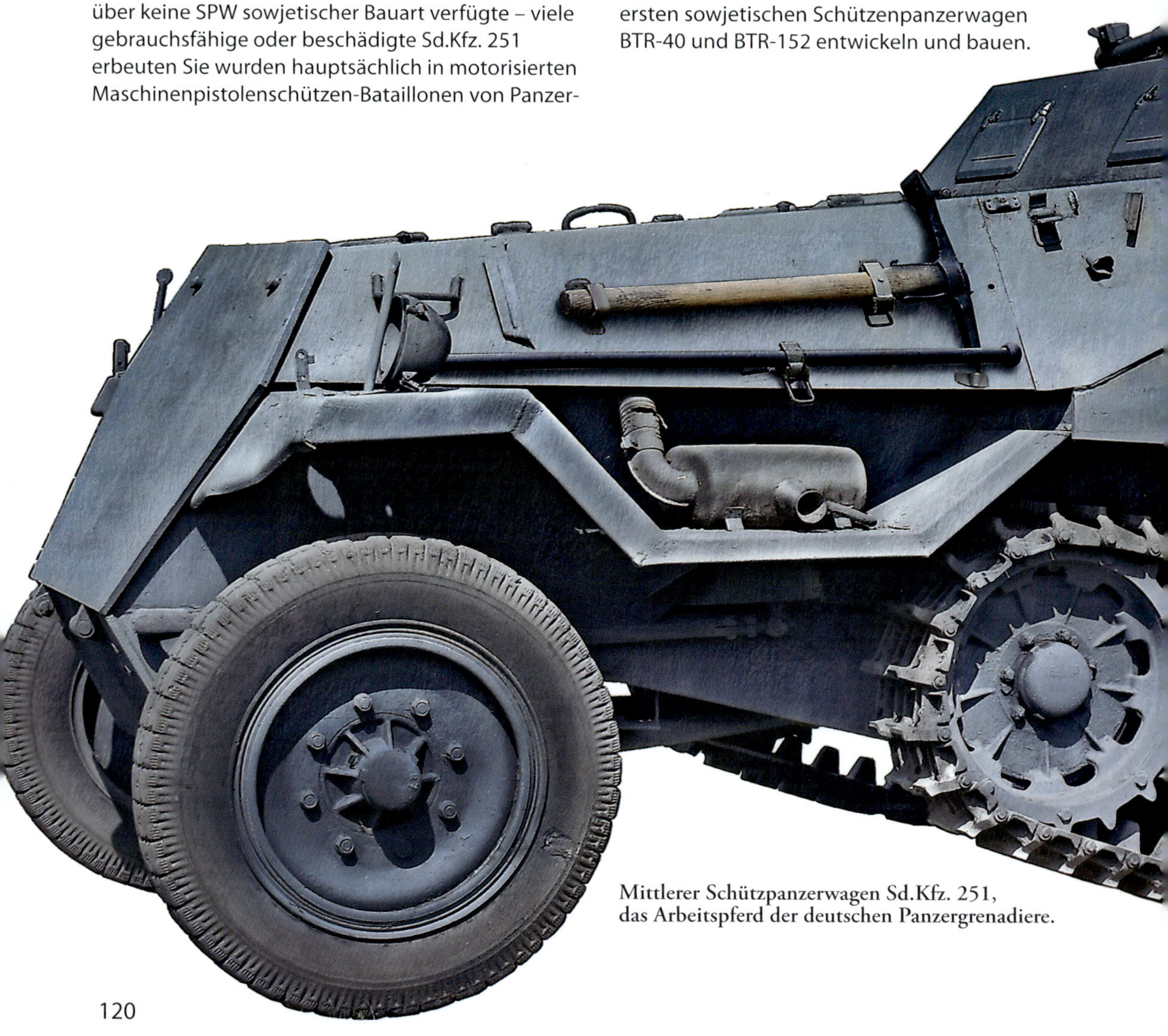

Mittlerer Schützpanzerwagen Sd.Kfz. 251, das Arbeitspferd der deutschen Panzergrenadiere.

Schützenpanzerwagen Sd.Kfz. 251 als Zugmittel für eine 76,2-mm-Feldkanone SIS-3.

TEIL II
WAFFEN AUS ANGLOAMERIKANISCHEN HILFSLIEFERUNGEN

Art und Umfang der Lieferungen

Am 22. Juni 1941, dem Tag des deutschen Angriffs auf die UdSSR, sagte der britische Premierminister Winston Churchill in seiner Radioansprache an das britische Volk: »Wir werden Russland und dem russischen Volk jede erdenkliche Hilfe leisten. Wir rufen alle unsere Freunde und Verbündeten in allen Teilen der Welt auf, diesen Weg zu gehen und ihn, genau wie wir, ehrlich und unbeirrt bis zum Ende zu befolgen.« Die Aussage blieb im Kreml nicht ungehört. Am 3. September sandte der Generalsekretär des Zentralkomitees der Allunionskommunistischen Partei (Bolschewiki) – WKP (b) – besser bekannt als Josef Dschugaschwili, genannt Stalin – einen Brief an Churchill, auf dessen Inhalt dieser den Präsidenten der Vereinigten Staaten, Franklin Delano Roosevelt, aufmerksam machte. Stalins Botschaft sprach von einer tödlichen Bedrohung, die über der Sowjetunion schwebe und nur beseitigt werden könne, indem eine zweite Front eröffnet, dringend 30.000 Tonnen Aluminium in die UdSSR sowie monatlich mindestens 400 Flugzeuge und 500 Panzer geliefert würden.

Mit der Eröffnung der zweiten Front musste sich Stalin, trotz wiederholter Forderungen, bis in den Juni 1944 gedulden, nicht aber bei der Lieferung von strategischem Material und militärischer Ausrüstung. Schon Ende Juni 1941 traf eine britische militärisch-ökonomische Mission unter der Leitung des britischen Botschafters in der UdSSR, Richard Stafford Cripps, in Moskau ein. Die Mission hielt eine Reihe von Besprechungen mit der Führung der Volkskommissariate für Verteidigung und auswärtige

Gut erhaltene Dodge oder Willys sind heute nahezu unbezahlbar. (Foto: Ralf Weinreich)

Angelegenheiten ab. Sie führten am 12. Juli 1941 zur Unterzeichnung eines Abkommens »Über gemeinsame Aktionen der Regierung der Sowjetunion und der Regierung Seiner Majestät in Großbritannien im Krieg gegen Deutschland.« Die Vereinbarung trug die Unterschriften von Josef Stalin, des Stellvertretenden Volkskommissar für Verteidigung, Marschall der Sowjetunion B.M. Schaposchnikow, des Volkskommissars der Marine, Admiral N.G. Kusnezow, sowie von Botschafter Cripps, der auf Anweisung der britischen Regierung vom Personal der Botschaft und dem gesamten Personal der britischen militärisch-ökonomischen Mission in Moskau begleitet wurde.

In Artikel 1 des Abkommen hieß es, dass »beide Regierungen sich gegenseitig verpflichten, sich im Krieg gegen Deutschland Hilfe und Unterstützung jeder Art zu leisten«. In Artikel 2 erklärten die Vertragsparteien, dass sie »während der Fortsetzung dieses Krieges ohne gegenseitiges Einvernehmen weder einen Waffenstillstands- noch einen Friedensvertrag aushandeln oder schließen werden«. Gemäß dieser Vereinbarung verpflichtete sich die britische Regierung, die UdSSR im vierten Quartal 1941 mit 800 Flugzeugen, 1000 Panzern und 600 Tanketten (Universal Carrier Mk.I) zu beliefern. Dieses sowjetisch-britische Abkommen war das erste politische Dokument, das den Grundstein für die Bildung des Bündnisses zur Zerschlagung Deutschlands legte, die so genannte Anti-Hitler-Koalition. Die Unterzeichnung des Abkommens in Moskau schuf den notwendigen rechtlichen und regulatorischen Rahmen für die spätere Entwicklung der Zusammenarbeit zwischen der UdSSR und Großbritannien im Krieg gegen Deutschland.

Die nächste Etappe bei der Bildung der »Anti-Hitler-Koalition« begann mit der Ankunft des Roosevelt-Beraters Harry Lloyd Hopkins am 30. Juli 1941 in Moskau. Hopkins wurde unverzüglich im Kreml empfangen, wobei die Verhandlungen aufgrund eines deutschen Luftangriffs einmal sogar in die unterirdischen Räume des Obersten Sowjet in der U-Bahn-Station Kirowskaja ausweichen mussten. Beide Parteien stimmten den zuvor vereinbarten Nachschubmengen zu und legten die wichtigsten Waffen und Materialien fest, die von der Roten Armee benötigt wurden. Es wurden auch die Gesamtvolumina und die Beträge angegeben, die die Lieferungen umfassen sollten. Die USA waren damals wohlgemerkt noch neutral und traten offiziell erst im Dezember 1941 in den Krieg ein. Die Gesamtkosten der ersten »Notlieferungen« an die UdSSR wurden auf 1 Milliarde US-Dollar veranschlagt. In diesem Zusammenhang ist anzumerken, dass die Vereinigten Staaten ungefähr zur gleichen Zeit den Umfang ihrer beabsichtigten Kriegsrüstung festlegten. In Materialien aus der Roosevelt-Bibliothek, die sich auf Verträge und Verpflichtungen des Fiskaljahres 1941 beziehen, heißt es klar, dass »die Gesamtmenge dessen, was produziert werden musste, einschließlich des Leihvertrags, 48 Milliarden 700 Millionen Dollar betrug«. Daraus lässt sich leicht errechnen, dass die gesamte amerikanische Hilfe für die UdSSR im Rahmen von Lend-Lease 1941 nur knapp 2 (zwei!) Prozent der Militärausgaben der Vereinigten Staaten überstieg.

Nach Washington zurückgekehrt, erzählte Hopkins US-Präsident Roosevelt, er habe bei zwei Treffen mit Stalin ganz offen mit ihm gesprochen und mit der Aussage abgeschlossen: »Die Deutschen werden dieses Jahr unter keinen Umständen in Moskau einmarschieren.« Hopkins bemerkte auch, dass »die Stärke der Roten Armee sowie die Entschlossenheit des sowjetischen Volkes, deren Zeuge er selbst war, dieses Vertrauen Stalins stärken können«.

Die Hopkins-Mission trug maßgeblich dazu bei, dass am 1. Oktober 1941 der Volkskommissar für auswärtige Angelegenheiten W.M. Molotow, der britische Minister für Reserven und Nachschub, Lord W.E. Beaverbrook, und der Sonderbeauftragte des Präsidenten der Vereinigten Staaten A. Harriman das Erste (Moskauer) Protokoll unterzeichneten, das den Beginn der Lieferung von militärischer Ausrüstung an die UdSSR im Rahmen des *Lend-Lease*-Gesetzes markierte.

Der so genannte *Lend-Lease Act* (Leih-/Pachtabkommen oder -vertrag) wurde am 11. März 1941 vom US-Kongress unter der Bezeichnung »An Act to Promote the Defense of the United States« (Ein Gesetz zur Förderung der Verteidigung der Vereinigten Staaten) verabschiedet. Dieses Gesetz gewährte dem Präsidenten der Vereinigten Staaten das Recht, jedem Land Unterstützung zu leisten, dessen Verteidigung er als lebenswichtig für die Vereinigten Staaten ansah.

Das *Lend-Lease*-Gesetz sah vor, dass das Empfängerland eine Reihe von Bedingungen erfüllt:

1) Die während der Kampfhandlungen zerstörten oder verlorenen Materialien waren nicht zah-

zivile Zwecke geeignete Eigentum sollte ganz oder teilweise bezahlt werden, um ein von den Vereinigten Staaten ausgegebenes langfristiges Darlehen zurückzuzahlen;

lungspflichtig, und das übrig gebliebene und für zivile Zwecke geeignete Eigentum sollte ganz oder teilweise bezahlt werden, um ein von den Vereinigten Staaten ausgegebenes langfristiges Darlehen zurückzuzahlen;

2) das verbliebene Militärmaterial könnte im Empfängerland verbleiben, bis die Vereinigten Staaten es zurückfordern;

3) im Gegenzug versprach der Empfänger, den Vereinigten Staaten mit allen verfügbaren Ressourcen und Informationen zu helfen.

Die Lieferungen im Rahmen des Leih- und Pachtverträgen kamen auf der Grundlage mehrerer Protokolle (Vereinbarungen) in Gang:

- Das Erste (Moskauer) Protokoll. Unterzeichnet am 1. Oktober 1941. Gültig ab 1. Oktober 1941 bis 30. Juni 1942.
- Das Zweite (Washingtoner) Protokoll. Unterzeichnet am 6. Oktober 1942. Gültig ab 1. Juli 1943 bis 30. Juni 1944.
- Das Dritte (Londoner) Protokoll. Unterzeichnet am 19. Oktober 1943. In Kraft vom 1. Juli 1943 bis 30. Juni 1944.
- Das Vierte (Ottawa) Protokoll. Unterzeichnet am 17. April 1944. In Kraft seit 1. April 1944. Formell war seine Laufzeit am 12. Mai 1945 beendet, die Lieferungen wurden jedoch bis zum Ende des Krieges mit Japan verlängert.

Am 20. September 1945 wurden alle Leih- und Pacht-Lieferungen an die UdSSR eingestellt. Ihr Wert belief sich auf 11 Milliarden 260 Millionen 344.000 US-Dollar (davon entfielen 9,8 Milliarden US-Dollar auf die Vereinigten Staaten).

Hier eine Liste nur einiger Waren, die 1941–1945 an die UdSSR geliefert wurden:

Aus Großbritannien:

7400 Flugzeuge, 4292 Panzer, 5000 Panzerabwehrkanonen, 472 Millionen Granaten; 1800 Radargeräte, 4000 Funkausstattungen: 55.000 km Telefonkabel, 12 Minensucher. Hinzu kamen Lebensmittel, Medizinprodukte und Industrieausrüstung für 120 Millionen Pfund.

Aus Kanada: 1188 Panzer, dazu Radfahrzeuge, Industrieanlagen, Lebensmittel.

Aus den USA: 14.795 Flugzeuge, ca. 7500 Panzer; 376.000 Lkw, 51.000 Jeeps, 8000 Zugfahrzeuge/Traktoren, 35.000 Motorräder; 8000 Flugabwehrgeschütze; 132.000 Maschinengewehre; 345.000 Tonnen Sprengstoff; 15 Millionen Paar Militärstiefel; 69 Millionen Quadratmeter Wollstoffe, 1981 Lokomotiven, 156 Eisenbahnwaggons; 96 Frachtschiffe; 28 Fregatten, 77 Minensucher; 78 große U-Boot-Jäger; 166 Torpedoboote; 60 Patrouillenboote; 43 Landungsboote; 3,8 Millionen Autoreifen; 2 Millionen km Telefonkabel; 2,7 Millionen Tonnen Benzin: 842.000 Tonnen verschiedener chemischer Rohstoffe. Außerdem Lebensmittel für 1,3 Milliarden Dollar, Werkzeugmaschinen, Dieselgeneratoren, Radiosender, ein Reifenwerk, Uniformen, Medikamente, diverse Geräte und Ersatzteile.

Ein Vergleich der Liefermengen im Rahmen von *Lend-Lease* mit den Produktionsmengen ähnlicher Produkte in der UdSSR 1941–1945 finden Sie auf untenstehender Tabelle.

Die Leih- und Pachtlieferungen für die UdSSR erfolgten keineswegs aus reiner Wohltätigkeit der westlichen Länder. Wenn es gegen Deutschland ging, waren sich Großbritannien und die USA einig, egal mit wem sie sich verbünden mussten. Wie schon im Ersten entschied auch im Zweiten Weltkrieg letztlich die Wirtschaftskraft der USA den Ausgang des Ringens. Edward Stettinius, Leiter der Abteilung für die Einhaltung des Leih-Pacht-Gesetzes und späterer US-Außenministier, stellte in seinem

Art des Geräts	Hergestellt in der UdSSR 1941-1945	Geliefert im Rahmen von Lend-Lease 1941-1945	Importanteil in %
Schützenpanzerwagen	0	7172	100
Dampflokomotiven	92	1981	95
Lkw	265.000	375.833	58
Flugbenzin (in Tausend Tonnen)	8091	2670	33
Reifen (in Tausend Einheiten)	14.561	3786	26
Jagdflugzeuge	60.000	13.857	18
Flugabwehrgeschütze	38.000	8218	17,7
Kampfflugzeuge	18.000	3633	17
Panzerkampfwagen und Sturmgeschütze	109.100	12.755	10,4

Eigentlich kaum zu glauben – diese Aufnahme eines »Sherman« aus dem 2. Welkrieg wurde 1987 bei einem Sammler in Süddeutschland gemacht. (Foto: Ralf Weinreich)

Buch »Leih-Pacht – eine Siegeswaffe« in klassischer Propagandasprache fest: »Als Reaktion auf all diese Hilfe hat Russland bereits einen Beitrag geleistet, der nicht in Dollar oder Tonnen gemessen werden kann. Dies sind die Millionen von Nazi-Soldaten, die getötet oder gefangen wurden; Dies sind Nazi-Panzer, die in Schlachten zerstört wurden, und Nazi-Kanonen und -Lastwagen, die von den sich zurückziehenden deutschen Armeen verlassen wurden. Die Russen zahlten einen hohen Preis für die Siege, die sie im Kampf zur Verteidigung ihres Heimatlandes vor dem Feind errungen hatten, aber sie verursachten auch irreparable Schäden an der Nazi- Militärmaschinerie, die die Dauer des Krieges erheblich verkürzten.«

In der Nachkriegs-Sowjetunion wurde die Bedeutung der *Lend-Lease*-Lieferungen mit der Begründung heruntergespielt, dass sie 1941–1945 im Allgemeinen nur rund 4 % der sowjetischen Brutto-Industrieproduktion ausmachten. Einige höhere sowjetische Offiziere teilten diese Ansicht jedoch nicht. Marschall der Sowjetunion G.K. Schukow äußerte in einem Gespräch mit dem Schriftsteller K.M. Simonow 1965 oder 1966: »Wenn man über unsere Kriegsbereitschaft aus wirtschaftlicher Sicht spricht, kann man einen Faktor wie die anschließende Hilfe durch die Alliierten nicht ignorieren. Zuallererst natürlich von Seiten der Amerikaner, denn die Briten haben uns in diesem Sinne minimal geholfen. Bei der Analyse aller Seiten des Krieges kann dies aber nicht ignoriert werden. Ohne amerikanisches Pulver wären wir in eine Notlage geraten, wir hätten nicht so viel Munition zur Verfügung gehabt, wie wir brauchten. Ohne amerikanische Studebaker-Lkw hätten wir keine Zugmittel für unsere Artillerie gehabt. Ja, sie haben unseren Frontnachschub größtenteils sichergestellt. Die Herstellung von Spezialstählen, die für die unterschiedlichsten Kriegsbedürfnisse notwendig waren, war ebenfalls mit einer Reihe von amerikanischen Lieferungen verbunden.«

A.I. Mikojan, während des Krieges Volkskommissar für Außenhandel, Vorsitzender des Ausschusses für Nahrungs- und Bekleidungsversorgung der Roten Armee sowie Mitglied des Staatsverteidigungsausschusses sagte: »Jetzt kann man leicht sagen, dass *Lend-Lease* nichts bedeutete. Es verlor erst viel später an Bedeutung. Aber im Herbst 1941 haben wir alles verloren, und wenn da nicht der Leih- und Pachtvertrag gewesen wäre, nicht Waffen, Nahrung, warme Kleidung für die Armee und andere Vorräte, stellt sich die Frage, wie es wohl ausgegangen wäre.«

HANDWAFFEN

In den Schlachten vom Sommer 1941 erlitt die Rote Armee katastrophale Verluste an Soldaten, Waffen und Ausrüstung. Die deutsche Wehrmacht errang Erfolg auf Erfolg und machte Gefangenenzahlen, wie sie in der gesamten Kriegsgeschichte einmalig waren. Bis zum 10. Juli 1941 zerschlug sie 34 sowjetische Divisionen ganz und fügte weiteren 87 derart schwere Verluste zu, dass sie nur noch Bruchteile ihrer ursprünglichen Kampfkraft aufwiesen. Allein an Infanteriewaffen gingen bis zum 31. Dezember 1941 folgende Mengen verloren:

Revolver und Pistolen, Millionen Stück	0,44
Gewehre und Karabiner, Millionen Stück	5,55
Maschinenpistolen, Millionen Stück	0,10
Leichte Maschinengewehre, tausend Stück	134,7
Schwere Maschinengewehre, tausend Stück	54,7
Großkalibrige Maschinengewehre, tausend Stück	1,4
Panzerbüchsen, tausend Stück	8,8
Gesamt, Millionen Stück	6,29

Zum Ausgleich dieser Verluste und zur Aufstellung neuer Truppenverbände (im Juli/August 1941 plante die Rote Armee die Aufstellung 181 neuer Schützendivisionen und im Oktober von 74 Schützenbrigaden), wurden Waffen aus den Mobilisierungsreserven der inneren Wehrkreise und aus Fernost (Sibirien) herangezogen. Außerdem wurden 50 % der Handwaffen beschlagnahmt, die als Reserve für Nachrichten-, Pionier-, Instandhaltungs-, Panzer-, Nachschub-, Kradschützen- und Artillerie-Regimenter vorgesehen waren. Und man griff gern auf Waffen zurück, die Briten und Amerikaner versprochen hatten. Am 30. Oktober 1941 traf eine erste Lieferung in Archangelsk ein. Weitere folgten über Archangelsk, Murmansk, Wladiwostok und Baku, wo sie von Sonderbeauftragten der Hauptdirektion Artillerie (GAU) in Empfang genommen wurden. Ein Großteil der Handwaffen stammte aus den USA:

11,43-mm-Pistolen Colt M1911 und M1911A1	12.997
11,43-mm-Maschinenpistole verschiedener Typen	137.729
7,62-mm-Maschinengewehr M1919A4 für Infanterie und gepanzerte Fahrzeuge	5403
12,7-mm-Maschinengewehre M2	420
12,7-mm-Flugabwehr-Maschinengewehre M2	3100
M2-Lafetten für 7,62-mm-Maschinengewehre	1821
M3-Lafetten für 12,7-mm-Maschinengewehre	9
90-mm-Raketen-Panzerbüchsen M1 und M9	3000

Es sei darauf hingewiesen, dass der Bedarf der Roten Armee an Handwaffen bereits ab der zweiten Hälfte des Jahres 1942 vollständig durch die heimische Rüstungsindustrie gedeckt wurde, was ihr 1943 ermöglichte, auf Hilfslieferungen zu verzichten.

Vom 22. Juni 1941 bis zum 10. Mai 1945 stellten sowjetische Fabriken folgende Mengen an Handwaffen her:

Revolver und Pistolen, Millionen Stück	1,45
Gewehre und Karabiner, Millionen Stück	11,16
Maschinenpistolen, Millionen Stück	5,53
Leichte Maschinengewehre, tausend Stück	662,5
Schwere Maschinengewehre, tausend Stück	257,6
Großkalibrige Maschinengewehre, tausend Stück	45,3
Panzerbüchsen, tausend Stück	471,5

Diese Zahlen zeigen, dass der Lieferung von Handwaffen im Rahmen von *Lend-Lease* nur in der Anfangsphase des Krieges eine gewisse Bedeutung zukam. Hier nun die Vorstellung der wesentlichen Handwaffentypen.

Colt-Pistole M1911A1

Im Zuge der amerikanischen Hilfslieferungen erhielt die UdSSR 12.997 Selbstladepistolen Colt M1911A1. Entwickelt wurde das Modell vom bekannten amerikanischen Waffenkonstrukteur John Moses Browning für die Colt Manufacturing Company. Aus diesem Grund hieß es ursprünglich Colt-Browning; ihre offizielle Bezeichnung »M1911« erhielt die Pistole nach der Übernahme durch die amerikanischen Streitkräfte im Jahr 1911. Der halbautomatische Rückstoßlader mit verriegeltem Browning-Verschluss nahm ein siebenschüssiges Stangenmagazin auf. Er verfügte über keinen Spannabzug, d. h. der Hahn der geladenen Waffe musste vor dem ersten Schuss von Hand vorgespannt werden. Für Sicherheit sorgten eine Griffstücksicherung, die eine Schussabgabe nur bei festem Umfassen des Griffstücks erlaubte, sowie ein Sicherungsflügel hinten links oben am Griffstück, der Verschluss und Hammer blockiert. Das Festvisier aus Kimme und Korn war für Schüsse bis etwa 40 m ausgelegt. Die leistungsstarke Patrone . 45 ACP (11,43 mm x 23) verfügt(e) zwar über eine starke Stoppwirkung, aber im Vergleich zur rasanteren 9 mm Parabellum über geringere Durchschlagskraft. Das »Großkaliber« zog des Weiteren relativ ausladende Abmessungen der Waffe sowie ein hohes Waffengewicht nach sich, das den starken Rückstoß dennoch spüren ließ, was wiederum nicht unbedingt zur Erhöhung der Schussgenauigkeit beitrug.

In Russland erschien die Colt-Browning-Pistole bereits vor dem Ersten Weltkrieg. Das von ihren Qualitäten überzeugte Oberkommando errlaubte es Offizieren, die Pistole auf eigene Kosten zu erwerben und sie außer Dienst zu verwenden. Kampferfahrungen aus dem Ersten Weltkrieg zeigten die Überlegenheit von Selbstladepistolen gegenüber Revolvern, da sie sich dank Wechselmagazin (oder Ladestreifen bei der C96) viel schneller nachladen

Technische Angaben Colt M1911A1	
Kaliber, mm	11,43 (.45 ACP)
Mündungsgeschwindigkeit, m/s	253
Gewicht mit Magazin, ungeladen, kg	1,10
Gesamtlänge, mm	219
Lauflänge, mm	127
Magazinkapazität	7
Visierschussweite, m	25

Sowjetischer Pilot posiert mit Colt-Pistole.

ließen. Außerdem fasste das Pistolenmagazin in der Regel mehr Patronen als die Revolvertrommel. Aus diesem Grund bestellte die britische Regierung im Januar 1916 auf Ersuchen Russlands in Amerika 100.000 Colt M1911-Pistolen. Die ersten 6000 Stück davon wurden im Mai/Juni 1916 hergestellt. Vom 19. Februar 1916 bis 18. Januar 1917 erhielt die Zarenarmee insgesamt 47.100 Colt M1911. Nach der Oktoberrevolution wurden die Lieferungen eingestellt, aber während des Bürgerkriegs unterstützten die Entente-Mächte die »Weißen« mit weiteren 14.700 Colt M.1911. Die meisten landeten nach Ende des Bürgerkriegs dann bei den »Roten«, wo sie bei Piloten aber auch beim NKWD Verwendung fanden. Die Colt M1911 erlangte traurige Berühmtheit als Mordwaffe der Zarenfamilie. Mit einer solchen Waffe erschoss Politkommissar J.M. Jurowski etwa Zar Nikolaus II.

Die während des Zweiten Weltkriegs im Rahmen von *Lend-Lease* an die UdSSR gelieferten Pistolen gehörten zur Ausführung M1911A1, die 1926 unter Berücksichtigung von Erfahrungen aus dem Ersten Weltkrieg etwas verbessert worden war. Sie erhielt u. a. ein breiteres Korn, einen verkürzten Abzugsbügel, die Zunge des Abzugs ragte nicht mehr so weit heraus, der Rahmen in Abzugshöhe bekam der besseren Handhabung halber eine Einfräsung und der Rücken des Griffstücks wurde nach hinten verstärkt, um sich besser dem Handballen anzupassen.

Colt-Pistolen beider Ausführungen setzte die Rote Armee ein. Nach dem Krieg kamen sie in Lagerhäuser. Berichten zufolge benutzten »Spezialeinheiten der russischen Bundestruppen« Colt M1911A1 auch noch während der Konflikte im Nordkaukasus Anfang der 1990er-Jahre.

Pistole Colt M1911.

Maschinenpistole Thompson M1

Ein bedeutender Teil der aus den USA gelieferten automatischen Handwaffen waren Maschinenpistolen des Typs Thompson M1: 1941–1942 erreichten immerhin 60.380 Stück die Rote Armee. Mit der Entwicklung der Maschinenpistole begann der amerikanische General John T. Thompson (oder seine Firma Auto-Ordnance Corporation) noch während des Ersten Weltkriegs. Nach zwei Zwischenmustern gelang es ihm, eine absolut zuverlässige Waffe zu schaffen. Bei Versuchen des US-Heeres im Sommer 1920 gab es nur eine Störung auf 2000 Schuss. Für das Militär durchaus zufriedenstellend, aber eine Bestellung erfolgte nicht. Daher verkaufte Thompson die Maschinenpistole Modell 1921 (M1921) ab 1921 auf dem freien Markt. Sie machte sich rasch als »Tommy Gun« einen Namen, vor allem in Gangsterkreisen.

Die Thompson-Maschinenpistole arbeitete als Rückstoßlader mit feststehendem Lauf und verzögertem Masseverschluss. Im Unterschied zu späteren Ausführungen verfügte die M1921 statt eines Vorderschaftes noch über einen vorderen Handgriff zur Kontrolle bei Dauerfeuer und einen mit Kühlrippen versehenen Lauf. Die Patronenzufuhr erfolgte aus Stangen- oder Trommelmagazinen mit einer

Rotarmist bei der Ausbildung an der Thompson-Maschinenpistole.

Maschinenpistole Thompson M1 1928.

Kapazität von 20 oder 100 Patronen .45 ACP (ein Stangenmagazin mit 20 Patronen wog 0,850 kg, ein Trommelmagazin mit 100 Patronen 3,815 kg).

1928 kam die Ausführung M1928A1 auf den Markt. Sie unterschied sich von der M1921 u. a. durch eine verringerte Feuerrate, einen verbesserten Auszieher, eine Mündungsbremse und einen hölzernen Vorderschaft ohne Pistolengriff. Diese Waffe führte die US Army zwar ein, doch von bestellten 318.900 Maschinenpistolen, die die Auto-Ordnance Company bis August 1941 liefern sollte, nahm sie nur 20.450 ab. Mit dem Eintritt der Vereinigten Staaten in den Krieg im Dezember 1941 – erst jetzt wurde ein Weltkrieg daraus – änderte sich die Situation. Die Produktion von Maschinenpistolen für den Bedarf der US-Streitkräfte kletterte auf 90.000 Stück pro Monat.

Eine wichtige Rolle spielte die Entwicklung der vereinfachten Versionen M1 und M1A1 im Jahr 1942. Tatsache ist, dass die hohe Zuverlässigkeit und Langlebigkeit der Thompson durch die Herstellung fast aller Teile auf spanabhebenden Maschinen

Technische Angaben Thompson M1A1	
Kaliber, mm	11.43 (.45ACP)
Mündungsgeschwindigkeit, m/s	280
Gewicht geladen, kg	5,59
Länge, mm	813
Magazinkapazität	30
Theoretische Feuergeschwindigkeit, S/min	700
Praktische Feuergeschwindigkeit, S/min	120-150
Visierschussweite, m	91

erreicht wurde. Die Kosten für eine Thompson-Maschinenpistole betrugen aber 209 US-Dollar und waren damit sechsmal so hoch wie bei der britischen Sten. Für die Massenproduktion wurde die Thompson einer radikalen Vereinfachung unterzogen. Die Mündungsbremse entfiel, der Kolben war verschraubt und ließ sich nicht mehr abnehmen, der verzögerte Masseverschluss wich einem einfachen Masseverschluss, die Kühlrippen am Lauf entfielen und auch Trommelmagazine ließen sich nicht mehr anstecken. Der Ladegriff/Spannhebel wanderte auf die rechte Seite und auch das Visier wurde vereinfacht. Dank dieser Sparmaßnahmen sanken die Fertigungskosten von über 200 auf 45 US-Dollar, die Fertigungszeiten verringerten sich und die Produktionszahlen schnellten in die Höhe: Bis zur Einstellung der Fertigung 1944 wurden über 1,5 Millionen «Tommy-Gun« gebaut.

Thompson-Maschinenpistolen wurden bei der sowjetischen Marineinfanterie im Nordabschnitt der Ostfront in relativ großer Zahl eingesetzt, zumal die Kampfgebiete recht nah an den Entladehäfen lagen, was die Munitionsversorgung stark vereinfachte. Des Weiteren erhielten sowjetische Besatzungen amerikanischer Panzerkampfwagen die M1928M1. Das war praktisch, denn die Amerikaner lieferten die Maschinenpistolen gleich mit den Panzern (beispielsweise gehörten zur Ausstattung eines M4 »Sherman« zwei Thompson-MPi). Auch Soldaten rückwärtiger Verbände, die nicht Gefahr liefen, allzu viel der knappen .45er-Munition zu verschießen, wurden mit dieser Maschinenpistole bewaffnet.

Sowjetischer Soldat mit Thompson-Maschinenpistole.

Maschinenpistole Reising M50

Sowjetischer Kriegsberichterstatter posiert mit Reising-Maschinenpistole.

Von den 131.633 Maschinenpistolen, die im Rahmen von *Lend-Lease* aus den USA in die UdSSR geschickt wurden, waren etwa 60.000 vom Typ Reising M50. Davon erreichten 3390 Stück die Rote Armee in der schwierigen Zeit 1941–1942. Die Waffe war 1938 vom Amerikaner Eugene Reising entwickelt worden. Die Serienproduktion lief 1941–1945 bei der Harrington & Richardson Arms Co., die etwa 114.216 Reising-Maschinenpistolen herstellte.

Die Reising-Maschinenpistole arbeitete als Rückstoßlader mit verzögertem Masseverschluss und im Unterschied zu den meisten Maschinenpistolen ihrer Zeit »aufschießend«, d. h. der Verschluss befand sich vor dem Schuss in vorderster Stellung. So bewegte sich bei der Schussabgabe nur der Schlagbolzen und nicht die gesamte Verschlussmasse nach vorn, was ein ruhigeres und präziseres Schießen erlaubte. Auf der anderen Seite bedingte dies eine kompliziertere Bauart mit mehr Einzelteilen und damit höherer Anfälligkeit unter Gefechtsbedingungen. Die Reising M50 speiste sich aus einem Stangenmagain für 20 Patronen .45 ACP und schoss Einzel- wie Dauerfeuer, einzustellen mit dem Feuerwahlschalter, der zugleich als Sicherungshebel diente: »FA« für Einzelfeuer, »SA« für Dauerfeuer und »SAFE« für gesichert. Neben der Standard-M50 mit Holzschaft und festem Kolben gab es die Ausführung M55 für Luftlandetruppen mit klappbarer Metall-Schulterstütze und Pistolengriff. Die Karabinerversion M60 verschoss nur Einzelfeuer aus einem 12-Schuss-Magazin. Sie diente in den USA zur Bewaffnung von Polizei und Nationalgarde und wurde nicht vom Militär übernommen, da ihr der Karabiner .30 M1 überlegen war.

Maschinenpistole Reising M50.

Technische Angaben Reising M50	
Kaliber, mm	11,43 (.45 ACP)
Mündungsgeschwindigkeit, m/s	280
Gewicht geladen, kg	3,59
Länge, mm	1080
Magazinkapazität	20
Theoretische Feuergeschwindigkeit, S/min	550
Praktische Feuergeschwindigkeit, S/min	40
Visierschussweite, m	274

Die Reising-Maschinenpistole zeichnete sich durch gute Schussgenauigkeit aus, die Zuverlässigkeit ließ zu wünschen übrig. Staub und Schmutz setzten der empfindlichen Mechanik zu, verbogene Magazinlippen führten vielfach zu Ladehemmungen, in verschmutzten Magazinen versagte die Zufuhr ihren Dienst. Aus diesen Gründen lehnten die Russen 1943 weitere Lieferungen dankend ab und verteilten die vorhandenen Waffen an Einheiten in rückwärtigen Gebieten sowie an Unterstützungstruppen.

Rotarmist mit Reising-Maschinenpistole im Anschlag.

Maschinengewehr BREN

Das von Großbritannien an die UdSSR gelieferte leichte Maschinengewehr BREN war eine lizenzierte Version des tschechoslowakischen leichten Maschinengewehrs ZGB-34, das die Waffenwerke Brünn (Zbrojovka Brno) auf Grundlage des Maschinengewehrs ZB-26 entwickelt hatten. In den frühen 1930er-Jahren nahm das ZGB-34 an einer Ausschreibung der britischen Streitkräfte für ein neues leichtes Maschinengewehr als Ersatz für die veralteten Lewis- und Hotchkiss-MG teil. In einer Reihe von Versuchen überzeugte das ZGB-34, wurde 1934 angenommen und bei der Royal Small Arms Factory (RSAF) in Enfield ab 1937 als Maschinengewehr BREN (BRno und ENfield) im Kaliber .303 British (7,7 mm x 56 R) gefertigt.

Das Maschinengewehr BREN war ein zuschießender Gasdrucklader mit Kippblockverschluss, der die Patronen aus einem 30-schüssigen Kurvenmagazin zuführte. Es erlaubte Einzel- wie Dauerfeuer. Spätestens nach etwa 10 Magazinen (bei einer Feuerrate von 3 Magazinen pro Minute) musste ein Laufwechsel erfolgen. Zusätzlich wurde ein Trommelmagazin für 100 Schuss entwickelt. Das Schießen erfolgte sowohl vom Zweibein als auch von einer leichten Universallafette, die sich zur Bekämpfung von Flugzeugen eignete.

Die Fertigung der Waffe war sehr arbeits- und materialintensiv. Die Herstellung des 2 kg schweren Verschlusses aus einem 10-kg-Schmiedstück erforderte beispielsweise 270 Arbeitsschritte und 550 Messungen. Außer der RSAF beteiligten sich die JIC-Werke in Toronto (Kanada) und die Firma SAF im australischen Lithoff an der Produktion. Insgesamt wurden mehr als 300.000 BREN-Maschinengewehre hergestellt.

In die UdSSR wurden BREN-Maschinengewehre quasi als Komplettpaket zusammen mit der leichten Panzerkarette Universal Carrier (Universal-Transporter) geliefert, auch als Bren Gun Carrier (Bren-MG-Träger) bezeichnet. Sowjetische Soldaten schätzten das BREN wegen seiner Zuverlässigkeit, seiner hohen Genauigkeit und seines relativ geringen Rückstoßes.

Neben dem BREN setzte die Rote Armee als Beutewaffe auch das von einigen deutschen Verbänden geführte ehemalige tschechische Maschinengewehr ZB-26 ein, dessen deutsche Bezeichnung 7,92 mm leMG (t) lautete.

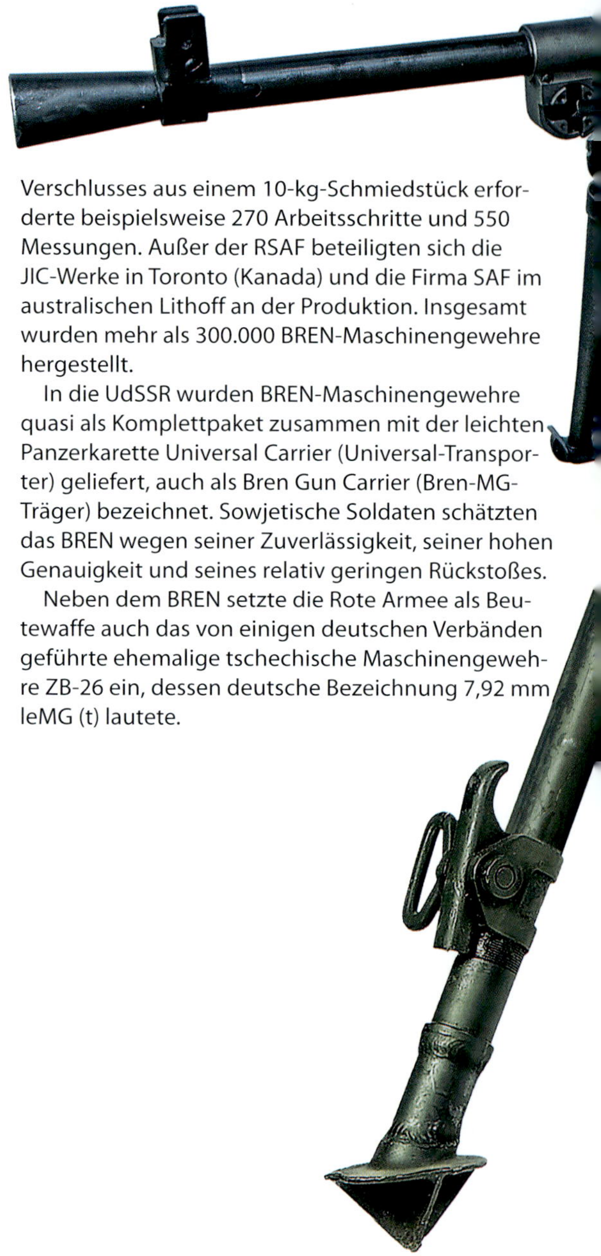

BREN-Maschinengewehr auf dem gepanzerten Personentransporter »Universal Carrier«

Leichtes Maschinengewehr BREN auf Lafette mit Trommelmagazin.

Technische Angaben BREN Mk.I	
Kaliber, mm	7,69 (.303)
Mündungsgeschwindigkeit, m/s	750
Gewicht geladen, kg	11,29
Länge, mm	1150
Magazinkapazität	30
Theoretische Feuergeschwindigkeit, S/min	660
Praktische Feuergeschwindigkeit, S/min	60-120
Visierschussweite, m	1829

BREN-Maschinengewehr auf Dreibein-Lafette zum Schießen auf Luftziele

Maschinengewehr BESA

Sämtliche von Großbritannien an die UdSSR gelieferten Panzerkampfwagentypen verfügten über 7,92-mm-BESA-Maschinengewehre als Zweitbewaffnung. Wie das leichte BREN-MG wurde auch dieses Maschinengewehr von den Waffenwerken Brünn unter der Bezeichnung ZB-53 entwickelt. Aufgrund des Fehlens inländischer Konstruktionen von Maschinengewehren, die für den Einbau in gepanzerte Kampffahrzeuge taugten, erwarben die Engländer 1937 die Lizenz zur Herstellung von ZB-53 bei der Birmingam Small Arms Company (BSA) und der Royal Small Arms Factory (RSAF). Gleichzeitig war vorgesehen, das Design des Maschinengewehrs für Anforderungen der Massenproduktion zu ändern und für das britische Kaliber .303 anstelle von 7,92 mm x 57 Mauser einrichten zu lassen. Nach der Besetzung der Tschechoslowakei war jedoch die Umwandlung des Maschinengewehrs auf die britische Patrone unmöglich, die Briten selber schafften es nicht, und so beschlossen sie, das Kaliber 7,92 mm zu belassen. Zur Patronenfertigung richteten sie eine spezielle Fabrik ein.

Das vom britischen Heer übernommene, derart modifizierte ZB-53-MG erhielt die Bezeichnung BESA, die manchmal wie folgt entziffert wird: B = Birmingham, E = Enfield, SA = Small Arms.

Wie vorgesehen, wurden BESA-Maschinengewehre ursprünglich ausschließlich zur Bewaffnung von Panzerkampfwagen und gepanzerten Fahrzeugen

verwendet (BESA Mk.2), aber bald entstand eine Infanterieversion dieses Maschinengewehrs mit Lafette (BESA Mk.1). Das Infanterie-Maschinengewehr wurde bei Begleiteinheiten des Royal Tank Corps und Verbänden der Territorialarmee in Dienst gestellt. Man spielte sogar mit dem Gedanken, die veralteten schweren Vickers-Maschinengewehre durch das BESA zu ersetzen. Da das BESA aber die 7,92 mm x 57 mm Mauser-Patrone verschoss und sich nur unter Komplikationen auf die Standardpatroner .303 British umstricken ließ, was auch für die Gurte galt, beließ man es lieber beim Alten.

BESA-Maschinengewehre gehörten zur Ausstattung britischer Panzerkampfwagen.

Das BESA arbeitete als Gasdrucklader mit kurzem Rohrrücklauf und gab Einzel- wie Dauerfeuer ab. Die Feuergeschwindigkeit ließ sich einstellen, 450 oder 750 Schuss pro Minute. Die während des Krieges erschienene Ausführung Mk.3 war nur für Dauerfeuer eingerichtet. Je nach Einstellung betrug die Feuergeschwindigkeit dieser Abart 500 oder 700 Schuss pro Minute. Die Patronen wurden in Metallgurten von 225 Schuss zugeführt. Insgesamt entstanden bis zum Ende des Krieges etwa 60.000 7,92-mm-BESA-MG aller Ausführungen.

Mit dem Panzer-MG Mk.2 war die Rote Armee zufrieden, ersetzte es aber aufgrund der Schwierigkeiten bei der Munitionsversorgung häufig durch einheimische DT-29-Maschinengewehre.

Technische Angaben BESA	
Kaliber, mm	7,92
Mündungsgeschwindigkeit, m/s	795
Gewicht, kg	18.97
Gewicht mit Lafette, kg	35.08
Länge, mm	1150
Gurtkapazität Patronen	225
Theoretische Feuergeschwindigkeit, S/min	450, 750
Praktische Feuergeschwindigkeit, S/min	60-120
Visierschussweite	2286 yards (2500 m)

BESA-Maschinengewehr, Ausführung für Infanterie auf Lafette.

Maschinengewehr Browning M1919A4

Das Maschinengewehr Browning M1919A4 lieferten die Amerikaner hauptsächlich in Form von Bewaffnung für Panzerkampf- und Schützenpanzerwagen.

Die Waffe wurde auf Basis des schweren Maschinengewehrs M1917 im Kaliber .30-06 (7,62 mm x 63) entwickelt, das während des Ersten Weltkriegs zur Ausstattung der amerikanischen Infanterie gehört hatte. Das schwere wassergekühlte MG wies allerdings eine nur geringe Beweglichkeit auf dem Schlachtfeld auf. Und so wurde nach 1918 die leichtere, luftgekühlte Version M1919A2 entwickelt, hauptsächlich für die US-Kavallerie. Diese Waffe erhielt im Unterschied zum Grundmodell neben dem kürzeren luftgekühlten Lauf eine leichte Lafette und Metallgurte. Die US-Kavallerieregimenter, die sich nach und nach zu motorisierten Schützenverbänden entwickelten, lobten es. Und so gab das M1919A2 den Ansporn zur Entwicklung eines schweren Maschinengewehrs für die Infanterie, das die Bezeichnung M1919A4 erhielt. Im Aufbau ähnelte es dem Maschinengewehr M1917 und unterschied sich von diesem hauptsächlich durch den luftgekühlten Lauf und eine leichtere und niedrigere Dreibein-Lafette, die auch ein Feuern im Liegen erlaubte.

Wie das Basismodell arbeitete das M1919A4 als Rückstoßlader mit kurzem Rücklauf. Als Unterstützungswaffe auf Dreibein genügte ein Pistolengriff mit Abzugseinrichtung zum Feuern. Die Metallgurte wurden von links in das Aufnahmefenster eingelegt, die leeren Hülsen nach unten ausgeworfen. Die Zieleinrichtung bestand aus einem Rahmendioptervisier und einem Klappkorn.

Maschinengewehr Browning M1919A4.

Das Browning-Maschinengewehr M1919A4 gehörte zur Ausstattung amerikanischer Schützenpanzer, die an die UdSSR geliefert wurden.

Das M1919A4 wurde von allen Waffengattungen übernommen. Es wurde in zwei Versionen hergestellt: für stationäre Verwendung (mehrläufige Flugabwehranlagen, als starres Panzer-Maschinengewehr), für mobilen Einsatz (in Panzerfahrzeugen und als schweres Infanterie-Maschinengewehr). Manchmal wurde die mit einem schweren Lauf versehene Modifikation M1919A4HB als starres Panzer-Maschinengewehr verwendet. Bemerkenswert ist, dass sich das Panzer-MG M1919A4 recht einfach demontieren und in kurzer Zeit auf eine Erdlafette setzen ließen, die im Lieferumfang der Panzer enthalten war. Die US-Firma Browning Arms Company stellte von 1940–1945 729.423 Browning-MG mit luftgekühltem Lauf her. Das Volumen der Lieferungen an die UdSSR wird auf 5403 Einheiten veranschlagt.

Rotarmisten schätzten dieses MG wegen seiner Zuverlässigkeit, Beweglichkeit und kompakten Bauweise. Aufgrund der Verwendung importierter .30-06-Patronen gab es jedoch häufig Schwierigkeiten bei der Munitionsversorgung.

Technische Angaben Browning M1919A4	
Kaliber, mm	7,62 (.30-06)
Mündungsgeschwindigkeit, m/s	825-853
Gewicht in Feuerstellung, kg	20,45
Länge, mm	1041
Gurtkapazität Patronen	250
Theoretische Feuergeschwindigkeit, S/min	500
Praktische Feuergeschwindigkeit, S/min	250
Visierschussweite, m	2195

Sowjetische Panzersoldaten beim Schießen mit Browning-Maschinengewehren und Thompson-Maschinenpistolen.

Maschinengewehr Browning M2HB

Großkalibriges Maschinengewehr Browning M2HB.

Viele gepanzerte Fahrzeuge, Schiffe und Flugzeuge, die die USA an die UdSSR lieferten, waren mit 12,7-mm-Maschinengewehren des Typs Browning M2HB bewaffnet. Besonders beliebt bei den Russen waren die Fla-MG-Vierlinge M16 und M17 auf Halbketten-Fahrgestell. Sie eigneten sich aufgrund ihrer hohen Feuerkraft nicht nur zur Flugabwehr, sondern auch zum Einsatz in Straßen- und Häuserkämpfen, insbesondere bei der Bekämpfung von Stellungen in oberen Stockwerken.

Als unmittelbarer Vorgänger des schweren Maschinengewehrs M2HB trat das 1918 entwickelte und Jahre später modifizierte Maschinengewehr M1921 in Erscheinung. Es handelte sich vom Grundsatz her um ein vergrößertes 7,62-mm-Maschinengewehr Browning M1917 mit wassergekühltem Lauf, das für die leistungsstarke Patrone .50 Browning (12,7 mm x 99) eingerichtet wurde, die wiederum

12,7 mm Browning M2HB im Einsatz bei der US-Marineinfanterie.

auf der deutschen Patrone 13 mm x 92 HR für das Tankgewehr M1918 des Ersten Weltkriegs beruhte. Die Weiterentwicklung führte Anfang der 1920er-Jahre zu einer ganzen Familie großkalibriger M2-Maschinengewehre sowohl für den Einbau in Panzerfahrzeuge und Flugzeuge als auch für die Verwendung bei der Infanterie.

Das M2-Maschinengewehr arbeitete als Rückstoßlader mit kurzem Rohrrücklauf und starr verriegeltem Verschluss; es schoss Einzel- wie Dauerfeuer. Die Zufuhr erfolgte aus Metallgurten für 100 oder 200 Patronen, die von rechts oder von links eingelegt werden konnten. Die Visierung bestand aus einem Schiebevisier mit Korn bzw. einem Fliegervisier für Fla-MG. Zum Schießen mit langen Feuerstößen oder Dauerfeuer wurde die Ausführung M2HB mit längerem, dickeren Lauf entwickelt: »HB« bedeutet *Heavy Barrel* – schwerer Lauf. Die Lauflänge von 1143 mm und die starke Treibladung verliehen panzerbrechenden Geschossen eine Anfangsgeschwindigkeit von 858 m/s, womit sie auf 100 m Panzerstahl bis zu 25 mm Stärke durchschlugen. Aufgrund dieser Leistung und der hohen Feuergeschwindigkeit von bis zu 500 S/min verzichteten die US-Streitkräfte auf die Entwicklung und Einführung von Panzerbüchsen sowie Flugabwehrkanonen im Kaliber 20 mm.

Zunächst stellte nur das Rock Island Arsenal M2-Maschinengewehre her. Nach dem Kriegseintritt der USA gingen Fertigungsaufträge auch an die Firmen Colts Patent Fire Arms Co, High Standard Co, Savage Arms Corp., Buffalo Arms Corp. sowie an eine Reihe weiterer Unternehmen, die Einzelteile lieferten. Allein während des Krieges wurden etwa 2 Millionen M2HB hergestellt. 3520 Stück davon lieferten die USA an die UdSSR. Nach dem Krieg nahmen viele Streitkräfte das M2HB und weiterentwickelte Abarten in ihre Bewaffnung auf, selbst die deutsche Bundeswehr führt es als MG50-1 in Land- und Luftfahrzeugen.

Technische Angaben Browning M2HB	
Kaliber, mm	12,7 (.50)
Mündungsgeschwindigkeit, m/s	858
Gewicht in Feuerstellung, kg	58,52
Länge, mm	1653
Gurtkapazität Patronen	100-200
Theoretische Feuergeschwindigkeit, S/min	450-500
Praktische Feuergeschwindigkeit, S/min	110
Visierschussweite, m	2377

Sowjetsoldaten feuern mit einem MG Browning M2HB von einem Willys-Jeep.

Panzerbüchse Boys

1934 begannen eine Gruppe britischer Waffenexperten unter Hauptmann H. C. Boys, Angehöriger des British Small Arms Committee (Entwicklungskommission Handwaffen der britischen Streitkräfte) sowie Fachleute der Königlichen Handwaffenfabrik (RSAF) unter Einbeziehung des Munitionsherstellers Kynoch & RG mit der Entwicklung einer Panzerbüchse für die Kynoch-Patrone .55 (13,9 mm x 100). Letztere nahm sich die – wiederum aus der deutschen Tankbüchsen-Patrone 13 mm x 92 HR entwickelte – US-Patrone .50 BMG (12,7 mm x 99) zum Vorbild. Mit der Waffe sollten sich leichte Panzerkampfwagen und gepanzerte Fahrzeuge auf Entfernungen bis zu 300 m bekämpfen lassen. Zunächst aber experimentierte man mit einer 12,7-mm-Patrone mit panzerbrechendem Geschoss herum; erhöhte das Kaliber dann aber auf 13,97 mm. Die Boys-Kommission übernahm des Weiteren das Repetiersystem des Infanteriegewehrs Lee-Enfield mit längerem Kammerstengel und setzte nach Vorbild des leichten BREN-MG ein fünfschüssiges Ansteckmagazin auf die Waffe. Ihr 915 mm langer Lauf beschleuingte ein panzerbrechendes 60-g-Geschoss mit 2,4-g-Pulverladung auf eine Anfangsgeschwindigkeit von 725 m/s. Auf 100 yards (91 m) Entfernung – der Einsatzschussweite – durchschlug es bei einem Auftreffwinkel von 90° 12 mm Panzerstahl, auf 500 yards (460 m) noch 10 mm. Ein 47 g schweres Projektil mit einer v0 von 884 m/s verdoppelte die Durchschlagswerte auf annähernd 23 mm (91 m) und 19 mm (460 m). Die Feuergeschwindigkeit lag bei sechs bis acht Schuss in der Minute. Ein vor dem Verschluss angebrachtes Zweibein stützte die 157,5 cm lange und (ungeladen) rund 16 kg schwere Waffe. Eine gepolsterte Schulterstütze und ein Haltegriff für die Nichtschusshand sollten dem Schützen Anschlag und Schießen erleichtern. Die Schießhand umschloss den Pistolengriff der Abzugsvorrichtung, der sich aus ergonomischen Gründen nach vorn zur Mündung abschrägte. Die Visierung bestand aus einem Korn und einem auf Schussentfernungen bis 500 m einstellbaren Dioptervisier, die links von der Laufachse platziert wurden. Die Waffe erhielt zu Ehren ihres Schöpfers, der kurz vor der Einführung der Waffe im November 1937 verstarb, die offizielle Bezeichnung *Rifle, Anti-Tank, .55in, Boys,* also Panzerbüchse Boys 13,9 mm. Die Truppe taufte sie wegen ihres

Panzerbüchse Boys.

Kalibers, ihres Gewichts und ihrer Ausmaße schlicht »Elefantenbüchse«, was der starke Rückstoß und der ohrenbetäubende Mündungsknall bestätigten. Auch das Mündungsfeuer war nicht zu verachten, was verbesserte Mündungsfeuer- und Rückstoßdämpfer im Lauf der Produktion abstellen sollten. Außer als Erdwaffe bei Infanteriezügen fand die Boys-Büchse Verwendung auf dem leichten Kettenpanzerwagen Universal Carrier.

Aufgrund seines relativ kurzen Laufs lag die Mündungsgeschwindigkeit des Boys-Gewehrs unter dem der sowjetischer Panzerbüchsen (900 m/s im Vergleich zu 1012 m/s beim Modell PTRD). Entsprechend fiel die Panzerungsdurchdringung geringer aus: Auf 500 m durchschlug die Boys 16 mm, die PTRD 25 mm. Nichtsdestoweniger forderten die Russen in den ersten Kriegsmonaten, als Mangel an Panzerbüchsen herrschte, Boys-Gewehre aus England an. Die Briten reagierten sparsam und lieferten 1941–1942 nur 200 Büchsen; das Gesamtvolumen belief sich auf 2376 Stück. Als 1942 die Herstellung der durchschlagskräftigeren sowjetischen Panzerbüchsen auf Hochtouren kam (allein 1942 wurden 184.800 PTRD hergestellt), ließ das Interesse der Russen an der Boys deutlich nach. Bei den Rotarmisten erfreute sich die britische Panzerbüchse ohnehin keiner sonderlichen Beliebtheit.

Die Panzerbüchse Boys gehörte zusammen mit dem BREN-Maschinengewehr zur Ausstattung gepanzerter Personentransporter »Universal Carrier«, wie sie Großbritannien an die UdSSR lieferte

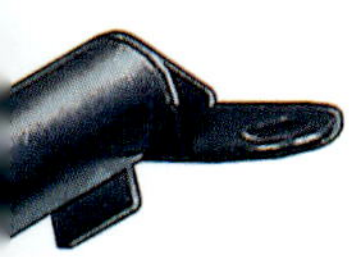

Technische Angaben Panzerbüchse Boys	
Kaliber, mm	13,97
Mündungsgeschwindigkeit, m/s	900
Gewicht, kg	17,4
Länge, mm	1626
Magazinkapazität	5
Feuergeschwindigkeit, S/min	9-10
Praktische Schussweite, m	bis 500
Panzerdurchschlag auf 500 m, mm	16

Ladungswerfer PIAT

Die britischen Hilfslieferungen an Sowjetrussland umfassten auch 831 Ladungswerfer PIAT (**Projector, Infantry, Anti Tank;** Panzerabwehr-Ladungswerfer für die Infanterie) und etwa 100.000 Hohlladungsgeschosse. Als PIAT-Entwickler traten u. a. die Ingenieure Wallis und Jeffries in Erscheinung, die unabhängige Entwürfe vorlegten. Zumindest einer davon beruhte auf dem *Blacker Bombard*, einem so genannten Zapfenwerfer Kaliber 29 mm zur Panzerabwehr. Ein Oberstleutnant Stewart Blacker hatte ihn im Sommer 1940 konstruiert, das britische Militär sah von einer Einführung jedoch ab. Aus der Verbindung beider Entwürfe ging 1942 der PIAT hervor. Haupthersteller waren die Inperial Chemical Industries. Zwischen 1942 und 1944 wurden 115.000 PIAT und mehr als 7,5 Millionen Granaten gefertigt.

Vom Grundsatz her handelte es sich beim PIAT um ein Rohr mit einer schalenartigen Aufnahme für die Granate vorn, einer starken Feder zu deren Ausstoß im Gehäuserohr, der Spann- und Abzugsvorrichtung, der Visiereinrichtung, einer mit einem Segeltuchpolster ausgestatteten T-förmigen Schulterstütze und einem Standfuß, auf dem die Waffe beim Schuss ruhte. Der einfache Aufbau erlaubte die Verwendung von gestanzten, genieteten und verschweißten Metall-Bauteilen minderer Qualität, die der Abschusseinrichtung Robustheit und bei einer Länge von knapp einem Meter ein Gewicht von 15,6 kg bescherten (geladen). Damit wog der PIAT das Dreifache der deutschen Panzerfaust 30 m (5,2 kg) und mehr als das Doppelte der Panzerfaust 100 m (9,4 kg), aber diese waren Einwegwaffen und der PIAT ein Ladungswerfer zum Nachladen. Er nahm eine 1,18 kg schwere und 422 mm lange Granate Kaliber 89 mm auf, deren Hohlladung unter günstigen Bedingungen bis zu 102 mm Panzerstahl durchschlug (nach anderen Angaben 120 mm). Des Weiteren standen Splitter- und Nebelgranaten zur Verfügung. Die starke Abschussfeder schleuderte das Geschoss mit etwa 77 m/s aus dem Gehäuse, wobei die Treibladung zündete und ihm eine Anfangsgeschwindigkeit von 135 m/s verlieh, die sich nach 90 m auf 760 m/s erhöhte. Damit waren Schussentfernungen bis zu 350 m möglich, doch die wirksame Einsatzentfernung gegen Panzer lag bei 100 m und die praxisgerechte Distanz meist darunter. Der empfindliche Zünder saß vorn in einer dornartigen Spitze, was eine besondere Sorgfalt beim Umgang verlangte: ließ der Schütze die Granate versehentlich fallen, konnte sie auf hartem Untergrund zünden. Das Spannen der Abschussfeder mit einer Zugkraft von 90 kg erforderte kräftige Arme und einige komplizierte Handgriffe. Es konnte nur im Stehen erfolgen, wozu der Schütze ggf. seine Deckung aufgeben bzw. verlassen musste. Das Rohr zwischen den Beinen, stellte er sich auf das T-Stück der Schulterstütze, fasste das Gehäuse am Abzugsbügel, drehte das Rohr entgegen dem Uhrzeigersinn und zog es dabei so lang nach oben, bis die gespannte Feder hörbar in eine Arretierung einrastete. Auch die Betätigung des Abzugs erforderte Kraft – der Schütze musste dazu vier Finger der Schusshand einsetzen. Der PIAT war so konstruiert, dass der Rückstoß die Feder selbsttätig spannte und arretierte. In der Praxis versagte die Arretierung oft, vor allem wenn sich der Schütze nicht kräftig genug gegen den Rückstoß stemmte. Da sich der PIAT prak-

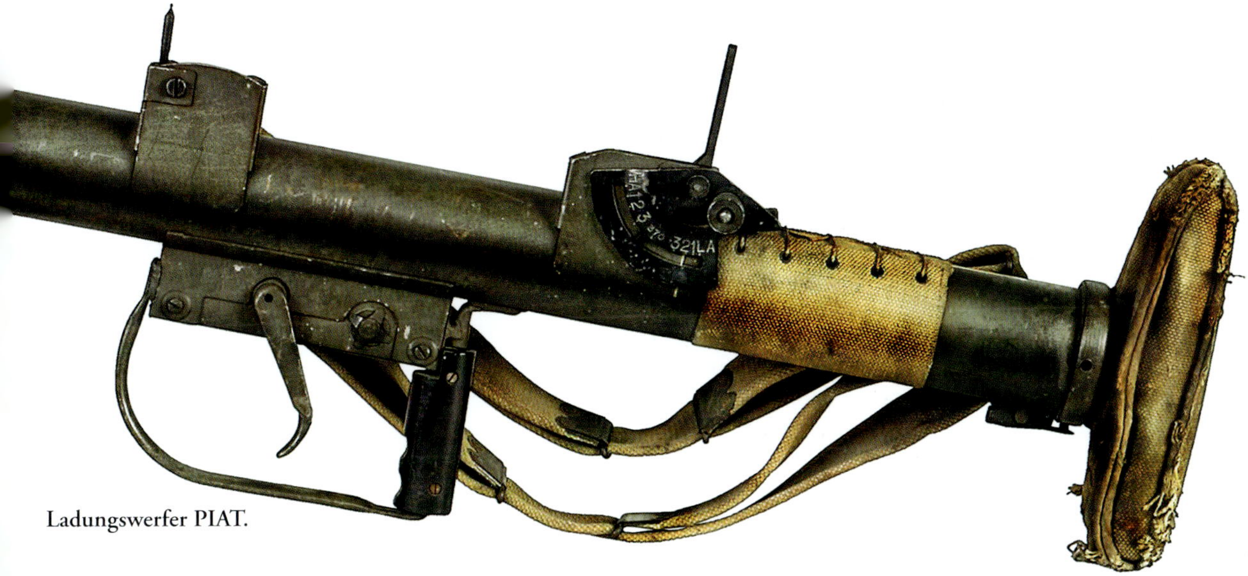

Ladungswerfer PIAT.

tisch nur im Liegendanschlag abfeuern ließ, sowie aus geschilderten Gründen, musste der Schütze also aufstehen und die Feder für die nächste Granate erneut händisch spannen. Im Übrigen konnte der PIAT stärker gepanzerten Fahrzeugen nur von der Seite gefährlich werden. Bei der Truppe erfreute sich der Ladungswerfer aus all diesen Gründen daher nur geringer Beliebtheit, woran auch Verbesserungen im Laufe der Produktion wenig änderten.

Technische Angaben Ladungswerfer PIAT	
Kaliber, mm	83
Anfangsgeschwindigkeit, m/s	77
Gewicht, kg	15.75
Geschossgewicht, kg	1,18-1,54
Länge, mm	973
Theoretische Feuergeschwindigkeit, S/min	4-5
Visierschussweite, m	90-365
Panzerdurchschlag, mm	102

PIAT-Ladungswerfer in Feuerstellung.

Raketenpanzerbüchse M1 »Bazooka«

Ende 1942 begannen die US-Lieferungen von 60-mm-Raketenpanzerbüchsen M1 »Bazooka« an die UdSSR. 1942 wurden 100 Stück ausgeliefert, insgesamt schätzungsweise 3000.

Die Waffe hatte viele Väter und erhielt ihre Zusatzbezeichnung »Bazooka« nach dem Musikinstrument eines Komikers. Einen entscheidenden Beitrag lieferte der mit der Entwicklung von Flugzeugraketen befasste Oberst Leslie Skinner, der unter den Auspizien des US Ordnance Department eine Granate mit Raketenantrieb und dazu als Abschussvorrichtung ein Rohr mit Griffen und elektrischer Zündvorrichtung schuf. Die von hinten von einem zweiten Mann zu ladende Granate hielt eine Sperre im Rohr. Im Februar 1942 erwies ein Vergleichsschießen mit einem Ladungswerfer auf Panzerziele die eindeutige Überlegenheit der Raketenpanzerbüchse. Nach weiteren Vorführungen entschloss sich das US-Militär zur Annahme. Ein erster Auftrag über 5000 Abschussrohre ging an General Electic und von 25.000 Hohlladungs- sowie 5000 Übungsgranaten an die Edward G. Budd Manufacturing Company in Philadelphia. Eindeutig erfolgte der zweite Schritt vor dem ersten, denn die Truppenerprobung stand aus. Dies sollte sich rächen, da der *M1 Antitank Rocket Launcher* noch an etlichen Kinderkrankheiten und Schwächen litt. Die von der Schulter abzufeuernde, 1,39 m lange und ungeladen 5,8 kg schwere Waffe zündete die 2,8 kg schwere und 55 cm lange Raketengranate Kaliber 60 mm (2,36 Zoll) nach Betätigen des Abzugs über eine Batterie in der Schulterstütze. Sie verließ die Mündung mit einer v0 von 105 m/s. Das einfache Lochvisier mit Korn unterteilte sich in Distanzen von 100 bis 400 yards (rund 91 bis 330 m), wobei die Einsatzschussweite bei 200 yards (183 m) lag und 100 yards am besten nicht überschreiten sollte. Wie bei PIAT und Panzerfaust erfolgte der aussichtsreichste Einsatz in der Regel zwischen 30 und 60 m. Der 1,54 kg schwere Hohlladungs-Gefechtskopf durchschlug auf 200 m 70–100 mm Panzerstahl – sofern er das Ziel einigermaßen im rechten Winkel traf. Ansonsten löste der Zünder nicht aus und die Granate prallte ab. (Die auf Grundlage der »Bazooka« entwickelten deutschen »Ofenrohr« und »Panzerschreck« schafften 150–200 mm). Außerdem versagte des Öfteren die elektrische Zündung oder aber es explodierte der Raketenmotor. Des Weiteren führte unvollständiges Ausbrennen der Treibladung im Abschussrohr zu Unfällen. Die große Länge des Rohres machte die Waffe sperrig und der Schutzschild erschwerte die Beobachtung des Gefechtsfeldes. Aus diesen und weiteren Gründen stoppte das Ordnance Department die Auslieferung der »Bazooka« im Mai 1943. Ein verbessertes Modell musste her, das ab Juli 1943 in Gestalt der M1A1 erschien. Es verfügte über eine überarbeitete Zündvorrichtung: das Kabel als Verbindung zwischen Werferrohr und raketengetriebener Granate ersetzten nun elektrische Kontaktstellen. Entsprechende Änderungen fanden sich an der umgebauten Granate M6A1. Weitere Verbesserungen kamen 1944 mit dem Modell M9 mit u. a. einem zum Transport teilbaren Leichtmetallrohr, optischem Visier sowie zuverlässigerer elektromagnetischer Zündung.

Raketenpanzerbüchse M1 »Bazooka«.

Raketenpanzerbüchse M1A1 »Bazooka«.

Insgesamt produzierte die amerikanische Industrie während des Krieges etwa 480.000 »Bazooka« und über 15 Millionen Granaten für sie. Die Hauptartilleriedirektion (GAU) der Roten Armee betrachtete die »Bazooka« mit gemischten Gefühlen und war der Ansicht, mit den Panzerbüchsen PTRS und PTRD sowie mit Panzerabwehrhandgranaten verfüge die Rote Armee über ausreichend leistungsfähige Waffen zur Panzernahbekämpfung.

Technische Angaben »Bazooka« M1	
Kaliber, mm	60
Anfangsgeschwindigkeit, m/s	105
Gewicht mit Schutzschild, kg	5,8
Geschossgewicht, kg	1,5
Länge, mm	1380
Theoretische Feuergeschwindigkeit, S/min	4-5
Visierschussweite, m	200
Panzerdurchschlag, mm	90-100

Raketenpanzerbüchse M1 »Bazooka«, bereit zum Feuern.

GESCHÜTZE

Der Bedarf an Hilfslieferungen von Artilleriegeschützen entstand als Folge der riesigen Verluste der Roten Armee im Jahr 1941. Laut dem 1993 vom Verteidigungsministerium der Russischen Föderation veröffentlichten Nachschlagewerk »Der Geheimhaltungsstempel wurde entfernt«, betrugen die sowjetischen Verluste an Artilleriewaffen zum 31. Dezember 1941:

Granatwerfer aller Kaliber, Stück	60.461
Flugabwehrgeschütze, Stck.	4100
Feld- und Panzerabwehrgeschütze, Stck.	36.500

Nochmals zu den enormen Verlusten der ersten Kriegsmonate: In nur drei Grenzmilitärbezirken wurden in zehn Kriegstagen mehrere Tausend Waggons mit Artillerieausrüstung, die in Depots lagerten, von deutschen Truppen erbeutet oder beim Abzug von der Roten Armee zerstört. Allein in 17 Lagerhäusern, die sowjetische Pioniere sprengten, befanden sich 6838 Wagen mit Waffen und Munition, darunter 442 Wagen mit Artilleriematerial, 5814 Wagen mit Munition und 401 Wagen mit verschiedener Artillerieausrüstung. Dies wirft natürlich auch die Frage auf, wozu die Rote Armee diese ausgerechnet in Grenzbezirken stationierten Mengen an Rüstungsgütern wohl einzusetzen gedachte, wenn ihr der deutsche Angriff nicht zurorgekommen wäre?

Ende 1942 erreichten die Verluste katastrophale Ausmaße:

40-mm-M1 in Feuerstellung.

Granatwerfer aller Kaliber, Stück	142.624
Flugabwehrgeschütze, Stück	5646
Feld- und Panzerabwehrkanonen, Stück	60.300

Die Wiederherstellung der Kampfkraft der Roten Armee wurde aber nicht nur durch angloamerikanische Hilfslieferungen, sondern auch dank immenser Anstrengungen der sowjetischen Rüstungsindustrie sichergestellt. 1942 lieferte sie den Streitkräften folgende Mengen an Artilleriewaffen:

Granatwerfer aller Kaliber, Stück	230.300
Flugabwehrgeschütze, Stück	6800
Feld- und Panzerabwehrkanonen, Stück	5060

Außerdem wurde eine beträchtliche Menge Artilleriewaffen aus den Lagern der internen Militärbezirke, der Transbaikal- und der Fernostfront abgezogen. Die Anzahl der Geschütze in den Artillerieschulen wurde reduziert, in den Arsenalen gelagerte Artilleriegeschütze veralteter Bauart, die zuvor aus der Bewaffnung der Roten Armee entfernt worden waren, wurden wieder in Dienst gestellt.

Im Rahmen von *Lend-Lease* gelieferte Artilleriewaffen sollten vor allem bestehende Lücken schließen. Zunächst ging es um Panzerabwehrkanonen, die die schnell nach Osten vorstoßenden deutschen Panzerverbände aufhalten sollten. Die Hilfe Großbritanniens belief sich 1941 auf 74 Panzerabwehrkanonen, und 1941/1942 lieferten die Briten insgesamt 450 Pak Kaliber 40 mm und 48 Pak Kaliber 57 mm. Von diesen wurde das Gros mit 457 Geschützen bei den Panzerabwehr-Regimentern der Moskauer Verteidigungszone eingesetzt, um einen weiteren Stoß der Wehrmacht auf Moskau 1942 abzuwehren. (Anmerkungen: die deutsche Führung hatte den Vorstoß auf Moskau im Spätsommer 1941 zugunsten eines Vordringens in Richtung Kiew zurückgestellt, da sich hier starke Verbände der Roten Armee konzentrierten. Erst nach deren Zerschlagung rückte Moskau wieder in den Vordergrund).

Die ersten US-Hilfslieferungen fielen deutlich umfangreicher als die britischen aus (siehe Tabelle S. 149):

Hinzu kam eine bedeutende Anzahl von Entfernungsmessern, Schallmess-Detektoren, Elektrik für Flugabwehrgeschütze und weiteres Gerät. Bis Ende 1942 wurden die Lieferungen an Panzerabwehrkanonen erheblich reduziert, da die sowjetische Indus-

37-mm-M3 in Feuerstellung.

trie in diesem Jahr 20.500 Kanonen produzierte, die den Bedarf der Roten Armee vollständig deckten.

Was Flugabwehrgeschütze anbelangt, bestand dringender Bedarf während des gesamten Krieges. Die US-Waffen gingen aufgrund der Verwendung von 40-mm- und 90-mm-Munition, die nicht in der UdSSR hergestellt wurde, hauptsächlich an die Luftverteidigungsverbände von Industrieunternehmen und Verwaltungszentren. Von besonderer Bedeutung waren die 90-mm-Flugabwehrgeschütze M2 und 120-mm-Flugabwehrgeschütze M1. Diese weitreichenden Fla-Geschütze wurden komplett mit Zubehör wie Feuerleitgeräten, Stromgeneratoren und Kabelanlagen geliefert. Das genaue Studium der technisch innovativen US-Waffen durch sowjetische Flakspezialisten und Ingenieure in den USA und danach in Russland ermöglichte es sowjetischen Konstrukteuren in der Nachkriegszeit, eigene großkalibrige Flugabwehrgeschütze (100 mm KS-19, 130 mm KS-30 und 15 mm KM-52) in kürzester Zeit zu entwickeln.

Im Allgemeinen waren die US-Hilfslieferungen von Artilleriewaffen für die Sicherung der Kampfkraft der Roten Armee nicht von so entscheidender Bedeutung wie die Lieferung anderer Rüstungsgüter, an erster Stelle Lkw und Flugzeuge. Vom 22. Juni 1941 bis 10. Mai 1945 bezog die Rote Armee folgende Waffenmengen aus sowjetischer Produktion:

81 mm Granatwerfer M1	2450
20 mm Flugzeugkanonen M2	100
37 mm Panzerabwehrkanonen M3	63
37 mm Panzerkanonen M5, M6 und T32	85
37 mm Panzerkanonen M5, M6 auf Waffenträger	1036
40 mm Flugabwehrgeschütze M1 und M2A1 auf Lafette	5511
57 mm M1 Panzerabwehrkanonen auf Lafette M2	400
75 mm Panzerkanonen CEV	702
90 mm Flugabwehrkanonen M1 und M1A1	251
90 mm Flugabwehrkanonen M2 auf Lafette M2	4
120 mm Flugabwehrkanonen M1	4
Feuerleitgeräte für 37- und 40-mm-Flugabwehrgeschütze	6109
Feuerleitgeräte für 90-mm-Flugabwehrgeschütze	87

Granatwerfer aller Kaliber, tausend Stück	344.0
Flugabwehrgeschütze, tausend Einheiten	38,4
Feld- und Panzerabwehrkanonen, tausend Einheiten	143,8

Dennoch sollte der Beitrag der Lend-Lease-Lieferungen an Artilleriewaffen nicht unterschätzt werden.

81 mm Granatwerfer M1

1942 traf eine Charge von 30 amerikanischen Granatwerfern *81 mm Mortar M1* in der UdSSR ein. Diese Waffe hatten die Amerikaner auf Basis des französischen 81-mm-Granatwerfers Mle 1927/31 Stokes-Brandt entwickelt. 1932 nahm sie zusammen mit einem 75-mm-Granatwerfer auf Radlafette an einer Auswahlerprobung teil. Die Wahl der Streitkräfte fiel auf den 81-mm-Mörser als kostengünstigere und mobilere Waffe. Sie wurde in den USA als *81 mm Mortar M1* in Lizenz hergestellt und diente den Infanteriebataillonen als artilleristische Unterstützungwaffe.

Der M1-Mörser war – wie viele andere Granatwerfer (vgl. 8 cm Granatwerfer 34) nach dem Schema des »imaginären Dreiecks« aufgebaut. Er bestand aus einem glatten Rohr, einem klappbaren Zweibein mit Richtaufsatz M34A2 nebst Richttrieben sowie einer rechteckigen Bodenplatte. Als Munition dienten mindestesn zwei Arten 81-mm-Spreng- und Nebelgranaten mit Haupt- und Zusatzladungen. Die Schussweite hing von der Anzahl der Ladungen ab, mit den maximalen sechs Ladungen erreichte sie bis zu 3000 m.

Während des Einsatzes bei der Roten Armee trat ein unvorteilhaftes Merkmal des M1 zutage: er konnte keine sowjetischen 82-mm-Mörsergranaten

Sowjetische Soldaten bei einer winterlichen Feldübung mit amerikanischem 81 mm Granatwerfer M1.

verschießen. Umso bedauerlicher, da sowjetische Konstrukteure unter Führung von N.A. Dorowlew bei der Entwicklung des ersten sowjetischen Bataillonsmörsers BM-36 ebenfalls den bekannten Stokes-Brandt-Mörser kopierten, aber das Kaliber 82 mm wählten. Denn damit ließ sich auch die Munition ausländischer 81-mm-Granatwerfer verschießen, während umgekehrt sowjetische 82-mm-Munition nicht in die Rohre der Ausländer passte. Ein taktischer Vorteil, im Fall des amerikanischen M1 aber ein Eigentor. Wohl aber „verdaute" der Amerikaner die Munition des deutschen 8 cm Granatwerfers 34. Dies war jedoch auch keine Lösung und so forderte man für die insgesamt 1450 an die UdSSR gelieferten M1 reichlich Munition aus den USA an.

Technische Angaben Granatwerfer M1	
Kaliber, mm	81 mm
Länge, mm	1300
Gewicht in Feuerstellung, kg	61,5
Geschossgewicht, kg	3.1-6.8
Anfangsgeschwindigkeit, m/s	210
Feuergeschwindigkeit, S/min	18
Schussweite, m	3000

81 mm Granatwerfer M1.

37 mm Panzerabwehrkanone M3

Von den insgesamt 18.702 in den USA hergestellten Panzerabwehrkanonen Gun, 37 mm M3 gingen nur 63 in die UdSSR. Von diesen wiederum landeten nur wenige versuchsweise in Fronteinheiten, der Rest in der Artilleriereserve.

Unter dem Eindruck der hohen Effizienz der deutschen 3,7 cm Pak 35/36 gegen sowjetische Panzer im Spanischen Bürgerkrieg begann in den USA 1937 die Entwicklung einer 37-mm-Panzerabwehrkanone. Ziemlich schnell lag ein Prototyp T10 vor, den die US-Streitkräfte nach Erprobung im Oktober 1938 als *Gun, 37 mm M3* übernahmen. Die Serienfertigung begann im November 1938 im Watervliet Arsenal, dann im Rock Island Arsenal, und 1942 verließen monatlich 150 Geschütze das Werk.

Wie erwähnt, bildete die deutsche 3,7 cm Pak 35/36 das Vorbild. Sie ließ sich auf dem Gefechtsfeld leicht von der Bedienung bewegen, ihre Spreizlafette erlaubte einen großen Seitenrichtbereich und ihre Wirkung genügte für die meisten damaligen Panzerkampfwagen durchaus. Gleichzeitig unterschied sich die M3 deutlich vom deutschen Modell. Die Waffe arbeitete mit einem halbautomatischen Fallblockverschluss, der eine Schussrate von 15–20 Schuss pro Minute ermöglichte. Ein großer Abweiser aus Lochblech schützte den Richtkanonier vor dem rücklaufenden Rohr. Der musste beim Richten mit einem vergleichsweise geringen Höhenrichtbereich von –10 bis +15° vorlieb nehmen (Pak 35/36: –8°/+25°), während das Seitenrichtfeld mit 60° wie beim deutschen Vergleichsmuster recht großzügig ausfiel. Das augenfälligste Novum bildete eine Mündungsbremse, von der man sich eine noch bessere Leistung für das stattliche L/56,6-Rohr (209 cm einschl. Patronenlager) versprach. Die Truppe verzichtete allerdings meist auf die Bremse, da sie nicht viel brachte. Jedenfalls stand ihr mit der 37-mm-Pak M3A1 ein Geschütz mit hoher Leistung zur Verfügung, das bei einer V0 von 792 m/s mit der 870 g schweren Panzergranate *AP M74 Shot* auf 500 m noch 53 mm Panzerstahl bei 70° Auftreffwinkel durchschlug (Pak 35/36 mit 166-cm-Rohr: 36 mm/90°). In ihrer Kaliberklasse konnte die US-Pak damit weltweit einen Spitzenplatz einnehmen. Für die 37-mm-Panzerabwehrkanone M3 wurde eine breite Palette an Munition entwickelt. Neben panzerbrechenden verschoss sie Sprenggranaten und Kartäschladungen. Eine neue Panzergranate *ARS M51 Shot* mit ballistischer APC-Haube (*Armor Piercing Cap* = Panzerbrechend mit Kappe) erzielte diese beeindruckende Durchschlagsleistung sogar noch auf 1000 yards (914 m). Dabei brachte die Pak M3A1 trotz längerem Rohr mit 414 kg in Feuerstellung 36 kg weniger als die Pak 35/36 auf die Waage, was sie der Verwendung hochwertiger Stahllegierungen und vielleicht auch den typischen, aus kastenförmigen Profilen gebildeten Spreizholmen verdankte. Ihr fast senkrechter Schutzschild bot der Bedienung allerdings wenig Schutz vor Splittern und Handwaffengeschossen.

Dass die Sowjets nicht mehr M3 oder M3A1 als die mickrigen 63 Stück forderten, lag am immer weiter verbesserten Schutz deutscher Panzer sowie am Vorhandensein leistungsfähigerer eigener Geschütze. So durchschlug die ab Anfang 1943 in Serie gefertige 45-mm-Panzerabwehrkanone M1942 unter gleichen Bedingungen (s. o.) Panzerungen bis 61 mm und mit einem Unterkaliberprojektil sogar 81 mm auf 500 m. Von ihr stellten sowjetische Rüstungswerke bis 1945 immerhin 10.843 Stück her, davon allein über 4000 im Jahr 1943.

Die leichte M3-Pak verdaute beim Transport hohe Geschwindigkeiten und auch Stöße unbeschadet.

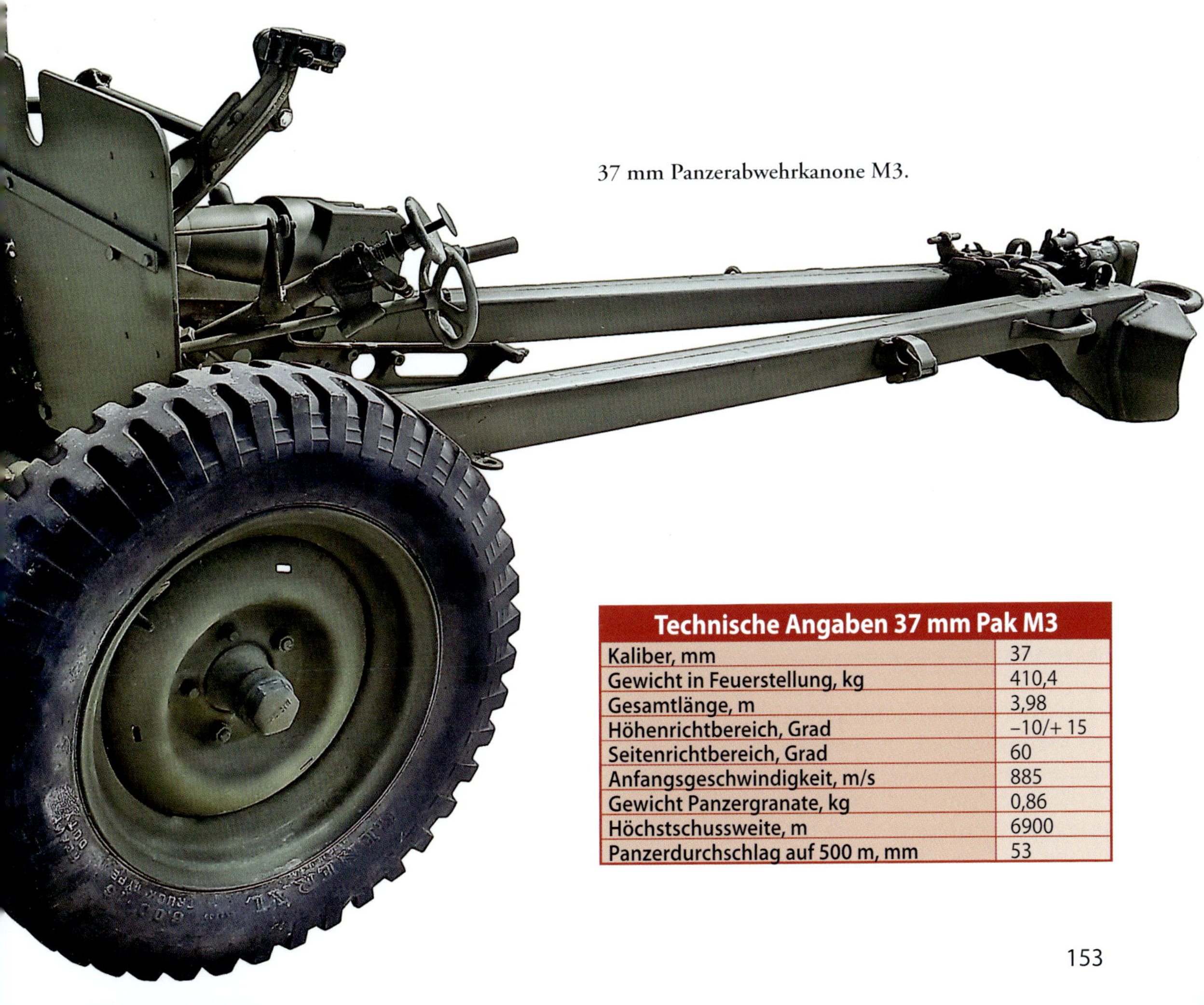

37 mm Panzerabwehrkanone M3.

Technische Angaben 37 mm Pak M3	
Kaliber, mm	37
Gewicht in Feuerstellung, kg	410,4
Gesamtlänge, m	3,98
Höhenrichtbereich, Grad	–10/+ 15
Seitenrichtbereich, Grad	60
Anfangsgeschwindigkeit, m/s	885
Gewicht Panzergranate, kg	0,86
Höchstschussweite, m	6900
Panzerdurchschlag auf 500 m, mm	53

40 mm Panzerabwehrkanone QF 2-Pfünder

1941–1943 lieferte Großbritannien 525 *Ordnance QF 2 pdr* (QF = Quick Firing; 2-Pfünder Schnellfeuergeschütz) an die UdSSR. Die Briten bezeichneten ihre Geschützkaliber nicht nach dem Rohr- bzw. Geschossdurchmesser in Zentimetern oder Millimetern, sondern nach der archaischen Gewichtsangabe »Pfund« *(pound)*. Ein 2-Pfünder entsprach dem metrischen Kaliber 40 mm. Die Waffe wurde ab 1934 vom Rüstungskonzern Vickers-Armstogs Ltd entwickelt und 1937 vom britischen Heer als *Ordnance QF 2 pounder Mk.I* angenommen.

Zu den hervorstechenden Merkmalen gehörte die Dreiholm-Lafette, auf die sich das Geschütz samt Gummirädern aufprotzen ließ und so einen Rundum-Schwenkbereich von 360° erhielt. In der Praxis stellte sich jedoch heraus, dass Panzerabwehrkanonen während des Gefechts oft Stellungswechsel machen müssen, um nicht zerstört oder erbeutet zu werden. Der komplizierte Unterbau erschwerte diese Aufgabe, weshalb später vereinfachte Lafetten Mk.II, Mk.IIA, Mk.III und Mk.IIIA verwendet wurden. Das 52 Kaliber lange Rohr (L/52) verlieh dem 1,076 kg schweren Vollgeschoss eine Anfangsgeschwindigkeit von 792 m/s. Es durchschlug auf 1000 yards (914 m) bei einem Auftreffwinkel von 90° noch 40 mm Panzerstahl. 1,06 kg schwere Panzergranaten mit Leuchtspur wurden ebenfalls verschossen; sie brachten es auf 854 m/s. Der Panzerdurchschlag auf 200 yards (180 m) betrug bei 60°-Grad-Auftreffwinkel 60 mm, auf 360 m (400 yards) 55 mm und auf 550 m (600 yards) noch 51 mm. Mit dem später entwickelten so genannten Littlejohn-Gerät ließen sich panzerbrechende Unterkalibergeschosse mit der sehr hohen Anfangsgeschwindigkeit von 1280 m/s verschießen. Die Schussgenauigkeit war hoch. Gezielt wurde über ein optisches Visier bzw. über ein offenes Notvisier.

Der halbautomatische Fallblock-Verschluss gewährleistete eine hohe Feuergeschwindigkeit von 20–22 S/Min, die der rechts angeordnete Patronenkasten mit Bereitschaftsmunition unterstützte. Mit einem Gewicht in Feuerstellung von 797 kg wog der 2-Pfünder allerdings deutlich mehr als etwa die vergleichbare deutsche 3,7-cm-Pak (450 kg). Gegen die leichten deutschen Panzerkampfwagen bewährte sich die Ordnance QF 2 pdr 1940 in Frankreich gut; bei mittleren Pz.Kpfw. III und IV wurde es schon schwieriger. Bei ihrem fluchtartigen Rückzug ließen die Briten über 500 2-Pfünder-Pak nebst großen Munitionsbeständen zurück, die dann die Wehrmacht am Atlantikwall zur Strandverteidigung nutzte.

Ab Mitte 1942 ersetzten die Briten die 2-Pfünder- durch eine stärkere 6-Pfünder-(57 mm)- und dann durch eine 14-Pfünder-Panzerabwehrkanone (75 mm). Die freigewordenen Geschütze gingen an Einheiten des Territorialheeres oder an die UdSSR. Berichten zufolge kamen sie dort zu Panzerabwehrregimentern der Verteidigungszone Moskau.

Technische Angaben QF 2 pounder Mk.II	
Kaliber, mm	40
Gewicht in Feuerstellung, kg	797
Gesamtlänge, m	3,4
Höhenrichtbereich, Grad	–5 /+ 23
Seitenrichtbereich, Grad	360
Anfangsgeschwindigkeit, m/s	792-854
Gewicht Panzergranate, kg	1,076
Maximale Einsatzschussweite, m	1000
Panzerdurchschlag auf 550 m bei 60°	51

Britische 40-mm-Panzerabwehrkanone QF 2-Pfünder.

QF 2-Pfünder in Feuerstellung irgendwo in der libyschen Wüste.

57 mm Panzerabwehrkanone QF 6-Pfünder

Neben 2-Pfünder-(40 mm)- lieferten die Briten auch 6-Pfünder-Panzerabwehrkanonen (57 mm) an die Sowjets. Die Entwicklung einer stärkeren Waffe als der QF 2-Pfünder wurde 1938, also noch vor der Kriegserklärung Großbritanniens an Deutschland 1939, vom britischen Militär eingeleitet. Schon damals war klar, dass die QF 2-Pfünder-Kanone gegen stärker gepanzerte Kampffahrzeuge nicht viel ausrichten können würde. Die Arbeiten an der neuen Panzerabwehrkanone schlossen 1940 ab. Nach einer beschleunigten Erprobung übernahm sie das britische Heer unter der Bezeichnung *Ordnance QF 6 pounder* oder *6-pounder gun*. Die Auslieferung begann ab November 1941. Insgesamt stellten britische Rüstungsfirmen 36.605 Sechspfünder her.

Im Unterschied zum QF 2 erhielt der QF 6 eine klassische Spreizlafette, die einen ungewöhnlichen Seitenrichtbereich von 90° bei einem Höhenrichtbereich von –5° bis +15° ermöglichte.

57-mm-Pak mit britischer Bedienung im Gefecht.

Die Waffe wurde in zwei Hauptversionen hergestellt, die sich hauptsächlich in der Rohrlänge unterschieden. Bei der Ausführung Mk.II maß sie L/43 und verlängerte sich bei der Mk.IV auf L/50. Daneben wurde eine Leichtversion der Mk.IV zur Verbringung mit Lastenseglern entwickelt.

Ein Schutzschild schützte die Bedienung vor Handwaffengeschossen und Granatsplittern. Aufgrund ihres relativ geringen Gewichts (1140 kg in Feuerstellung) genügten leichte Fahrzeuge als Zugmittel.

Technische Angaben QF 6 pounder Mk.II

Kaliber, mm	57
Gewicht in Feuerstellung, kg	1140
Gesamtlänge, m	2,82
Höhenrichtbereich, Grad	–5/+15
Seitenrichtbereich, Grad	90
Anfangsgeschwindigkeit, m/s	821
Gewicht Panzergranate, kg	2.85
Maximale Einsatzschussweite, m	4600
Panzerdurchschlag auf 500 m bei 60°	76

Zur Zeit seiner Indienststellung war der *Ordnance QF 6-pounder* ein wirksames Mittel zur Bekämpfung aller Feindpanzertypen. Die 2,85 kg schwere Panzergranate durchschlug auf 500 m bei Auftreffwinkel 60° noch 76 mm starke Panzerstahlplatten Zum Vergleich: Das übliche panzerbrechende Geschoss BR-271K der sowjetischen Pak SIS-2 durchschlug unter den gleichen Bedingungen ebenfalls 76 mm, während das Unterkalibergeschoss BR-271P es auf bis zu 120 mm brachte.

Nach dem Erscheinen der deutschen Pz.Kpfw. VI »Tiger« und V »Panther« erhielt der Sechspfünder neue panzerbrechende Munition, zunächst ein Unterkalibergeschoss mit Metall-Keramik-Kern und 1944 ein Treibspiegel-Unterkalibergeschoss, das auf 1000 m bei 60° theoretisch bis zu 146 mm Panzerstahl durchbohrte. Leider war es nicht sehr treffgenau.

Die an die Sowjets gelieferte 57-mm-Pak QF 6-Pfünder gehörte zur Standardbewaffnung der britischen und kanadischen Streitkräfte.

Britische 57-mm-Panzerabwehrkanone QF 6-Pfünder.

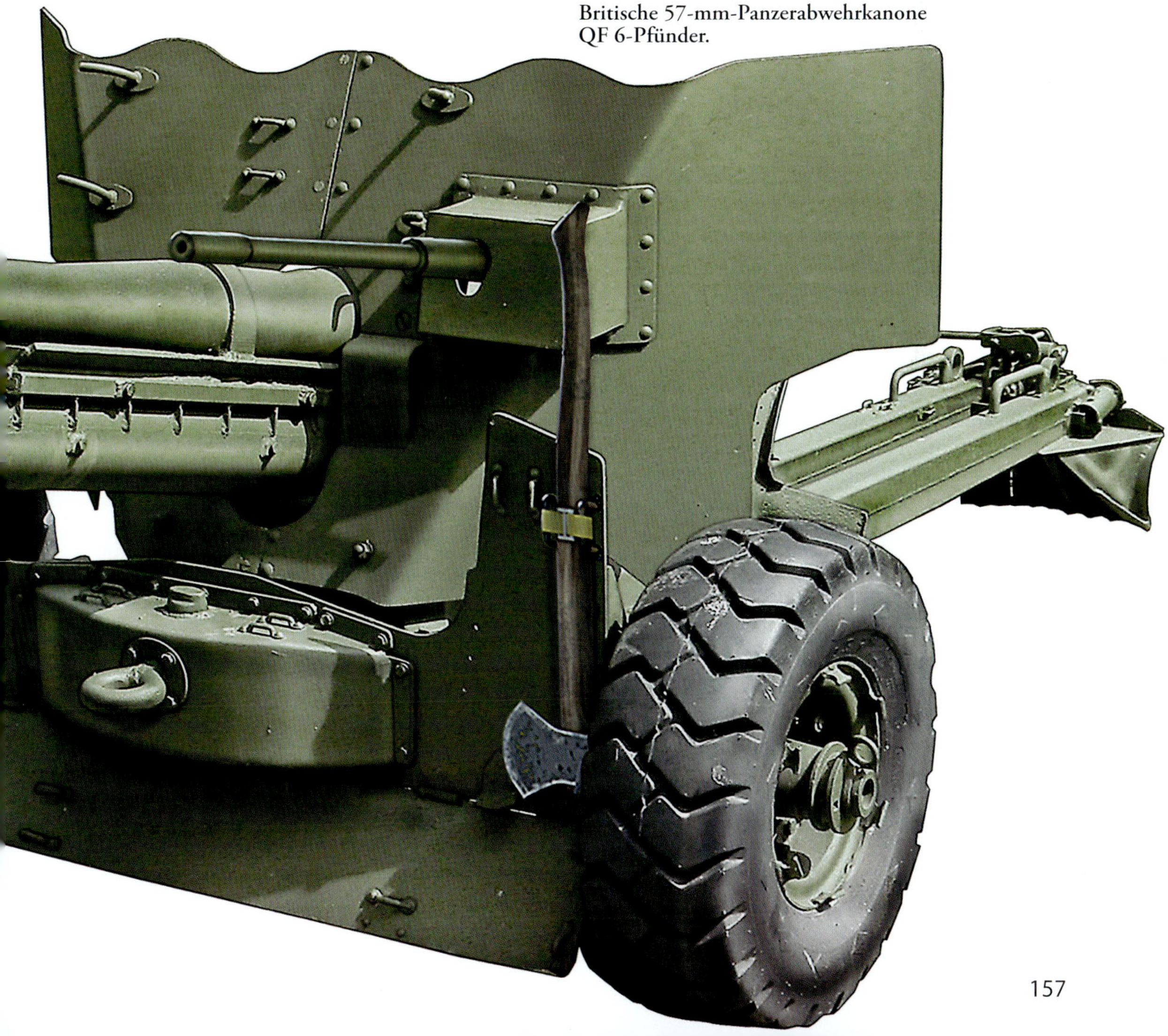

57 mm Panzerabwehrkanone M1

Neben wenigen 35-mm-Pak M3 schickte US-Präsident Roosevelt der Roten Armee 400 57-mm-Pak M1 zu Hilfe. Es handelte sich um eine lizenzierte Kopie des britischen QF 6-Pfünders, den die USA speziell für Leih- und Pachtlieferungen bauen ließen. Anfangs erhielt die Waffe die Bezeichnung *Limited Standard 57 mm Gun M1 and Carriage M1*, also in etwa »57 mm Kanone M1 auf Lafette M1 mit eingeschränkter Ausstattung«. Die M1 unterschied sich vom englischen Vorbild in der Rohrlänge, die 50 Kaliber betrug. Bemerkenswerter Weise hätte die englische Kanone in der Grundversion Mk.I schon ein L/50-Rohr bekommen sollen, wofür der Maschinenpark britischer Unternehmen jedoch nicht eingerichtet war, so dass der QF 6-Pfünder mit 43 Kalibern auskommen musste.

Bald nach Produktionsbeginn in den USA wurde der M1-Lafette modifiziert und tauschte bei der M1A1 die Räder gegen solche mit beschusssicherer Bereifung aus. Die ab September 1942 gefertigte M1A2-Lafette verzichtete auf eine Seitenrichtmaschine und nutzte zum Schwenken eine Schulterstütze, mit der sich schnell bewegende Ziele rascher anrichten ließen.

Technische Angaben 57 mm Pak M1	
Kaliber, mm	57
Gewicht in Feuerstellung, kg	1293
Gesamtlänge, m	2,80
Höhenrichtbereich, Grad	–5/+15
Seitenrichtbereich, Grad	90
Anfangsgeschwindigkeit, m/s	853-823
Gewicht Panzergranate, kg	2,85-3,30
Panzerdurchschlag auf 500 m bei 90°	112

Die Rote Armee kam in den Genuss der M1-Pak auf Lafette M2. Diese stammte von der 105-mm-Haubitze M2 und verfügte am rechten Holm über ein absenkbares Rad, das das Bewegen der Waffe auf dem Gefechtsfeld durch die Bedienung erleichterte.

In den USA wurden zunächst nur panzerbrechende Granaten für die Waffe hergestellt, und zwar die Granate M70 mit hochfestem Stahlkern ohne Sprengladung (Geschossmasse 2,85 kg, Mündungsgeschwindigkeit 853 m/s); sowie die M85 mit ballistischer

57-mm-Panzerabwehrkanone M1 in Feuerstellung.

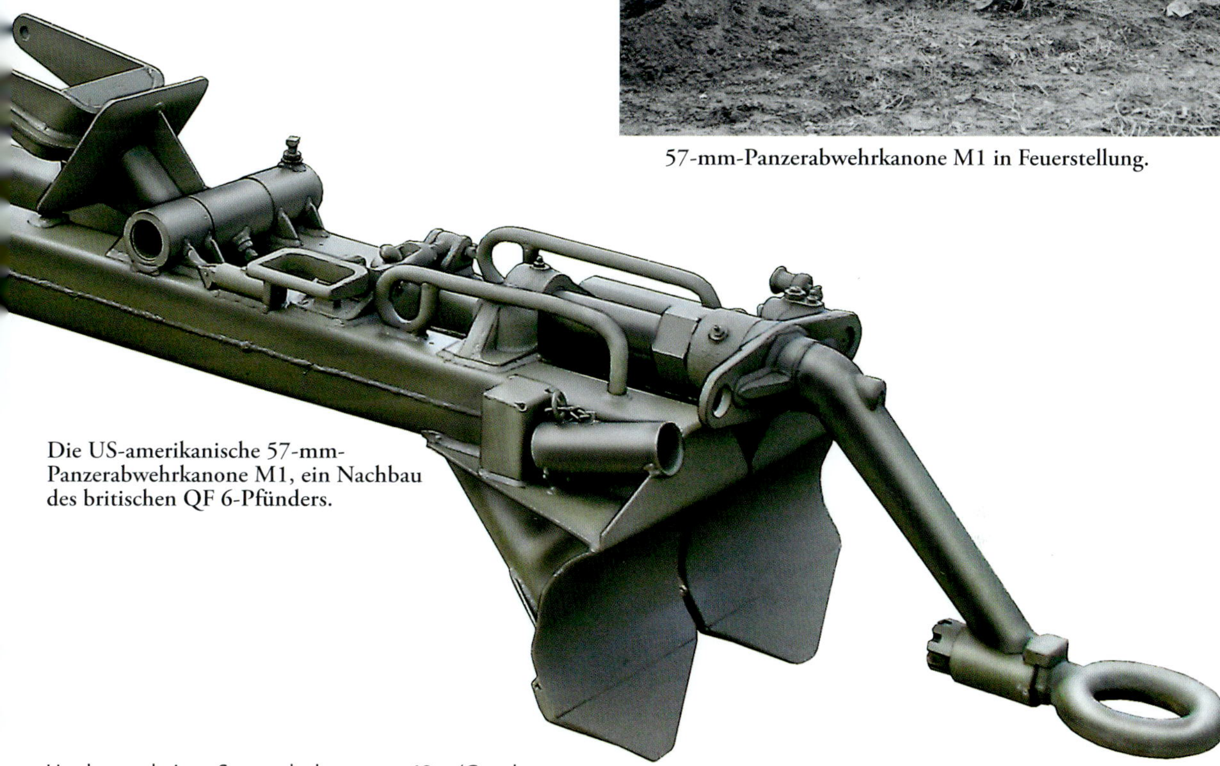

Die US-amerikanische 57-mm-Panzerabwehrkanone M1, ein Nachbau des britischen QF 6-Pfünders.

Haube und einer Sprengladung von 42 g (Geschossmasse 3,30 kg, Mündungsgeschwindigkeit 823 m/s).

Im Sommer 1943 begann die Produktion der Sprenggranate M303 (Geschossmasse 2,99 kg), und im Januar 1945 erschien das Kartätschgeschoss M305. Mit dieser Munitionsausstattung ließen sich nicht nur gepanzerte, sondern auch ungepanzerte Ziele bekämpfen. Die panzerbrechenden Eigenschaften der M70- und M85-Granaten waren ziemlich hoch. Das M70-Geschoss durchschlug auf 500 m bei Auftreffwinkel 90° Panzerstahl bis zu 112 mm Stärke und auf 2000 m noch 55 mm. Die Panzerdurchschlagswirkung der M85 war auf größere Distanz relativ besser als auf kurze. Auf 1500 m durchschlug sie 73 mm und auf 2000 m noch 64 mm Panzerstahl bei senkrechtem Auftreffen.

Insgesamt liefen in den USA 15.637 Stück der 57-mm-Pak M1 vom Band. Mehr als ein Drittel wurde im Rahmen von *Lend-Lease* ins Ausland geliefert (4242 nach Großbritannien, 653 nach Frankreich, 57 nach Brasilien etc.). Die UdSSR erhielt 400 Kanonen auf Zweiradlafette und 650 auf Selbstfahrlafette T48, welche die Russen als SU-57 bezeichneten.

40 mm Flugabwehrkanone M1

Während des Krieges gelangten 5511 40-mm-M1-Flugabwehrkanonen amerikanischer und kanadischer Produktion in die UdSSR. Die Waffe wurde vom schwedischen Bofors-Konzern entwickelt, die Lizenz für die Produktion in den USA erwarb das US Army Armaments Office am 29. Mai 1941. Chrysler trat als Haupthersteller der M1-Flak auf. Darüber hinaus brachten Ingenieure dieser Firma viele konstruktive und technologische Änderungen in die Waffe ein, die eine Massenherstellung der Bofors-Kanone auf dem Fließband und eine Halbierung der Fertigungszeit ermöglichten. Insgesamt baute Chrysler von 1941–1945 rund 60.000 40-mm-Flugabwehrgeschütze M1 für Heer und Marine der USA.

Der Hauptzweck der Kanone bestand in der Bekämpfung von Flugzeugen auf dem Gefechtsfeld. Der Rückstoßlader mit Rohrrücklauf speiste sich aus 4-Schuss-Laderahmen. Die Waffe erhielt ein Schnellwechselrohr, das sich im Feld innerhalb von 2 Minuten tauschen ließ. Die M1 verschoss Leuchtspurgranaten mit Sprengsatz und panzerbrechender Wirkung. Eine Sprenggranate mit Selbstzerlegung wog 0,875 bis 0,935 kg (je nach Geschossgewicht) und war mit einem Kopfzünder ausgestattet. Die Anfangsgeschwindigkeit betrug 875 m/s. Die größte Schusshöhe lag bei 7000 m, die größte Schussweite bei 10.000 m. Die Länge der Leuchtspur betrug je nach Leuchtsatz 3200 oder 5000 m mit einer Leuchtzeit von 9 bis 14 Sekunden. Das panzerbrechende Leuchtspurgeschoss M81A1 wog 0,89 kg. Die Geschossladung und die Mündungsgeschwindigkeit dieses Projektils entsprachen der Sprenggranate. Es durchschlug auf 500 m bis zu 50 mm homogenen Stahls. Die Einheitspatronen beider Typen wogen 2,12 kg.

Die Kanone war auf einer Vierradlafette aufgebaut, die sich mit einer zulässigen Höchstgeschwindigkeit von 50 km/h ziehen ließ. Für den Übergang von der Fahr- in die Feuerstellung benötigte eine gut ausgebildete Bedienung 2 Minuten. Bei der Verwendung von Kommandogeräten verlängerte sich dies auf 12 Minuten.

Dem Verfasser sind keine Berichte vom Einsatz von M1-Flugabwehrgeschützen durch sowjetische Einheiten bekannt. Artilleriemarschall N.D. Jakowlew, im Krieg Leiter der Hauptdirektion Artillerie (GAU), bemerkte in seinen Memoiren jedoch: »Zu dem Zeitpunkt, als diese Waffen an die UdSSR geliefert wurden, hatte das Volkskommissariat für Rüstung nach der Evakuierung bereits die Produktion von 37-mm-Flugabwehrkanonen Mod. 1939 an einem neuen Standort zu Wege gebracht. Somit waren amerikanische 40-mm-Flugabwehrkanonen einfach nicht erforderlich.«

Vor dem Hintergrund der fast über den gesamten «Großen Vaterländischen Krieg« währenden deutschen Luftwaffenpräsenz ist es aber kaum vorstellbar, dass Tausende erstklassiger US-Flak nur auf Sammelplätzen der GAU bloß herumstanden. Außerdem gab das Volkskommissariat für Verteidigung 1944 in Tausenden Exemplaren eine detaillierte Beschreibung der M1 in russischer Sprache mit Anweisungen zur Bedienung dieses Geschützes heraus.

40-mm-Flugabwehrkanone M1.

Technische Angaben 40 mm Flugabwehrkanone M1	
Kaliber, mm	40
Gewicht in Feuerstellung, kg	2500
Gewicht in Fahrstellung, kg	2500
Höhenrichtbereich, Grad	–5/+85
Seitenrichtbereich, Grad	360
Geschossgewicht:	
- Spreng mit Leuchtspur, kg	0,875
- Panzerbrechend mit Leuchtspur, kg	0,934
Anfangsgeschwindigkeit, m/s	875
Feuergeschwindigkeit:	
- praktisch, S/min	60
- theoretisch, S/min	120
Schusshöhe (Selbstzerleger), m	4800
Höchstschussweite, m	8500

Die 40-mm-M1 stellte das wichtigste mittlere Flugabwehrgeschütz der US-amerikanischen Streitkräfte dar.

90 mm Flugabwehrkanone M1

Im Rahmen von *Lend-Lease* erhielt der Sowjetstaat 251 Flugabwehrkanonen M1 Kaliber 90 mm aus den USA. Diese Geschütze wurden in der Luftverteidigung großer Industrieanlagen und wichtiger Verwaltungsunternehmen gegen hochfliegende Feindflugzeuge eingesetzt.

Die Entwicklung der Waffe begann im Juni 1938. Der Prototyp hieß T2, nach der Einführung in die US-Streitkräfte lautete die Bezeichnung *90 mm Antiaircraft Gun M1*. Die M1-Kanone mit einteiligem Rohr auf Kreuzlafette M1 verfügte über einen vertikalen Keilverschluss. Die Hub- und Schwenkwerke wurden manuell oder mit Hilfe von M2-Hydraulikantrieben bedient. Das rundum schwenkbare Geschütz verfügte über einen Höhenrichtbereich von 0° bis 80°; im Unterschied etwa zur deutschen 8,8-cm-Flak aber über keinen Schutzschild. Die Waffe wurde auf einem einachsigen Fahrgestell (Trolley) mit Doppelbereifung transportiert, das beim Übergang in die Feuerstellung an der ausgeklappten Kreuzlafette verblieb. Über einen speziellen Federmechanismus, der beim Transport als Dämpfer diente, ließ sich das Geschütz von der Fahr- in die Kampfposition absenken und umgekehrt wieder aufnehmen. Der Übergang von der Fahr- in die Feuerstellung benötigte 16 Minuten. Die Räder des Fahrgestells verfügten über elektromagnetische Bremsen, die der Fahrer des Zugfahrzeugs aktivierte. Als Zugmittel dienten entweder ein 7,5-t-Dreiachs-Lkw (Allrad) oder ein 18-t-Kettenschlepper M4. Im Jahr 1942 wurde die Lafette M1 durch die fortschrittlichere M1A1 ersetzt, die sich von der M1 durch hydraulische Antriebe und eine höhere Geschwindigkeit beim Höhen- und Seitenrichten unterschied: sie betrug beim manuellen Höhenrichten 1,875 Grad pro 1 Umdrehung des Höhenrichtrades, mit hydraulischem Antrieb jedoch 12 grad pro Sekunde. Dem manuellen Schwenken von manuell 2,812 Grad pro Umdrehung des Seitenrichtrads stand das hydraulische mit 20 grad pro Sekunde gegenüber. Das grobe Seiten- und Höhenrichten wurde über einen elektrischen Kontrollstand geregelt.

Zum Schießen auf Luftziele wurde das Geschütz an ein Feuerleitgerät angeschlossen (russisch: (PUAZO = прибор управления артиллерийским зенитным огнем), das die Waffe automatisch nach den von PUAZO erhaltenen Daten hydraulisch richtete. Zur direkten Bekämpfung von Bodenzielen stand eine zweiteilige Zieloptik zur Verfügung – links für horizontales und rechts für vertikales Richten.

Die 90-mm-Flak verschoss einteilige Patronenmunition mit Sprengeschossen sowie panzerbrechenden Granaten. Eine 10,6 kg schwere Sprenggranate ließ sich mit Verzögerungs-, Radar- oder Aufschlagzünder ausstatten. Für den Beschuss von Bodenzielen wurde auch eine »Betongranate« mit Verzögerungszünder verwendet. Bei einer Anfangsgeschwindigkeit von 832 m/s brachte es die Sprenggranate auf eine maximale Schusshöhe von 12.300 und eine Höchstschussweite von 17.900 m. Die effektive Schussweite betrug 10.300 m.

Das 11 kg schwere panzerbrechende Leuchtspurgeschoss mit ballistischer

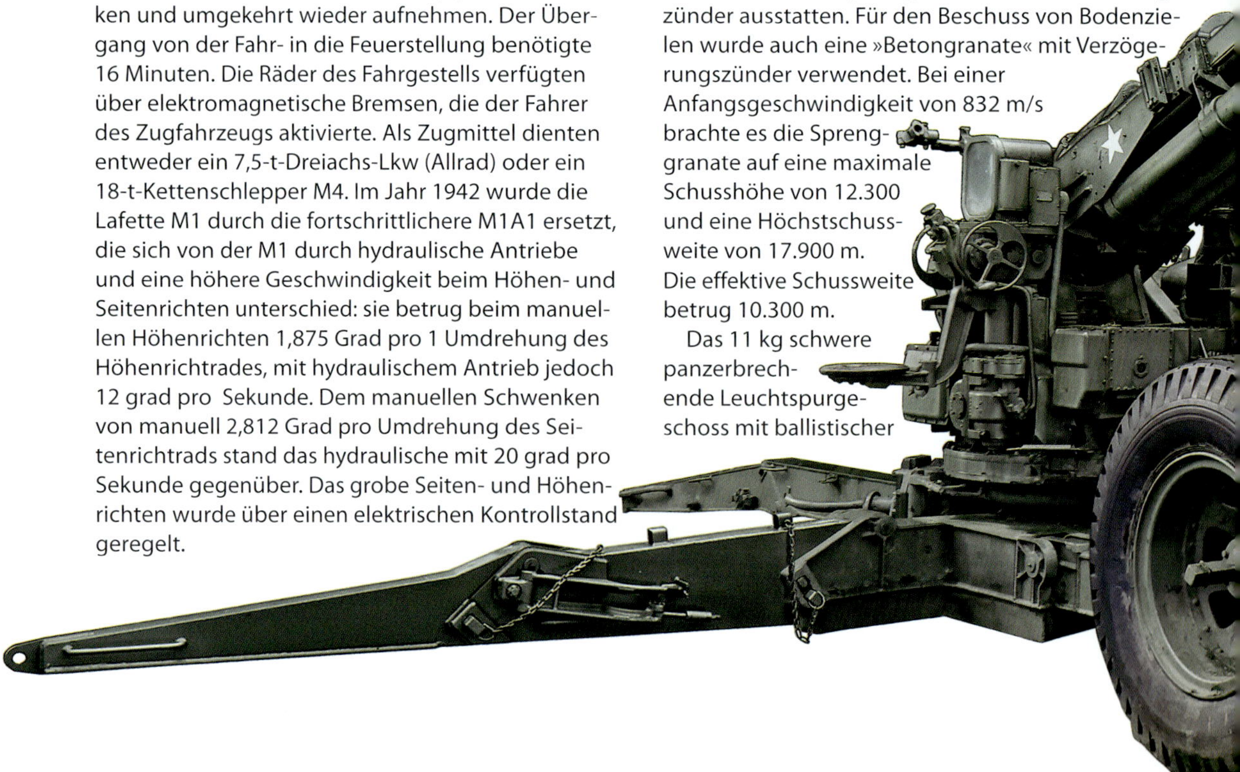

Haube und Bodenzünder verließ das Rohr mit 853 m/s. Außerdem gab es zur Panzerbekämpfung ein 7,62 kg schweres Unterkalibergeschoss mit Leuchtspur und einer Mündungsgeschwindigkeit von 1020 m/s. Eine Granatpatrone wog zwischen 19 und 19,9 kg (je nach Geschosstyp).

Die Führung der Roten Armee bewertete die M1-Flak als hochwirksames Mittel zur Bekämpfung feindlicher Flugzeuge. Ihre Bedeutung nahm nach erfolgreichen Einsätzen deutscher Kampfflieger gegen sowjetische Rüstungszentren stark zu. So musste Anfang 1943 das Automobilwerk Gorki seine Produktion nach einem deutschen Luftangriff für vier Monate einstellen, das Flugzeugwerk

90-mm-Flugabwehrkanone M1 in Marschlage.

Saratow die Produktion von Jagdflugzeugen bis Oktober 1943 um mehr als die Hälfte reduzieren und auch im Reifenwerk Jaroslawl sorgte die deutsche Luftwaffe für eine dreimonatige Zwangspause.

Flugabwehrgeschütze kleiner Kaliber waren machtlos gegen Flugzeuge, die in großen Höhen flogen, und die sowjetische Luftabwehr verfügte nicht über genügend eigene 76-mm- und 85-mm-Flak.

Technische Angaben 90 mm Flak M1	
Kaliber, mm	90
Gewicht in Feuerstellung, kg	8618
Gewicht in in Fahrstellung, kg	9618
Höhenrichtbereich, Grad	0 /+80
Seitenrichtbereich, Grad	360
Geschossgewicht:	
- Sprenggranate, kg	**10.6**
- Panzergranate, kg	**11,0**
Anfangsgeschwindigkeit Panzergranate, m/s	853
Effektive Schussweite, m	10.300

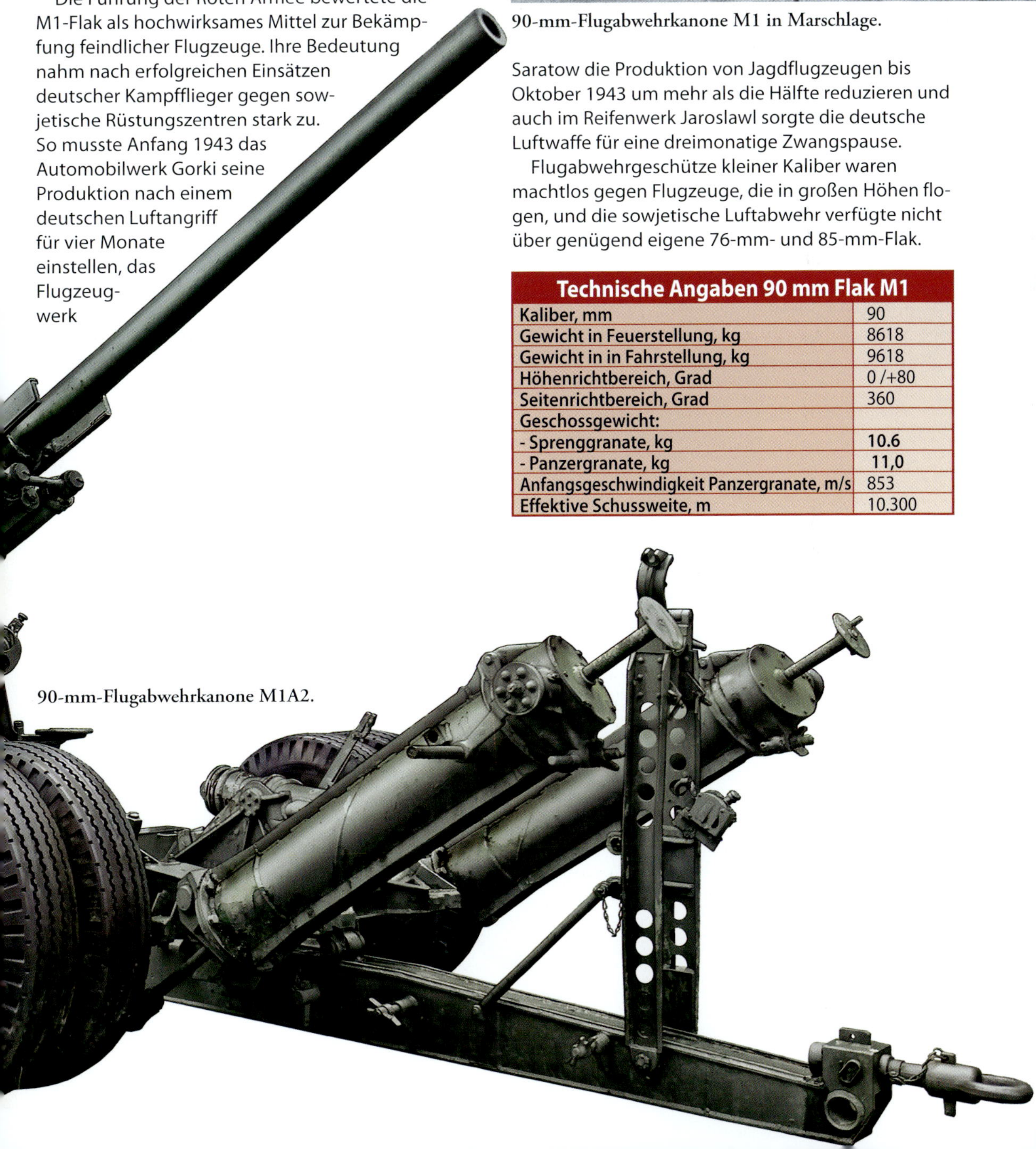

90-mm-Flugabwehrkanone M1A2.

90 mm Flugabwehrkanone M2

Die außerordentlichen Erfolge der deutschen 8,8-cm-Flak bei der Bekämpfung von Panzern und anderen Bodenzielen brachte auch das US-Militär auf den Trichter, seine 90-mm-Kanone M1 als Panzerabwehrwaffe einzusetzen. Auch diese Flugabwehrkanone konnte mit ausgezeichneten ballistischen Eigenschaften aufwarten, aber die Lafette erlaubte kein Höhenrichten unter 0°, die Bedienung schützte kein Schild und die Überführung des Geschützes von der Marschlage in die Feuerstellung dauerte zu lange.

Der Umbau des Geschützes in eine Vielzweckwaffe begann Mitte 1941. Die ersten Prototypen lagen 1942 vor und die Waffe erhielt die Bezeichnung M2. Sie kam auf einer neuen Kreuzlafette mit Schutzschild daher, die eine Senkung des Rohrs auf –10° erlaubte. Die Holme senkten sich hydraulisch ab. Das Transportgestell verwandte jetzt zwei luftbereifte Achsen und war nicht mehr auf zwei Spezialzugfahrzeuge angewiesen, sondern ließ sich von jedem Kraftfahrzeug über 3 t ziehen; zumindest auf Straßen – und das mit Reisegeschwindigkeiten von bis zu 55 km/h. Im Gelände blieb man nach wie vor auf Kettenschlepper angewiesen.

Technische Angaben 90 mm Flak M2	
Kaliber, mm	90
Gewicht in Feuerstellung, kg	8000
Gewicht in Fahrstellung, kg	6000
Höhenrichtbereich, Grad	–10/+80
Seitenrichtbereich, Grad	360
Feuergeschwindigkeit, S/min	25
Geschossgewicht:	**10.6**
- Sprenggranate, kg	**10,6**
- Panzergranate, kg	11,0
Anfangsgeschwindigkeit Panzergranate, m/s	853
Max. Schusshöhe, m	10.300
Max. Schussweite, m	17.300

90-mm-Flugabwehrkanone M2 in Feuerstellung.

Auch die Waffe selbst zeigte etliche Neuerungen. Die M2 verfügte bereits über eine automatische Munitionszufuhr mit Zündersteller und Lader, was die Feuergeschwindigkeit auf bis zu 28 S/min steigerte. Mit der Einführung eines Geschosses mit Funkzünder wurde das Geschütz 1944 noch effektiver.

90-mm-Flugabwehrkanonen wurden normalerweise batterieweise zu sechs Geschützen eingesetzt. Ab der zweiten Kriegshälfte erhielten die Flakbatterien eine Ausstatung mit Radargeräten SCR-268 zur Feuerleitung gegen Flugziele. Das Radar konnte Flugzeuge in bis zu 36 km Entfernung mit einer Genauigkeit von 180 m und einer Abweichung von 1,1° ausmachen. Das Radar erfasste auch die Luftsprengpunkte der Granaten und passte das Feuer relativ zum Ziel an. Dies war besonders nachts wichtig. Radargeführte 90-mm-Flugabwehrgeschütze mit Geschossen mit Funkzündern schossen regelmäßig unbemannte deutsche V-1 über Südengland ab.

Nach amerikanischen Dokumenten wurden im Rahmen des *Lend-Lease*-Abkommens 25 Radarstationen SCR-268 komplett mit Flugabwehrbatterien an die UdSSR geliefert. Von der M2 erhielt die Sowjetunion vier Geschütze. Deren genaue Untersuchung ermöglichte sowjetischen Konstrukteuren in der Nachkriegszeit die Entwicklung fortschrittlicher Flugabwehrgeschütze mittleren und großen Kalibers.

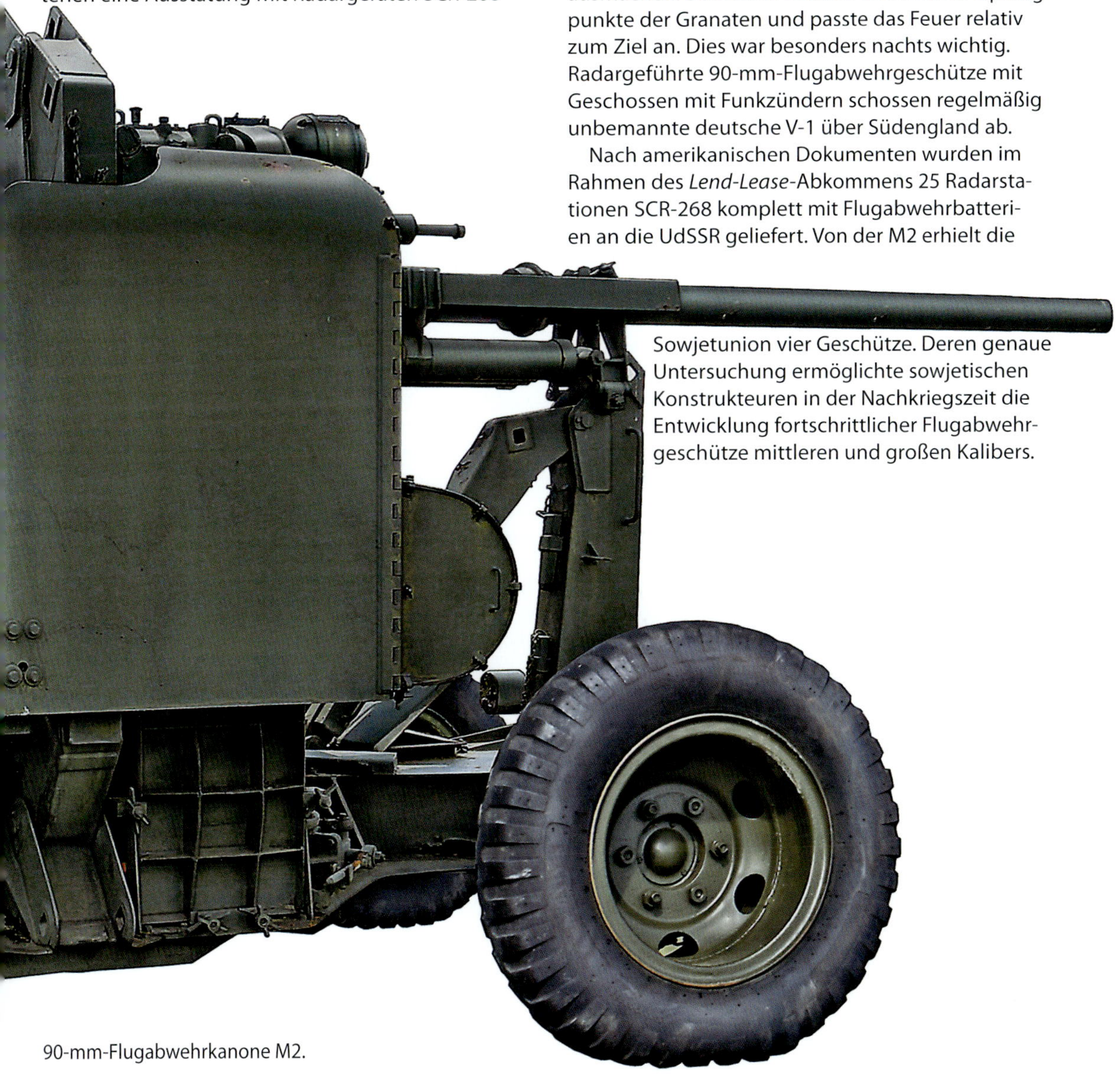
90-mm-Flugabwehrkanone M2.

GEPANZERTE FAHRZEUGE

Die ersten Lieferungen gepanzerter Fahrzeuge an die UdSSR erfolgten gemäß dem am 12. Juli 1941 unterzeichneten Abkommen »Über gemeinsame Aktionen der Regierung der Sowjetunion und der Regierung Seiner Majestät im Vereinigten Königreich im Krieg gegen Deutschland«. Die Vereinbarung sah im vierten Quartal 1941 unter anderem die Lieferung von 1000 Panzerkampfwagen und 600 Tanketten (Universal Carrier Mk.I; leichter Schützenpanzer; Tankette) vor. Am 11. Oktober 1941 brachte der Konvoi PQ-1 die ersten 20 britischen Panzer nach Archangelsk. Bis Jahresende folgten 466 Panzerkampfwagen und 330 Tanketten. Am 28. Oktober 1941 traf der erste Transportzug mit britischen Panzern in Kasan an der Wolga ein, wo in der dortigen Panzertruppenschule die Ausbildung sowjetischer Besatzungen an den englischen Panzertypen begann. (Im Übrigen ein traditionsreicher Ort, denn hier war 1926 in deutsch-sowjetischer Zusammenarbeit die Kampfwagenschule »Kama« entstanden, in der die Reichswehr neue Panzerfahrzeuge testete, was ihr in Deutschland aufgrund des Versailler Vertrages verboten war. Im Gegenzug leistete die Reichswehr Ausbildungshilfe für die Rote Armee). Obwohl die Ausbildung sehr intensiv durchgeführt wurde und nur 15 Tage dauerte, befanden sich zu Beginn der sowjetischen Gegenoffensive bei Moskau nur wenige Dutzend britischer Fahrzeuge bei den dortigen Fronteinheiten. In diesem Zusammenhang ist eine Stärkemeldung von Interesse, die der Chef der Hauptabteilung der Streitkräfte, Generalleutnant Fedorenko, am Vorabend der Gegenoffensive an Stalin schickte:

»An den Volkskommissar für Verteidigung, Genosse Stalin.
Ich melde, dass der Kommandeur der Westfront, Armeegeneral Genosse Schukow, seit dem 2. Dezember 1941 über folgende Panzerzahlen verfügt:

• KW	112 Stück, davon 20 in Reparatur
• T-34	243 Stück, davon 44 in Reparatur
• BT	67 Stück, davon 21 in Reparatur
• T-26	101 Stück, davon 72 in Reparatur
• T-60	357 Stück, davon 49 in Reparatur
• Mk.II Matilda	8 Stück, davon 5 in Reparatur
• Mk.III Valentine	24 Stück, davon 2 in Reparatur

Insgesamt 912 Stück, davon werden 153 in den Werkstätten an vorderster Front repariert.«

So entfielen von 912 Panzerkampfwagen zu Beginn der Gegenoffensive nur 32 auf *Lend-Lease*-Fahrzeuge, was einem Anteil von 3,5 % entspricht.

Die USA lieferten Ende 1941 nur 182 Panzer, die Anfang 1942 in Archangelsk eintrafen. Doch dies war erst der Anfang. Die Versorgung der UdSSR mit gepanzerten Fahrzeugen aus den USA und Großbritannien nahm stetig zu. Art und Menge der gelieferten Ausrüstung wurden durch die Protokolle bestimmt, die aufgrund der sowjetischen Forderungen erstellt wurden.

Die Verbringung der gepanzerten Fahrzeuge erfolgte auf mehreren See- und Landrouten. Die wichtigste waren die Nordmeer-Geleitzüge nach Murmansk. Von Dezember 1942 bis Anfang 1944 wurde die Murman-Bahn in Karelien jedoch von deutsch-finnischen Kräften unterbrochen. Ab Februar 1942 erfolgten die Lieferungen auch über Land durch den von britischen und sowjetischen Truppen besetzten Iran. Nach der Wiedereinnahme des Schwarzmeerhafens Odessas trafen auch hier alliierte Transporte ein.

42 nördliche Konvois gelangten aus Häfen in England, Schottland und Island nach Murmansk, Archangelsk und Molotowsk (heute Sewerodwinsk). Sie umfassten zum Zeitpunkt der Abfahrt insgesamt 722 Schiffe, von denen 81 deutsche U-Boote und Kampfflieger versenkten und 31 beschädigt umkehrten. Insgesamt lieferten Amerikaner, Briten und Kanadier während des Krieges etwa 20.000 gepanzerte Fahrzeuge an die UdSSR, von denen 1600 mit ihren Transportschiffen untergingen. Alles in allem erhielt die Rote Armee von ihren westlichen Freunden 14,5 % der wichtigsten Panzertypen, die im Krieg in England, Kanada und den USA entstanden. Gemessen am sowjetischen Fahrzeugpark entfielen auf Fremdlieferungen 16 % der Panzerkampfwagen, 8 % der selbstfahrenden Geschütze und 100 % der Schützenpanzerwagen.

Die sowjetischen Besatzungen der *Lend-Lease*-Fahrzeuge mussten natürlich an ihnen ausgebildet werden. Ab März 1942 schulten das 23. und 38. Panzer-Ausbildungsregiment sowjetische Besatzungen an britischen und amerikanischen Panzern. Die Ausbildung von Besatzungen von Schützenpanzern erfolgte bem 20. Panzerregiment, das im März 1942 zum Ausbildungsregiment wurde.

Die ständig zunehmenden Mengen an Fremdfahrzeugen erforderten die Schaffung weiterer

Ein »Matilda« mit aufgesessenen Rotarmisten auf dem Marsch.

Ausbildungsverbände. Gemäß Anordnung des Volksverteidigungskommissars Nr. 510 vom 23. Juni 1942 wurden folgende Ausbildungstruppenteile neu errichtet:

- Die 190. Panzer-Ausbildungsbrigade für amerikanische Panzertypen.
- Die 191. Panzer-Ausbildungsbrigade für britische Panzertypen.
- Das 17. und 21. Panzer-Ausbildungsregiment entstand durch Umstellung zweier Regimenter, die bisher leichte T-60 gefahren hatten, auf leichte amerikanische und britische Panzertypen.
- Die genannten Truppenteile erhielten den Auftrag, monatlich
  - 245 Besatzungen an mittleren Panzerkampfwagen M3 »General Lee«,
  - 645 Besatzungen an leichten Panzerkampfwagen M3 »General Stuart«,

- 300 Besatzungen an Infanteriepanzern Mk.II »Matilda« und
- 370 Besatzungen an Infanteriepanzern Mk.III »Valentine« auszubilden.

Das ergab insgesamt 1560 Besatzungen pro Monat. Folgende Ausbildungstruppenteile bestanden bis zum Ende des Krieges:

- Das 16. und 27. Panzer-Ausbildungsregiment für die Ausbildung an US-amerikanischem M4A2 »Sherman«;
- Das 20. selbstständige Panzer-Ausbildungregiment für die Ausbildung an Schützenpanzern;
- Das 14. und 15. selbstständige Kradschützen-Ausbildungsregiment für die Ausbildung an Krafträdern (heimischer wie ausländischer Produktion);
- Das Schulungszentrum für selbstfahrende Artillerie bildete Personal für die Wartung und den Betrieb von in- und ausländischen Selbstfahrgeschützen/Sturmgeschützen aus.

Die Offizierskader durchliefen ihre Ausbildung ab 1942 an den Panzerschulen Chkalowskoe (»Matilda«) und Kasan (»Valentine«). Gegen Ende des Krieges spezialisierte sich die Kasaner Panzerschule auf die Ausbildung von Zugführern für »Sherman«- und »Valentine«-Einheiten. Die Panzerschule 3 in Saratow bildete Kommandanten und Instandsetzungspersonal für die Schützenpanzer M2, »Scout« und »Universal« aus, während sich die Kiewer Panzerfachschule um Instandsetzungspersonal für »Sherman«-Panzer kümmerte. Die Kompanie- und Zugführer von Kradeinheiten wurden an der Kradschützenschule Wyksa ausgebildet, während Kommandanten und Besatzungen für Selbstfahrgeschütze ihre Ausbildung an Einrichtungen durchliefen, die bisher am Sturmgeschütz SU-76 ausgebildet hatten. Insgesamt wurden in den Kriegsjahren 16.322 Besatzungen an fremden Panzertypen ausgebildet und 1243 Marschkompanien an die Front geschickt.

Der größte mit fremdländischen Typen ausgestattete taktische Verband der Roten Armee war die Panzerabteilung. Panzerabteilungen konnten als selbstständige Verbände fungieren oder Teil von Panzerbrigaden sein. Eine Panzerabteilung mit britischen Panzern bestand nach Gliederung 010/395 aus 24 Panzerkampfwagen (21 Mk.I »Matilda« und 3 T-60) und 150 Mann. Eine Panzerabteilung mit amerikanischen Panzern bestand nach Gliederung 010/396 aus 23 Panzerkampfwagen (11 M3c und 12 M3л) und 190 Mann. Panzerabteilungen konnten in eine Panzerbrigade (Gliederung 010/345 vom 15.02.1942) mit 1107 Mann und 46 bis 48 Panzerkampfwagen (in zwei Abteilungen) eingegliedert werden. In der Praxis wurden amerikanische und britische Fahrzeuge jedoch oft auf verschiedenste Verbände, Einheiten und Teileinheiten aufgeteilt bzw. in sie eingegliedert (1941–1942 gab es an die sieben unterschiedliche Gliederungen für Panzerbrigaden). Im Oktober 1942 wurde nach neuer Gliederung 010/267 das selbstständige Panzer-Durchbruchsregiment zu 214 Mann geschaffen, das aus schweren Panzerkampfwagen KW-1S und/oder britischen Mk.VI »Churchill« bestand. Derlei Verbände erhielten Garde-Status und sollten in enger Zusammenarbeit mit Infanterie und Artillerie die feindliche Verteidigung in der Tiefe durchstoßen. Und so kam es 1942–1943 zur Aufstellung mehrerer Durchbruchsregimentern mit britischen Panzerkampfwagen, die in verschiedenen Frontabschnitten operierten. Zusätzlich zu den Garde-Durchbruchs-Panzerregimentern (die mit »Churchill« ausgestatteten wurden manchmal als schwere Garde-Durchbruchs-Panzerregimenter bezeichnet) wurde 1944 nach Gliederung 010/463 eine große Anzahl selbstständiger Panzerregimenter bei den Fronten (Heeresgruppen) oder Armeen geschaffen, die teils über eine bunte Vielfalt an in- und ausländischem Gerät verfügten.

Gepanzerte Fahrzeuge/Schützenpanzerwagen aus *Lend-Lease*-Lieferungen dienten häufig zur Ausstattung von Kradschützenbataillonen und –regimentern sowie von Panzeraufklärungsabteilungen. Kradschützenbataillone fungierten als Aufklärungsverbände der Korps und Kradschützenregimenter der Armeen. Am 1. Mai 1945 verfügte die Rote Armee über vier selbstständige Kradschützenbataillone, 37 Korps-Kradschützenbataillone und 11 selbstständige Motorradregimenter, die teilweise auf ausländischen Motorrädern und Gespannen fuhren. Kradschützenbataillone und -regimenter waren unterschiedlich aufgebaut. Folgende Formationen kamen am häufigsten vor

a) Das Kradschützenbataillon nach Gliederung 010/432 bestand aus zehn Panzerkampfwagen (T-34 oder »Valentine IX«), fünf Panzerspähwagen, zehn Schützenpanzerwagen, 111 Krädern und 451 Mann.
b) Das selbstständige Kradschützenregiment nach Gliederung 010/433 bestand aus zehn Panzer-

kampfwagen (T-34 oder »Valentine IX«), 13 »Scouts«, fünf Schützenpanzerwagen (M2, Mk.I »Universal«), drei Panzerspähwagen (BA-64), 214 Krädern und 1188 Mann.

Während des Krieges gab es im Korps für Panzeraufklärungsabteilungen zwei hauptsächliche Gliederungen: Nr. 010/389 zu 20 Schützenpanzerwagen, 12 Panzerspähwagen und 208 Mann sowie Nr. 010/289 zu 22 Panzerspähwagen, 7 leichte Panzerkampfwagen T-70 und 112 Mann.

Verbände nach erstgenannter Gliederung erhielten vorwiegend Vierrad-Panzerspähwagen »Scout«, seltener Halbketten-Schützenpanzerwagen M2.

Im Juni 1944 begann die Aufstellung leichter selbstfahrenden Artilleriebrigaden (Sturmgeschützbrigaden), die amerikanische Panzerjäger T-48 (SU-57) auf Halbkettenchassis erhielten. Diese Formationen bestanden aus 60 selbstfahrenden Geschützen in drei Abteilungen. Jede Abteilung (20 Fahrzeuge) gliederte sich in 4 Batterien zu je 5 SU-57. Die 16. und 22. Brigade wurden nach Gliederung 010/408 aufgestellt und verfügten zusätzlich über 5 britische »Valentine IX« als Panzerbefehlswagen. Die im November 1944 nach Gliederung 010/508 errichtete 19. Bridade verfügte neben 60 Sturmgeschützen über 5 SU-57 als Befehlsfahrzeuge.

Darüber hinaus wurden 1944 mehrere Dutzend selbstständige Kompanien gebildet, die sich aus je 6 »Scout« und einer Batterie zu 4 SU-57 zusammensetzten. Des Weiteren wurden selbstständige Abteilungen aus 2 SU-57-Batterien (8 Fahrzeuge) selbstständigen Kradschützenregimenteren und -bataillonen sowie anderen Verbänden zugeordnet.

Nach all diesen Ausführungen lässt sich feststellen, dass die im Rahmen von *Lend-Lease* gelieferten Panzerfahrzeuge vorzüglich in die Verbände der Roten Armee integriert wurden, was ihren effektiven Einsatz sicherstellen sollte.

Zerstörter »Matilda« der Roten Armee.

Infanteriepanzer Mk.II »Matilda II«

Von den 466 britischen Panzerkampfwagen, die bis Ende 1941 in Sowjetrussland eintrafen, entfielen 187 auf den Typ *Infantry Tank Mk.II »Matilda II«*. Während des Kriegs erhielten die Sowjets insgesamt 918 »Matilda«, weitere 166 gingen mit Transportschiffen unter.

Grundsätzlich unterteilten die Engländer ihre Panzerkampfwagen in langsame, aber stark gepanzerte *Infantry Tanks* zur Infanterie-Unterstützung und in schnelle, weniger stark gepanzerte *Cruiser Tanks* (Kreuzer-Panzerkampfwagen) zur operativen Kriegführung. Der Infanterie-Panzerkampfwagen »Matilda« (»Mathilde«) wurde 1936–1938 bei der Royal Ordnance Factory in Woolwich entwickelt. Im November 1936 erhielt das Unternehmen Vulcan Foundry in Warrington den Auftrag zur Herstellung eines Holzmodells und zweier Prototypen unter der Bezeichnung A12E1. Nach der Erprobung 1938 erhielt Vulcan einen Auftrag über 165 Fahrzeuge, die als *Infantry Tank Mk.II »Matilda II«* bezeichnet wurden. Neben Vulcan waren auch andere britische Firmen an der Serienfertigung beteiligt. Insgesamt wurden bis zum Produktionsende im August 1943 2987 Mk. II »Matilda II« hergestellt.

Das Fahrzeuge war nach dem klassischen Layout mit Motor hinten, Getriebe vorn und Drehturm in der Mitte aufgebaut. Er erhielt ein Planetengetriebe und Seitenkupplungen als Lenkmechanismen. Als Motor wurde bei der MK.II-Serie eine Doppelanlage

Infanteriepanzer Mk.II »Matilda II«.

aus zwei AEC-Dieselmotoren und bei für *Lend-Lease* vorgesehenen MK.II eine Doppelanlage aus zwei Leyland-Dieselmotoren verwendet. Damit brachte es der »Matilda« auf 24 km/h Höchstgeschwindigkeit auf der Straße. Zur Erleichterung des Kaltstarts der Dieselmotoren diente ein Äthervergaser mit Ampullen.

Bis 1941 galt der Mk.II »Matilda« als stärkster in Serie gebauter britischer Panzerkampfwagen. Die Dicke der Frontpanzerung erreichte an der Wanne 78 mm und am Turm 75 mm, die Seitenpanzerung betrug stolze 70 mm. Das Laufwerk schützten tief nach unten gezogene Seitenschürzen. Die Bewaffnung bestand aus einer 40-mm-Kanone und zwei Maschinengewehren (eines zur Flugabwehr). Es handelte sich um einen typischen Infanteriepanzer mit all seinen Vor- und Nachteilen: Die starke Panzerung schützte zuverlässig vor Granaten fast aller bis 1941 verwendeten feindlichen Panzer- und Panzerabwehrkanonen; aber die schwache Bewaffnung und unbefriedigende Mobilität reduzierten seine Kampffähigkeiten erheblich. Bei späteren Ausführungen wurde zumindest die Bewaffnung verstärkt – anstelle der 40-mm- trat eine 75-mm-Kanone.

Als erste sowjetische Verbände empfngen die im November 1941 nach Gliederung 010/395 aufgestellte 132, 136. und 138. selbstständige Panzerabteilung den Mk.II »Matilda II«. Die Gliederung sah 24 Panzerkampfwagen je Abteilung vor: 21 Mk.II »Matilda II« und 3 T-60; Personalstärke 150 Mann. Zwei solcher Abteilungen wurden manchmal zu einer Panzerbrigade (Gliederung 010/345 vom 15.02.1942) mit 46–48 Fahrzeugen zusammengefügt. Der »Matilda« zählte des Weiteren zur Bewaffnung einiger

»Matilda« greifen mit Infanterieunterstützung an.

mechanisierter Korps, wenn auch in geringer Zahl. Als einziges Korps war das 5. mechanisierte Korps, das 1943 an der Südwestfront stand, vollständig mit britischen Fahrzeugen (hauptsächlich Mk.11) ausgestattet.

Die ersten Mk.II »Matilda II«, die die UdSSR erreichten, waren eigentlich für den Einsatz in Nordafrika vorgesehen gewesen und rollten auf so genannten »leichten Ketten« daher. Diese boten dem Fahrzeug unter den winterlichen Bedingungen Russlands nicht den nötigen »Grip«, was dazu führte, dass so manche leichtfüßige »Mathilde« von vereisten Straßen in Gräben schlitterte oder sogar umkippte. Die Vor- und Nachteile des Panzers spiegeln sich vollständig in einem der Berichte von Frontverbänden an den Leiter der GABTU, General J.N. Fedorenko:

»Genosse Fedorenko, als Antwort auf Aktenzeichen Nr. 421 vom 21. Januar 1942 müssen wir Folgendes mitteilen: Ein Konstruktionsmerkmal des Panzers ist das Vorhandensein von Panzerschürzen aus gewalztem Stahl mit einer Dicke von 20–25 mm, die das Laufwerk des Panzers schützen und den Panzerschutz der Seiten verstärken. Unter schlechten Straßenverhältnissen in der Region Moskau führte diese Eigenschaft dazu, dass sich der Raum hinter dem Panzerschürzen oft mit Schlamm und Schnee zusetzte ... Dies erforderte eine häufige Reinigung des Laufwerks und beeinträchtigte die Beweglichkeit des Fahrzeugs. Außerdem erschwert das Vorhandensein von Panzerschürzen den Kettenwechsel unter Gefechtsfbedingungen ... Für die Herstellung der Wanne wird beim Mk.II Walz- und Gussstahl mit hohem Chrom-, Nickel- und Molybdängehalt verwendet, der sich durch gute Homogenität, Härte und Zähigkeit auszeichnet. Die Härtemessung der Panzerung nach der Brinell-Methode zeigt, dass sie zur Kategorie der homogenen Panzerungen mittlerer Härte gehört. Die Dicke der Seitenpanzerung des Mk.II Matilda beträgt 70–78 mm und entspricht im Allgemeinen dem Panzerschutz des KW-Panzerkampfwagens ... Die Qualität der Härtung ist gut. Nach Granattreffern wurden keine gefährlichen Abplatzungen festgestellt ... Das Antriebssystem des Panzers besteht aus zwei Dieselmotoren des Typs »Leyland« mit einer Gesamtleistung von 195 PS, die dem Panzer ein spezifisches Leistungsgewicht von etwa 7,5 PS pro Tonne verleihen. Für schnelle Manöver in unwegsamem Gelände reicht dies zweifelsohne nicht aus, aber auch der KW-Panzer hat nur eine unzureichendes Leistungsgewicht von 8,1 PS pro Tonne ... hingegen erleichtert die erfolgreichere Konstruktion von Getriebe und Achsantrieben des Mk.II das Fahren im Gelände ... Zu den Nachteilen des Panzerkampfwagens Mk.II »Matilda« zählt die Schwäche seiner Bewaffnung beim Schießen auf Lebendziele und Stellungen. Die Panzerdurchdringung der Waffe ist zufriedenstellend und übertrifft leicht die der inländischen 45-mm-Panzerkanone Mod. 1938. Derzeit steht die Frage der Umrüstung des Mk.II »Matilda« auf die heimische 76-mm-Panzerkanone Mod. 1941 an, um Fähigkeiten jenen des

Technische Angaben
Infantry Tank Mk.II »Matilda II«

Gefechtsgewicht	25 t
Maße:	
Länge	5715 mm
Breite	2515 mm
Höhe	2565 mm
Besatzung	4 Mann
Bewaffnung	1 x 40 mm Kanone 1 x 7,92 mm Maschinengewehr 1 x 7,69 mm Fla-Maschinengewehr
Kampfbeladung	67 Granaten 40 mm 3150 Patronen Kaliber 7,92 mm 2800 Patronen Kaliber 7,69 mm
Panzerung:	
Wannenfront	78 mm
Turmfront	75 mm
Motortyp	Leyland-Dieselmotor
Maximale Leistung	2 x 95 PS
Höchstgeschwindigkeit	24 km/h
Fahrbereich	130 km

KW-Panzerkampfwagens vollständig anzugleichen. Fazit: Die Praxis, alliierte Panzer zu verunglimpfen und sie mit beleidigenden Spitznamen wie »Tintenfisch« oder »Leierkasten« zu schmähen, besteht beim Panzerkampfwagen Mk.II »Matilda« weiterhin ... «

Die Briten lieferten trotz des Wunsches der sowjetischen Seite, mehr »Valentine« zu schicken, fleißig »Matilda« nach. Von Januar bis März 1942 brachten die Murmansk-Geleitzüge hauptsächlich diesen Typ. Der Höhepunkt der Auslieferungen wurde im März erreicht, als 170 Fahrzeuge eintrafen. Danach ging die Zahl stark zurück, und im Juli kamen aufgrund der schweren Verluste des Konvois PQ-17 nur sechs Panzer ain. Im September trafen 84 und im November nochmals 56 »Matilda« ein. 1942 lieferten die Engländer insgesamt 771 »Matilda«. Anfang 1943 kam es zu einem Anstieg des Liefervolumens, doch im März, dem Höhepunkt, wurden die Lieferungen einfach eingestellt. Insgesamt brachten Murmansk-Konvois 916 »Matilda« in die UdSSR.

Da die meisten in der ersten Hälfte des Jahres 1942 eintrafen, spiegelte sich dies auch in ihrem massiven Einsatz in dieser Zeit. Beispielsweise nahmen 117 »Matilda« im Mai 1942 an der Charkower Offensive teil. Viele »Matilda« waren an den Sommerschlachten des Jahres beteiligt. Zum Beispiel gab es in der 201. Panzerbrigade, die im Juli 1942 in der Nähe von Bolchow bei Orel kämpfte, 23 Fahrzeuge des Typs. Im benachbarten 10. Panzerkorps waren es 55 und 36 »Matilda« befanden sich in der 196. Panzerbrigade, die sich im August 1942 bei Rschew schlug.

Wie andere sowjetische Panzertypen erlitten auch die »Matilda« herbe Verluste. Als der deutschen Panzerabwehr im Frühjahr 1942 die ausgezeichnete 7,5 cm Pak 40 zuging, mehrten sich die Abschüsse. Denn für dieses Geschütz stellte die starke »Matilda«-Panzerung kein Problem mehr dar. Auf der anderen Seite hatte die veraltete 2-Pfünder-Kanone des britischen Panzers ihre liebe Not mit stärker gewappneten Pz.Kpfw. III und IV.

Trotzdem blieben die britischen Infanteriepanzer bei Frontverbänden. Beispielsweise verfügte die 201. Panzerbrigade im Juli 1943 noch über sieben »Matilda« und die Rote Armee am 1. Januar 1944 insgesamt noch über 315, also etwas mehr als ein Drittel der von den Briten gelieferten Anzahl. Dieses Verhältnis war für ausländische Panzerfahrzeuge unter rotem Stern typisch.

Infanteriepanzer Mk.II »Matilda«, schematische Darstellung.

Von den am 1. Juni 1944 verfügbaren »Matilda« befanden sich 262 Panzer in Reparaturwerken, und nur noch 48 im aktiven Einsatz. Doch gerade im Juni 1944 spie Reparaturwerk Nr. 82, die »Hauptklinik« für beschädigte »Matilda« , eine erkleckliche Menge instandgesetzter Fahrzeuge wieder aus. Sie standen nicht lange untätig. Einige der langsamen britischen Kampfwagen landeten in Panzerregimentern der Kavalleriedivisionen. Zum Beispiel gab es im 61. selbstständigen Panzerregiment am 1. Juli 1944 vier Mk.II. Sie operierten im Rahmen der 1. Garde-Kavalleriedivision. Am 4. Juli 1944 wurden fünf »Matilda« dem 87. selbstständigen Panzerregiment zugeteilt, das im Verband der 7. Garde-Kavalleriedivision kämpfte. Beide Regimenter nahmen aktiv an der Operation Lwow-Sandomierz teil (Offensive gegen die deutsche Heeresgruppe Nordukraine). Aber auch danach durfte »Mathilde« noch nicht in Rente. Zum 1. Januar 1945 befanden sich in Frontverbänden und Werkstätten noch 218 »Matilda« von denen bis Kriegsende noch zehn abgeschossen wurden.

Infanteriepanzer Mk.III »Valentine«

Die UdSSR war das einzige Land, das im Rahmen von *Lend-Lease*-Lieferungen in den Genuss des britischen Infanteriepanzers Mk.III „»Valentine« kam, und zwar von genau 3782 Stück, die 46 % der Gesamtzahl aller gebauten »Valentine« ausmachten. 3332 Fahrzeuge erreichten ihr Ziel, die restlichen 450 sanken zusammen mit ihren Transportschiffen auf den Grund des Meeres. Alles in allem machte der „Valentine" den Löwenteil sämtlicher an die UdSSR gelieferten britischen Panzerkampfwagentypen aus.

Den *Infantry Tank Mk.III »Valentine«* entwickelte der britische Rüstungskonzern Vickers-Armstrong im Jahr 1938. Nach der damaligen Klassifikation der britischen Armee sollten Infanteriepanzer die Infanterie direkt unterstützen. Ihr Merkmal war eine stärkere Panzerung, wobei Geschwindigkeit und Beweglichkeit eine untergeordnete Rolle spielten. Vickers-Armstrong reichte am 10. Februar 1938 die Baupläne beim Kriegsministerium ein. Am 14. März lag ein Holzmodell im Maßstab 1:1 vor und am 14. April 1939 erhielt das Unternehmen den Auftrag zum Bau eines ersten Loses *Infantry Tank Mk.III*. Erst später kam dier Bezeichnung »Valentine« hinzu.

Das Fahrzeug war nach dem klassischen Schema mit Fahrabteil vorn, Kampfraum in der Mitte und Motorabteil im Heck aufgebaut. Das Laufwerk mit Federaufhängung besaß blockweise kombinierte Laufräder, jeder Block umfasste zwei kleine Laufrollen und eine Rolle mittleren Durchmessers. Die feingliedrige Kette erhielt Gummipolster. Die Panzerung fiel mit 65 mm bzw. 60 mm an Wanne und Turm relativ stark aus. Der »Valentine« wurde in elf Ausführungen hergestellt, wobei sich nur Bewaffnung und Motortyp änderten, während das Chassis unverändert blieb – nur bei der ersten Version war die Wanne genietet, bei allen anderen geschweißt. Die ersten sieben Modifikationen trugen eine 40-mm-Kanone, drei nachfolgende eine 57-mm-Waffe und die elfte eine 75-mm-Kanone. Allerdings erwiesen sich die 57- und 75-mm-Geschütze als zu groß für den relativ kleinen Panzerturm, so dass die Anzahl der Besatzungsmitglieder im Turm auf zwei verringert werden musste, was den Einsatz der Turmwaffe etwas verkomplizierte. Bei der ersten Ausführung wurde ein Vergasermotor installiert, bei allen folgenden Dieselmotoren. Winkelspiegel und Funk gehörten zum Standard.

Die Roten Armee rüstete einzelne Panzerabteilungen sowie –regimenter mechanisierter Brigaden mit Mk.III »Valentine« aus. Des Weiteren taten

Technische Angaben Infantry Tank Mk.III »Valentine«	
Gefechtsgewicht	18 t
Maße:	
Länge	5420 mm
Breite	2640 mm
Höhe	2270 mm
Besatzung	3 Mann
Bewaffnung	1 x 75 mm Kanone Mk.2 1 x 7,92 mm Maschinengewehr 1 x 7,69 mm Fla-Maschinengewehr
Kampfbeladung	46 Granaten 3300 Patronen
Panzerung:	
Wannenfront	65 mm
Turmfront	65 mm
Motortyp	2 Dieselmotoren GMC
Maximale Leistung	210 PS
Höchstgeschwindigkeit	40 km/h
Fahrbereich	225 km

Infanteriepanzer Mk.III »Valentine IX«.

sie auch bei Panzerbrigaden Dienst, die Teil eines Panzerkorps waren. Zum Beispiel verfügte das 19. Panzerkorps im Oktober 1943, vor Beginn der Melitopol-Operation (Schlacht am Dnjepr), über 101 T-34 und 63 »Valentine«. Der »Valentine« erfreute sich bei sowjetischen Panzerbesatzungen größerer Beliebtheit als alle anderen britischen Panzertypen, denn er konnte mit hoher Zuverlässigkeit und Überlebensfähigkeit auf dem Gefechtsfeld punkten. Es gab jedoch auch Beschwerden, die hauptsächlich mit den rauen klimatischen Bedingungen der Ostfront zusammenhingen, der zu schwachen 40-mm-Kanone und dem Fehlen von Sprengmunition für sie. Über den engen Kampfraum beschwerte sich niemand – im Turm des T-34 war noch weniger Platz.

Nach Kriegsende wurde Generalmajor N.I. Grusdew mit der Analyse ausländischer Panzertechnik in der Roten Armee während der Kriegsjahre und Möglichkeiten zu ihrer Verbesserung beauftragt. Seine Einschätzung bezüglich des »Valentine«:

»Der Mk.III hat unter den Infanterie- oder, je nach Gewichtsklasse – leichten Panzerkampfwagentypen den kompaktesten Gesamtaufbau und ist unter ihnen zweifellos der erfolgreichste. Die Erfahrungen mit dem Mk.III beenden die Diskussion über die Möglichkeit des sinnvollen Einsatzes von Lkw-Tei-

len für den Panzerbau. Die gepanzerte Trennwand zwischen Motorraum und Kampfraum reduziert die Verluste der Besatzung im Brandfall erheblich und schont die Motor-Getriebe-Gruppe bei der Explosion von Granaten. Die Beobachtungsgeräte sind einfach und effektiv. Typisch für die britischen Panzer Mk.III, Mk.II und Mk.IV ist ihre Vorliebe für dicke Panzerung; Geschwindigkeit und Bewaffnung scheinen zweitrangig zu sein. Ist dies beim Mk.III noch tolerierbar, so ist diese Unausgewogenheit bei anderen Panzertypen ein klarer und inakzeptabler Nachteil. Hervorzuheben ist der zuverlässig funktionierende GMC-Diesel.

Von allen existierenden leichten Panzerkampfwagentypen ist der Mk.III der erfolgreichste. Das können wir mit Hinblick auf die Bedingungen von 1940-1943 sagen. Es waren die Briten, die den Typ des Infanteriepanzers erfunden haben.«

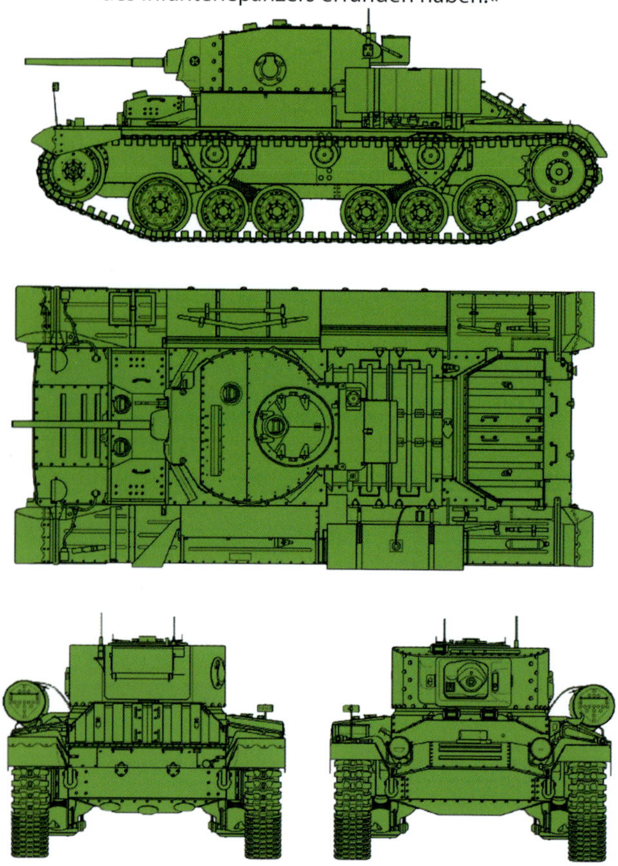

Infanterie-Panzer Mk.III »Valentine«, schematische Darstellung.

Sowjetische Soldaten bei der Ausbildung am englischen »Valentine«.

Panzerkampfwagen Mk.III »Valentine« und seine Besatzung.

Technische Angaben Infantry Tank Mk.III »Valentine«

Gefechtsgewicht	18 t
Maße:	
Länge	5420 mm
Breite	2640 mm
Höhe	2270 mm
Besatzung	3 Mann
Bewaffnung	1 x 75 mm Kanone Mk.2 1 x 7,92 mm Maschinengewehr 1 x 7,69 mm Fla-Maschinengewehr
Kampfbeladung	46 Granaten 3300 Patronen
Panzerung:	
Wannenfront	65 mm
Turmfront	65 mm
Motortyp	2 Dieselmotoren GMC
Maximale Leistung	210 PS
Höchstgeschwindigkeit	40 km/h
Fahrbereich	225 km

Infanteriepanzer Mk.IV »Churchill«

Die ersten zehn *Infantry Tank Mk.IV »Churchill«* trafen Mitte Juli 1942 mit den Resten des arg gebeutelten Geleitzugs PQ-17 in Murmansk ein. Insgesamt lieferten die Briten 1942 nur 84 Panzerkampfwagen dieses Typs auf Nordkonvois. Die letzten acht »Churchill« kamen im Juli 1943 in Wladiwostok an. Insgesamt erhielt die Rote Armee im Rahmen von Lend-Lease 253 Stück.

Der »Churchill« Mk.IV kam dem britischen Infanterie-Panzerkonzept vielleicht am nächsten. Entwickelt, um die vorrückende Infanterie durch Zerstörung von Feldbefestigungen, Unterdrückung von Widerstandsnestern und die Abwehr feindlicher Panzer zu unterstützen, waren weniger Geschwindigkeit als hohe Überlebensfähigkeit, Feuerkraft und Beweglichkeit auf dem Gefechtsfeld gefragt, einschließlich der Fähigkeit, Hindernisse wie Panzergräben und Minenfelder zu überwinden. Der Entwurf entsprach voll und ganz diesen Anforderungen. Starker Panzerschutz mit geringer Rumpfbreite bot – zumindest in den ersten Kriegsjahren – zuverlässigen Schutz gegen die üblichen Panzerabwehrwaffen; das Fahrwerk mit vielen kleinen Laufrädern und breiten Ketten ermöglichte die Überwindung von Steilhängen und Minenfeldern; selbst wenn einige der Laufräder beschädigt wurden, blieb der Panzer mobil. Die 75-mm-Hauptwaffe des Mk.IV verschoss, im Unterschied zu vorigen Ausführungen, sowohl panzerbrechende als auch Sprenggranaten. All dies machte den Panzer zu einem universellen Mittel, der vorrückenden Infanterie unter die Arme zu greifen.

Die Firmen Royal Ordnance Factory in Woolwich und Harland & Wolff in Belfast entwickelten ab 1939 die erste Version des Fahrzeugs mit der Bezeichnung A20. Der Prototyp des verbesserten A22, der nach schlechten Erfahrungen 1940 modifiziert wurde, stellte das Vauxhall-Werk im November 1940 vor. Die ersten 14 serienmäßigen A22-Panzer mit der Bezeichnung *Heavy Infantry Tank Mark IV »Churchill«* folgten im Juli 1941. Insgesamt stellte die britische Rüstungsindustrie 5640 »Churchill« aller Ausführungen her, darunter 1622 Stück der meistgebauten Abart Mk.IV. Der Entwurf orientierte sich am klassischen Layout mit Motor hinten, Getriebe/Fahrraum vorn und Turm/Kampfraum in der Mitte. Das Fahrzeug wurde bereits bei seiner Entstehung als altmodisch bewertet, erinnerte sein Erscheinungsbild mit dem hohen Kettenaufzug bis auf den Drehturm doch mehr an einen Tank des Ersten Weltkriegs als an einen modernen Panzerkampfwagen. Dem entsprachen die zum Teil veralteten Fertigungsmethoden, wie z. B. die Verwendung kleiner, in verschiedenen Firmen hergestellter Baugruppen und von Nieten.

Infanteriepanzer Mk.IV »Churchill Mk.2«, schematische Darstellung.

Der schwere »Churchill« erhielt seinen Beinamen nach dem britischen Premier, und zwar nicht nach dessen durchaus »pfundiger« Erscheinung, sondern weil Winston Churchill im Ersten Weltkrieg als Munitionsminister den Bau britischer Tanks vorangetrieben hatte. Der Panzer wurde in elf Ausführungen produziert. Die erste Modifikation erhielt zwei Geschütze auf zwei Ebenen: eine 76,2-mm-Haubitze in der Wannenfront und eine 40-mm-Kanone im Drehturm. Die nachfolgende Ausführung ersetzte die Haubitze durch ein MG und danach wanderte die Haubitze in den Turm und die 40-mm-Kanone in die Wanne. Mit der in einer Stückzahl von 675 gefertig-

Auf dem Marsch – ein schweres Durchbruchs-Panzerregiment, ausgerüstet mit »Churchill«-Panzern.

ten Variante Mk.III verschwand das Geschütz aus der Wanne und der Turm erhielt eine 57-mm-Kanone. Die meistgebaute Ausführung Mk.IV bekam, zumindest teilweise, eine britische oder amerikanische 75-mm-Kanone. Bei der Variante Mk.VII wich diese z. T. einer 95-mm-Haubitze. Das Fahrwerk bestand aus elf kleinen Laufrollen je Seite, von denen neun das Gewicht des Fahrzeugs aufnahmen. Die ungewöhnlich vielen Räder sollten garantieren, dass der »Churchill« noch mit einigen beschädigten Rollen weiterfahren konnte. Die insgesamt 22 Laufräder (zu je zwei Laufrollen) verfügten über Schraubenfedern, die das Fahrwerk beim Rollen im Gekände abfederten. Für den Antrieb sorgte ein 12-Zylinder-Ottomotor Bedford Fiat 12 mit 350 PS, der den »Churchill« (Mk.VI) auf 28 km/h auf der Straße und 13 km/h im Gelände beschleunigte; der Kraftstoffvorrat von 680 l reichte für 200 km auf der Straße und 80 km im Gelände. Die 350 PS reichten für ein Schwergewicht von 40–45 t eindeutig nicht aus, was eine unbefriedigende Geschwindigkeit, insbesondere in schwierigem Gelände, zur Folge hatte. Da die Entwicklung und Überführung in die Massenproduktion in einem

recht kurzen Zeitrahmen erfolgte und man auf eine gründliche Erprobung verzichtete, litt der »Churchill« an einer Reihe technischer Probleme. Der britische Premierminister Churchill bemerkte einmal mit dem für ihn typischen Sarkasmus, der Panzer, der seinen Namen trage, weise mehr Mängel auf als er selbst. Nichtsdestoweniger wartete das Fahrzeug auch mit erfolgreichen technischen Lösungen auf, die eine erfolgreiche Verwendung auf dem Gefechtsfeld erlaubten. Die Feuertaufe mit kanadischen Verbänden bei der Landung in Dieppe im August 1942 ging allerdings gründlich schief: dort wurden alle eingesetzten 28 »Churchill« abgeschossen oder fielen in deutsche Hände. Ansonsten bewährte sich der »Churchill« auf dem nordafrikanischen und westeuropäischen Kriegsschauplatz durchaus, auch wenn er gegen die späteren Ausführungen des Pz.Kpw. IV, geschweige denn gegen »Tiger« und »Panther«, in der Regel den Kürzeren zog. Und wie sah es in Russland aus? Von Interesse ist die vergleichende Analyse des Mk.IV »Churchill«, KW-1 und KW-1S, die Panzerfachleute der sowjetischen GABTU anstellten:

»I. Bewertung der Kampfeigenschaften des Mk.IV-Panzers

Beim Vergleich der wichtigsten Eigenschaften der schweren Panzerkampfwagen Mk.IV, KW-1 und KW-1S konnten wir folgende Feststellungen treffen:

Der Panzerkampfwagen Mk.IV ist den Panzerkampfwagen KW-1 und KW-1S in Bezug auf die Kanonenbewaffnung unterlegen, hat jedoch Vorteile beim Panzerschutz. Die Kampfbeladung der Mk.IV-Maschinengewehrbewaffnung ist dreimal größer als die der KW-Muster. Eine panzerbrechende

Infanteriepanzer Mk.IV »Churchill«. Der britische Premier Churchill sagte einmal, der Panzer, der seinen Namen trage, weise mehr Mängel auf als er selbst.

Technische Angaben Infantry Tank Mk.IV »Churchill«	
Gefechtsgewicht	45 t
Maße:	
Länge	7450 mm
Breite	3450 mm
Höhe	2750 mm
Besatzung	5 Mann
Bewaffnung	1 x 75 mm Kanone Mk.V 2 x 7,92 mm Maschinengewehr 1 x 7,69 mm Fla-Maschinengewehr
Kampfbeladung	82 Granaten 6525 Patronen
Panzerung:	
Wannenfront	152 mm
Turmfront	152 mm
Motortyp	Vergaser Bedford
Maximale Leistung	350 PS
Höchstgeschwindigkeit	28 km/h
Fahrbereich	200 km

Granate der im Turm montierten 57-mm-Kanone durchdringt die doppelte Seitenpanzerung des deutschen mittleren Panzers T-III [Pz.Kpfw. III] mit einer Gesamtdicke von 60 mm aus einer Entfernung von 950 m. Der Mk.IV hat eine deutlich geringere spezifische Leistung und dadurch eine geringere Höchstgeschwindigkeit. Trotzdem ist der Mk.IV-Panzer in der Durchschnittsgeschwindigkeit den KW-1 und KW-1S nicht unterlegen. In Bezug auf den Fahrbereich sind Mk.IV und KW gleichwertig.

II. Bewertung der Zuverlässigkeit des Panzerkampfwagens Mk.IV und seines Fahrwerks.

Der britische schwere Panzerkampfwagen Mk.IV hat eine unzureichende Zuverlässigkeit im Betrieb einzelner Baugruppen und ist sowohl konstruktiv als auch fertigungstechnisch ein unausgereiftes Fahrzeug. Beim einseitigen Überwinden von Hindernissen wirft er gern die sich bewegende Kette ab. Dies gilt auch für Drehbewegungen um die Achse von mehr als 20°. Der Kraftstoffverbrauch entspricht bei allen Straßenverhältnissen dem Üblichen.

III. Bewertung des Wannenentwurfs

Die Wanne ist ungewöhnlich lang gestreckt und dabei in Breite und Höhe reduziert. Der Bug liegt tief zwischen hoch aufragenden Ketten, die vorn große Kettenabdeckungen aufweisen. Dies führt zu schlechter Sicht für Fahrer und Bugschützen. Periskopische Sichtgeräte, die in der Nähe des Fahrers und des Schützen installiert sind, verbessern die Sichtbarkeit ein wenig. Das Rohr der Hauptwaffe reicht mit der Mündung nicht über die Kettenabdeckungen hinaus und befindet sich zwischen diesen. Dies führt dazu, dass beim Feuern mit tiefer Rohrerhöhung der Gasdruck die vorderen Kettenabdeckungen abreißt. Die im Turm des Panzers installierten Beobachtungsgeräte bieten eine zufriedenstellende Sicht. Ähnliche Geräte wurden in den 1939 hergestellten polnischen Vickers-Panzer eingebaut.

Der Motor zeigt den modernen Entwurf eines selbstfahrenden Kettenfahrzeugs. Er ist bei einem minimalen Einsatz von knappen Nichteisenmetallen für die Massenproduktion ausgelegt. Neben diesen Vorteilen ist der Motor des Mk.IV unausgegoren, weshalb man seine Betriebszuverlässigkeit in Frage stellen sollte.

Bei der Kraftübertragung verdient der Drehmechanismus, der in einer Einheit mit dem Schaltgetriebe hergestellt wurde, erhöhte Aufmerksamkeit [A.d.B,: hier ist wahrscheinlich das steuerbare Differentialgetriebe/Planetengetriebe gemeint]. Der Drehmechanismus sorgt dafür, dass sich der Panzer an Ort und Stelle um die eigene Achse drehen kann, erleichtert die Steuerung des Panzers während der Fahrt und die Beweglichkeit. Die hydraulische Lenkung mit Servomechanismen erleichtert die Steuerung. Das Fahrwerk ist für einen 40-Tonnen-Panzer nicht stark genug.

Fazit:

Der britische schwere Panzerkampfwagen Mk.IV »Churchill« ist aufgrund seiner Bewaffnung, Panzerung und Beweglichkeit in der Lage, die deutschen Panzerkampfwagen effektiv zu bekämpfen. In der vorliegenden Form stellt der Mk.IV sowohl in der Konstruktion als auch in der Produktion jedoch ein unfertiges Fahrzeug dar. Während des Einsatzes durch Einheiten der Roten Armee erforderte der Panzerkampfwagen Mk.IV häufige Reparaturen mit dem Austausch einzelner Teile und ganzer Baugruppen. Die einzelnen Aggregate (die Drehmechanik in einer Einheit mit dem Getriebe etc.) sind von origineller Bauart und können für den Einsatz im eigenen Panzerbau empfohlen werden.«

Die Verwendung des Mk.IV »Churchill« bei der Roten Armee legte eine Anweisungen von Stalin an die GABTU am 8. Oktober 1942 fest: »Mit den Panzerkampfwagen KW und Churchill sind selbstständige Durchbruchregimenter der Reserve des Oberkommandos zu je 21 Fahrzeugen aufzustellen. Sie erhalten Garde-Status.« Dem folgte die Anweisung des Volksverteidigungskommissars Nr. 1104913ss, welche die genaue Formierung nach Gliederung 010/267 festlegte und genehmigte: Personalstärke 214 Mann, 21 KW-1S oder »Churchill«, 3 Panzerspähwagen BA-64 sowie weitere Transport- und Spezialfahrzeuge.

Demgemäß umfasste ein Regiment neben dem Stab (1 Panzerkampfwagen) vier Panzerkompanien zu 2 Zügen mit je 2 Fahrzeugen (insgesamt 5 Panzerkampfwagen je Kompanie), eine technische Unterstützungskompanie und einen Sanitätszug.

Der Garde-Status wurde den Verbänden sofort gemäß der Anordnung zur Aufstellung zuerkannt. Die selbstständigen Durchbruchsregimenter sollten als Stoßkeile zum Durchbrechen der feindlichen Verteidigung in enger Zusammenarbeit mit Infanterie und Artillerie dienen. Nach Erfüllung dieser Aufgabe hatten sich die Regimenter in vorgegebenen Bereichen zu konzentrieren, um feindliche Gegenangriffe abzuwehren.

Insgesamt wurden vom Herbst 1942 bis Juli 1943 40 Durchbruchsregimenter mit den Nummern 1 bis 15, 26 bis 36, 46 bis 50 und 57 bis 66 errichtet. Des Weiteren wurde im Frühjahr 1944 bei der 26. Armee der Karelischen Front ein weiteres Regiment, das 73., aufgestellt. Die Durchbruchregimenter 34., 36., 47., 48., 49., 50. und 59. erhielten den »Churchill« Mk.IV, und das 31. Regiment an der Leningrader Front eine Mischung aus Mk.IV und KW-1. Einige Regimenter mit britischen Fahrzeugen wurden später auf KW-1S und KW-85 umgerüstet (zum Beispiel das 34.), während andere wiederum vom KW-1S auf den »Churchill« umstiegen (zum Beispiel das 10. Regiment). Garde-Durchbruchsregimenter mit Mk.IV »Churchill« nahmen beispielsweise an den Schlachten von Stalingrad und Kursk teil und waren an der Wiedereinnnahme von Kiew, Orel, Wyborg und Reval/Tallinn beteiligt.Trotz aller seiner Mängel schätzten sowjetische Panzersoldaten den »Churchill« aufgrund seines starken Panzerschutzes. Am 1. Juni 1945 befanden sich noch 54 Mk.IV »Churchill« in aktiven sowjetischen Verbänden.

«Churchill« in den Straßen einer »befreiten« Stadt.

Leichter Panzerkampfwagen Mk.VII »Tetrarch«

Im Sommer 1942 übergab das im Nahen Osten stationierte britische Panzerregiment 9th Queen`s Royal Lancers (9. Königsulanen-Regiment) 20 leichte Panzerkampfwagen Mk.VII »Tetrarch« an einen Verband der Roten Armee im besetzten Iran.

Seit 1936 wurde das für den Einsatz bei Panzeraufklärungseinheiten vorgesehene Fahrzeug bei Vickers-Armstrong als A-17 entwickelt und am 23. Juni 1938 vom britischen Heer übernommen. Da es in Bezug auf Gewicht und Panzerschutz einem leichten Panzerkampfwagen entsprach, bezüglich der Bewaffnung aber einem Kreuzpanzer, wurde es als *Light Cruiser Tank Mark VII (A17)* klassifiziert. 1939 erhielt es den Beinamen »Tetrarch«.

Die Serienfertigung des Mk.VII »Tetrarch« lief bei Metropolitan-Cammell in Birmingham, das die ersten von insgesamt 177 Fahrzeugen im November 1940 auslieferte. Der Entwurf entsprach dem klassischen Aufbau mit Getriebe im Bug, Kampfraum/Turm in der Mitte und Motor im Heck. Der Fahrer befand sich entlang der Panzerlängsachse in einem leicht hervorstehenden Abteil, die beiden anderen Besatzungsmitglieder saßen im Turm. Die Wanne war aus genieteten Panzerstahlblechen leichter Schrägung aufgebaut. Ihre Dicke entsprach

mit 4–14 mm den leichten Panzerkampfwagen dieser Zeit. Das Fahrwerk wurde auf sehr originelle Weise gestaltet: Es verwendete vier Laufräder mittleren Durchmessers je Seite und eine Lenkung im Automobilstil. Die Lenkstangen wirkten dabei nicht nur auf die Leiträder, sondern auch auf das zweite und dritte Laufradpaar, welche die Kette entsprechend der Lenkrichtung bogen. Dies gewährte dem Fahr-

Technische Angaben
Light Cruiser Tank Mk.VII Tetrarch

Gefechtsgewicht	7,8 t
Maße:	
Länge	4627 mm
Breite	2390 mm
Höhe	2110 mm
Besatzung	3 Mann
Bewaffnung	1 x 40 mm Kanone 1 x 7,92 mm Maschinengewehr
Kampfbeladung	50 Granaten 2025 Patronen
Panzerung:	
Wannenfront	14 mm
Turmfront	16 mm
Motortyp	Meadows Vergasermotor
Maximale Leistung	165 PS
Höchstgeschwindigkeit	45 km/h
Fahrbereich	224 km

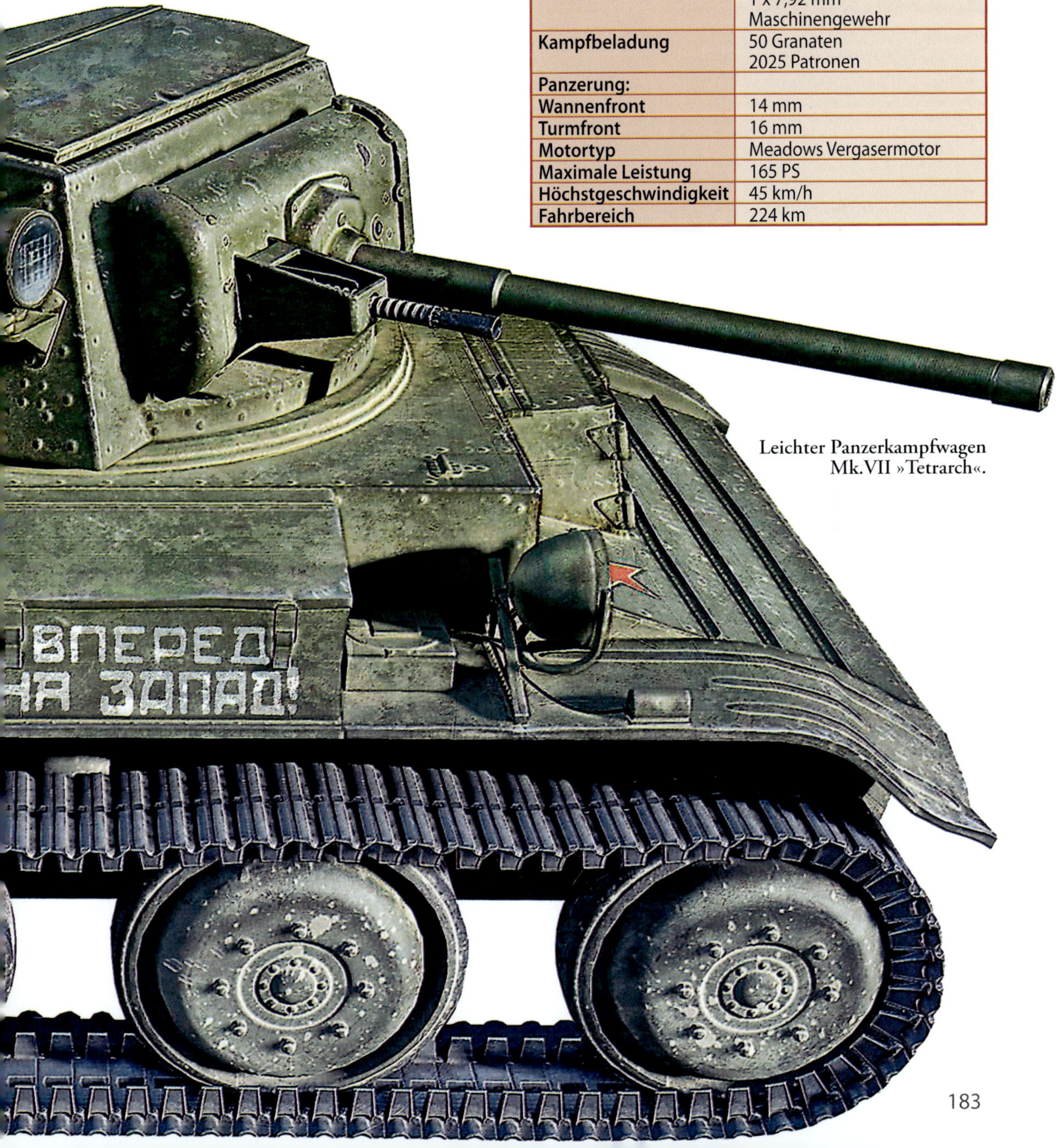

Leichter Panzerkampfwagen Mk.VII »Tetrarch«.

Leichter Panzerkampfwagen Mk.VII »Tetrarch«, schematische Darstellung.

»Tetrarch« des 21. selbstständigen Panzer-Ausbildungs-regiments.

zeug hohe Beweglichkeit bei vergleichsweise hoher Geschwindigkeit. Für den Antrieb sorgte ein 190 PS starker Vergasermotor Meadows MAT. Das Getriebe wies fünf Vorwärts- und einem Rückwärtsgang auf. Das nur 7,8 t schwere Panzerchen entwickelte eine Höchstgeschwindigkeit von 64 km/h auf hartem Untergrund und 45 km/h auf weichem. Die Bewaffnung bestand aus einer 40-mm-Kanone L/52 und einem koaxialen 7,92-mm-Maschinengewehr. Außen am Turm befand sich eine Nebelwurfanlage mit zwei Bechern. Es gab auch eine »Tetrarch«-Variante als »Angriffspanzer«, die über eine 76,2-mm-Haubitze verfügte.

Das britische Heer setzte den Mk.VII »Tetrarch« hauptsächlich zu Aufklärungs- und Sicherungszwecken ein. 1943 gingen mehrere Fahrzeuge an die 6. Luftlandedivision, die mit ihnen Angriffsübungen aus Hamilcar-Lastenseglern durchführte. Im Juni 1944, während der Landung der Alliierten in der Normandie, unterstützten mehrere mit Lastenseglern abgesetzte »Tetrarch« die britischen Luftlandetruppen durch ihre Feuerkraft.

Von den lediglich 20 Mk.VII »Tetrarch«, die bei der Roten Armee in Dienst gestellt wurden, gingen 19 an die an der Grenze zum Iran stationierte 151. Panzerbrigade. Am 19. März 1943 wurden sie der 563. selbstständigen Panzerabteilung übergeben, die an den Kämpfen im Nordkaukasus teilnahm. Der letzte dieser Mk.VII »Tetrarch« wurde am 1. Oktober 1943 abgeschossen.

Das 20. Fahrzeug aber unterzogen sowjetische Panzerfachleute auf dem Versuchsgelände Kubinka einer umfassenden Erprobung. Dabei überzeugte es durch das angenehme Lenk- und Fahrverhalten (die Russen waren von ihren Fahrzeugen alles andere als verwöhnt), die hohe Geschwindigkeit und Beweglichkeit. Auch den russischen Kraftstoff verdaute der »Tetrarch« ganz gut. Bei der Panzerung sah die Sache wesentlich unerfreulicher aus und Versuche, ihn mit einer Zusatzpanzerung widerstandsfähiger zu machen, erwiesen sich als fruchtlos. Durch das zusätzliche Gewicht verlor das Panzerchen an Mobilität und Geschwindigkeit und sein Motor überhitzte beim Fahren im Gelände. Ohne Zusatzpanzerung entsprach der Mk.VII »Tetrarch« in Feuerkraft und Mobilität ansonsten den leichten sowjetischen Panzerkampfwagen T-26, BT und T-70 bei geringerem Gewicht.

Leichter Panzerkampfwagen M3 »Stuart«

Ein erheblicher Teil der gepanzerten Fahrzeuge, die im Rahmen von *Lend-Lease* an die UdSSR geliefert wurden, entfiel auf leichte amerikanische Panzerkampfwagen M3. Die ersten trafen im Januar 1942 ein, die letzten im April 1943. Insgesamt erhielt die Rote Armee 1232 Stück.

Das Fahrzeug wurde 1940 im Rock Island Arsenal entworfen. Als Prototypen dienten der so genannte Kavalleriepanzerr M1 und der Infanteriepanzer M2A1, die Mitte der 1930er-Jahre in den USA in Kleinserie produziert wurden. Nach Ausbruch des Krieges 1939 in Europa legte die Fertigung zu. Die technischen Voraussetzungen zum Bau des eigentlichen M3 schuf das US-Kriegsministerium Anfang 1940. Der erste Prototyp entstand durch Umbau eines M2A1 im Rock Island Arsenal und bereits am 5. Juli 1940 nahm das Heer den neuen leichten Panzerkampfwagen als *M3 Light Tank* an. Die Serienfertigung begann im März 1941 bei American Car & Foundry, das bis August 1942 5811 leichte M3 herstellte.

In Großbritannien, das im Rahmen von *Lend-Lease* ebenfalls M3 bekam, erhielt er den Namen »General Stuart« nach dem wohl bekanntesten Reiterführer des Amerikanischen Bürgerkriegs (1861–65), dem Südstaaten-General James Ewell Brown Stuart. In der UdSSR wurden die leichten M3 mit dem Zusatz »л« (l) versehen (für легкий, leicht), um sie von den mittleren Panzerkampfwagen M3 »Lee« zu unterscheiden.

Der M3 »Stuart« hatte den Motor im Heck, den Kampfraum plus Fahrerraum in der Mitte und das Getriebe mit Lenkeinrichtung im Bug. Das Laufwerk mit Kegelfederung der vier kleinen, paarweise angeordneten Laufräder entsprach prinzipiell dem mittleren M3 »Lee«. Das hintenliegende Leitrad war abgesenkt, um die Kettenauflage zu verlängern. Wanne und Turm bestanden aus durch Nieten und Schweißen verbundenen gewalzten Panzerblechen. Die Bewaffnung setzte sich aus einer 37-mm-Kanone, gepaart mit einem 7,62-mm-Koaxial-MG und drei 7,62-mm-Maschinengewehren im Bug zusammen – zwei in »Seitenfächern« und eines neben dem Fahrer. Das Höhen- und Seitenrichten erfolgte mechanisch; Kanone und Koaxial-MG verfügten über ein Zielfernrohr, die anderen MG nicht.

Außer dem Grundmodell M3 entstanden die Ausführungen M3A1 und M3A3. Sie wiesen runde

Leichter Panzerkampfwagen M3 »Stuart«, schematische Darstellung.

Türme ohne Kommandantenkuppel sowie eine Kreiselstabilisierung der Hauptwaffe auf. Die ab 1942 gebaute Abart M3A3 verzichtete auf die beiden Seiten-MG im Bug. Die Wanne wies außerdem eine stärkere Schrägung der geschweißten Panzerplatten auf. Alle Modifikationen waren mit Funkgeräten und Bordsprechanlage ausgestattet.

Die Rote Armee sah die leichten M3л für die Ausstattung von Aufklärungs- und Kradschützeneinheiten vor, mangels eigener Fahrzeuge rüstete sie aber auch selbstständige Panzerabteilungen und -briga-

Leichter Panzerkampfwagen M3 »Stuart« im Dienst der Roten Armee.

Der leichte Panzerkampfwagen M3A1 »Stuart« trug in der Roten Armee die Bezeichnung M3l, wobei »l« für »leicht« stand.

den damit aus, die die Infanterie unterstützen sollten. Die ungenügende Vorbereitung von Angriffen unter Beteiligung dieser Panzerkampfwagen sowie deren schwache Panzerung waren die Hauptgründe für schwere M3л-Verluste. Besonders dramatisch war das Schicksal der 563. selbstständigen Panzerabteilung, die über 30 leichte M3л (Ausführung M3A1) verfügte. Der Verband sollte im Februar 1943 den Angriff zweier Marineinfanteriebrigaden bei der Landungsoperation Noworossijsk unterstützen. Am 3. Februar 1943 wurden die Panzer auf geschleppte Landungsboote der Schwarzmeerflotte verladen. Jedes Boot nahm zehn M3 und zwei GAS-Fahrzeuge sowie 300–500 Marineinfanteristen an Bord. Aufgrund von Fehleinschätzungen näherten sich die Boote bereits anderthalb Stunden vor Beginn des Unternehmens dem vorgesehenen Strandabschnitt und eröffneten das Feuer. Der Überraschungseffekt ging verloren und schnell lag die Landungsflotte unter schwerem Artillerie- und Granatwerferfeuer. Die beiden Landungsboote, die sich zuerst der Küste näherten, konnten nur sieben Fahrzeuge entladen, bevor sie von Granaten getroffen wurden und zu brennen anfingen. Auch die Panzer standen in Flammen. Das dritte Boot wurde vom Schlepper geworfen und lief 30– 40 m vom Ufer auf den Strand, wo es die Kampffahrzeuge in zu tiefem Wasser entlud. Dies

Leichter Panzerkampfwagen M3 »Stuart«.

klappte nur bei fünf M3, die auch das Land erreichten; der Rest musste gesprengt werden.

Die gelandeten Fahrzeuge wurden drei Tage lang, so gut es ging, von den Einheiten des 140. und 142. Bataillons der 255. Marineinfanteriebrigade im Kampf gegen überlegene Feindkräfte unterstützt. Gleichzeitig trafen weder auf dem See- noch auf dem Luftwege Verstärkung und Nachschub ein, da die Führung zum Schluss gekommen war, die Operation sei fehlgeschlagen. Nachdem die Besatzungen Treibstoff und Munition verbraucht hatten, sprengten sie ihre Panzer und machten sich zusammen mit Matrosen und Marineinfanteristen zum Brückenkopf bei Myskschako auf, den eine andere Landungsgruppe gebildet hatte. Während der Landung und den Kämpfen bei Süd-Osereyka verlor die 563. Abteilung sämtliche Fahrzeuge und fast alle ihre Männer.

Technische Angaben Light Tank M3A1	
Gefechtsgewicht	12,7 t
Maße:	
Länge	4445 mm
Breite	2465 mm
Höhe	2490 mm
Besatzung	4 Mann
Bewaffnung	1 x 37 mm Kanone M6 5 x 7,62 mm Maschinengewehr
Munition	103 Granaten 14.000 Patronen
Panzerung:	
Wannenfront	43 mm
Turmfront	38 mm
Motortyp	Diesel »Giberson« Typ T1020-M
Maximale Leistung	220 PS
Höchstgeschwindigkeit	57 km/h
Fahrbereich	110 km

Leichter Panzerkampfwagen M3 »Stuart«.

Mittlerer Panzerkampfwagen M3 »Lee«

Zu Beginn ihrer Hilfslieferungen schickten die USA 1336 mittlere Panzerkampfwagen M3 in die UdSSR. Die Hauptpanzerdirektion (GABTU) berichtete über die Abnahme von 976 solcher Fahrzeuge.

Der mittlere M3 wurde 1940 von Ingenieuren der Aberdeen Tank Range entwickelt. Die Serienproduktion lief von Juni 1941 bis Dezember 1942 und brachte 6258 M3 verschiedener Modifikationen hervor. Der M3 war der erste mittlere Panzerkampfwagentyp, den die aufstrebende US-Panzertruppe in Dienst stellte. Etwa zwei Drittel der Fertigung aber ging im Rahmen von *Lend-Lease* an die

britischen und sowjetischen Streitkräfte. In Großbritannien erhielten die ersten Modifikationen des M3 die Bezeichnung »General Lee« und die entsprechende Nummer der Ausführung, beispielsweise »General Lee III«. Nachfolgende Abarten mit einem mit einer Doppelluke ausgestattetem Turm, Nebelwurfanlage und neuer Funkausstattung in Heckauslage hießen »General Grant«.

Die Russen fügten der Bezeichnung »M3« den Buchstaben »c« (s) hinzu (für средний, mittel), um den mittleren vom leichten M3 zu unterscheiden, da den fantasielosen Amerikanern offenbar nichts Besseres eingefallen war, als beiden Mustern dieselbe Bezeichnung zu verleihen. Der leichte M3 hieß in der Roten Armee – wir erinnern uns – »M3л« (легкий, leicht s .o.).

Zu den hervorstechenden Merkmalen des mittleren M3 zählte die Anordnung der Bewaffnung in drei Ebenen. Da gab es den rechtsseitig auf der Wanne platzierten Waffenturm, der die

Mittlerer Panzerkampfwagen M3 »Lee«/»Grant«.

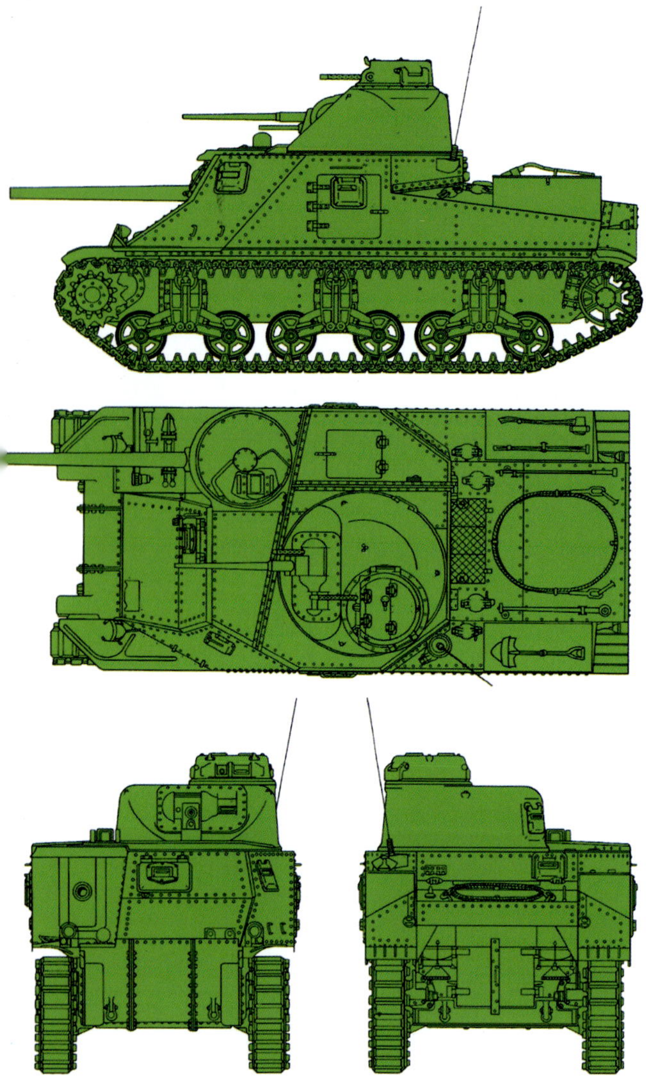

Mittlerer Panzerkampfwagen M3, schematische Darstellung.

Hauptwaffe aufnahm, die 75-mm-Kanone M2 L/28 mit begrenztem Seitenrichtbereich von lediglich 32°. Über diesem thronte – nach links versetzt – der eigentliche Drehturm mit 37-mm-Kanone M5 oder M6 L/56 nebst Koaxial-MG sowie einem zusätzlichen Fla-MG in geschützter Kommandantenkuppel (MG-Turm, dritte Ebene). Schwenken ließ sich der Drehturm mechanisch wie hydraulisch; das Höhenrichten erfolgte nur mechanisch. Als Ziel- und Beobachtungsgeräte dienten Periskopvisiere und Winkelspiegel. Die Türme und die Wanne wurden gegossen, geschweißt und genietet. Vor allem Bug, Waffenturm und Drehturm wurden im Gussverfahren hergestellt.

Die UdSSR erhielt Fahrzeuge der Ausführungen M3A3 und M3A5 mit Dieselmotoren. Der M3A3 unterschied sich vom Basismodell M3 hauptsächlich durch seine beiden Dieselmotoren GM 6046 G-71 mit einer Gesamtleistung von 410 PS, die seine Höchstgeschwindigkeit auf 46 km/h verbesserten und auch seine Geländetauglichkeit. Der M3A5 bekam die gleiche Motorisierung; seine Wanne war im Unterschied zum M3A3 jedoch genietet und nicht geschweißt.

In Nordafrika stellte der »Lee« aufgrund seiner Bewaffnung und Panzerung, die den meisten Panzerkampfwagen des deutschen Afrikakorps überlegen war, zumindest zeitweilig eine Bereicherung für die Briten dar. Insgesamt aber entpuppte sich der Amerikaner als recht erfolgloser Entwurf: zu geringe Panzerdicke, zu große Höhe, Verwendung anfälliger Flugzeug-Sternmotoren, schlechte Waffenplatzierung und geringe Feuerkraft trotz des ganzen Sammelsuriums an Kalibern. Trotzdem wurde der Panzer von 1939 bis 1942 in Großserie so lang produziert, bis der fortschrittlichere mittlere M4 »Sherman« zur Verfügung stand.

An der Ostfront traten mittlere M3c erstmals im Mai 1942 bei Charkow als Teil der 114. Panzerbrigade

Technische Angaben Medium Tank M3	
Gefechtsgewicht	27,0 t
Maße:	
Länge	5640 mm
Breite	2720 mm
Höhe	3125 mm
Besatzung	7 Mann
Bewaffnung	1 x 75 mm Kanone M2 oder M3 1 x 37 mm Kanone M5 oder M6 4 x 7,62 mm Maschinengewehr
Kampfbeladung	50 Granaten Kaliber 75 mm 179 Granaten Kaliber 37 mm 9200 Patronen
Panzerung:	
Wannenfront	57 mm
Turmfront	57 mm
Motortyp	Vergaser »Continental« Typ R-975 EC
Maximale Leistung	340 PS
Höchstgeschwindigkeit	39 km/h
Fahrbereich	140 km

Der M3 »Lee«/»Grant« fiel durch seine ungewöhnliche Waffenplatzierung auf drei Ebenen auf.

in Aktion. Die beiden Panzerabteilungen der Brigade verfügten über 30 mittlere M3c und 16 leichte M3л. Auch der sonstige Fuhrpark der Brigade setzte sich aus amerikanischen Fahrzeugen zusammen. In der Roten Armee erfreute sich mittlere M3 keiner sonderlichen Beliebtheit. Ein GABTU-Bericht vom 1. November 1943, basierend auf Testergebnissen des mittleren M3c und des leichten M3л, wirft ein bezeichnendes Licht:

»Auf dem Marsch sind die Panzer M3c und M3л robust und zuverlässig. Sie sind pflegeleicht. Sie ermöglichen höhere durchschnittliche Marschgeschwindigkeiten als einheimische Panzer. Möglichst gerade und breite Straßen sollten bei der Routenwahl bevorzugt werden. Das Vorhandensein eines großen Wendekreises der M3c und M3л auf engen Straßen mit häufigen Kurven führt zu der Gefahr, dass Fahrzeuge in Straßengräben landen und den Marsch ins Stocken bringen. Beim Marsch unter winterlichen Bedingungen zeigten die Fahrzeuge folgende Nachteile:

a) Schlechte Kettenhaftung am Boden, was zum Abrutschen nach vorwärts und nach den Seiten führt (bei ungeschicktem Verhalten des Fahrers bei Steigungen, Gefälle und Kurven gerät das Fahrzeug außer Kontrolle);
b) die Kettenstollen sichern nicht ausreichend gegen das Rutschen und nutzen sich schnell ab. Es ist notwendig, die Form der Stollen und ihre Befestigung auf der Kette zu ändern, um mehr Bodenhaftung zu erzielen und ein seitliches Abrutschen zu verhindern;
c) kommt eine Kette in einen Graben oder Trichter, kann der Panzer, dessen Lenkeinrichtung über ein Doppeldifferential verfügt, aufgrund des Durchrutschens der unter geringer Last stehenden Kette Hindernisse nicht alleine überwinden. ...

Bei den vom Regiment durchgeführten Märschen stellte sich heraus:
a) Fahrbereich auf winterlicher Rollbahn:
M3c – 180–190 km,

Der amerikanische M3 trug in der Roten Armee die Bezeichnung M3s (»s« für »mittel«).

M3л – 150–160 km;

b) durchschnittliche Marschgeschwindigkeit auf unbefestigter Straße im Winter:
M3c – 15–20 km,
M3л – 20–25 km.

Im M3c sitzt die Besatzung bequem. Der Motorlüfter sorgt für saubere Luft und eine angenehme Temperatur im Panzer.
Die Lenkung des Panzers erfordert keine körperliche Anstrengung.
Die Aufhängung des Panzers sorgt für eine ruhige Fahrt.
Die Ermüdung der Besatzung ist vernachlässigbar.
Im M3л sitzt die Besatzung eng, die Lenkung des Panzers ist schwierig und bei längerer Tätigkeit im Panzer ist ihre Ermüdung im Vergleich zum M3c groß. Aufgrund des Fehlens entsprechender technischer Unterstützungen muss der Fahrer im Vergleich zum M3c mehr Kraft bei der Lenkung des Panzers aufwenden.
Der Kommandant des M3л ist fast von der Besatzung isoliert – er befindet sich hinter der Wiege und es ist schwierig, ihn anders als über die Bordsprechanlage zu erreichen.
Die Manövrierfähigkeit auf sumpfigem Boden ist aufgrund des hohen spezifischen Drucks (insbesondere bei M3c) schlecht, was zu einem tiefen Einsinken der Ketten in den Boden, einem starken Rückgang der Geschwindigkeit und Schwierigkeiten beim Wenden führt.
Der M3л zeichnet sich zum Besseren aus, da er in der Lage ist, kleinere Strecken sumpfigen Terrains mit hoher Geschwindigkeit zu überwinden.
Die Fortbewegung im Wald (Klettern über Baumstümpfe) ist schwierig.
Die Kanonen von M3c und M3л sind im Gefecht zuverlässig. Aufgrund der besonderen Anordnung der Visierung der Geschütze wird nur im direkten Richten geschossen.
Die Zielfernrohre sind einfach aufgebaut und präzise beim Schießen. Richtschützen fassen Ziele leichter auf als mit anderen Zielfernrohren, behalten sie besser im Visier und richten sie schneller an.
Die negative Seite der 75-mm-Kanone des M3c ist ihr geringer Schwenkbereich (32 Grad).
Die hohe Feuerkraft der Maschinengewehre (vier Browning-MG) führt aufgrund der fehlenden Visierung der Maschinengewehre mit Ausnahme des Koaxial-MG nicht zum gewünschten Effekt.
Bei den Bugmaschinengewehren gibt es absolut keine Möglichkeit, das Feuer zu beobachten, was ihren Einsatz erst nach dem Passieren der Kampfformationen der Infanterie erlaubt...
Der Panzerschutz ist gering. Auf Entfernungen unter 800 m wird er von allen Panzerabwehrgeschützen durchschlagen. Ein großkalibriges Maschinengewehr durchdringt die M3л-Panzerung sogar auf 500 m. Die M3c-Panzerung kann von einem großkalibrigen Maschinengewehr hingegen nicht durchschlagen werden.«

Bis Ende 1944 setzte die Rote Armee Panzerkampfwagen M3c zusammen mit T-34 ein.

Sowjetische Panzersoldaten bereiten ihre M3 »Lee« für einen Einsatz vor.

Mittlerer Panzerkampfwagen M4 »Sherman«

Der UdSSR gingen im Zweiten Weltkrieg einige Tausend amerikanischer Panzerkampfwagen M4 zu: die Angaben schwanken zwischen 4063 und 4102 Stück. Also erhielt die Rote Armee allein von diesem Panzertyp mehr Fahrzeuge, als die deutsche Panzertruppe zu Beginn des Unternehmens »Barbarossa« insgesamt an Panzerkampfwagen aufbot (ca. 3580 aller Typen).

Die US-Rüstungsschmiede Rock Island Arsenal übergab im April 1941 dem Kommando der US-Panzertruppen fünf Entwürfe eines mittleren Panzerkampfwagens. Die Generäle entschieden sich für die einfachste Ausführung, basierend auf dem mittleren M3, den die US-amerikanische Industrie bereits in Serie baute. Der Neue sollte nach deutschem Vorbild eine fünfköpfige Besatzung aufnehmen und einen um 360° schwenkbaren Drehturm mit einer 75-mm-Kanone aufweisen. Der Einfachheit halber und um Zeit zu sparen, übernahm der M4 viele Bauteile und -gruppen des M3 »Lee«, so Fahrwerk, Ketten, Motor, Getriebe und Wannen-Unterteil. Von vornherein legte man die Unterbringung des Antriebs so aus, dass sich auch ein größerer und stärkerer Motor – sollte er eines Tages zur Verfügung stehen – einbauen ließ.

Der als T6 bezeichnete Entwurf nahm im Mai 1941 Form an, ein Prototyp lag am 19. September vor und im Oktober 1941 erhielt das Fahrzeug die Bezeichnung *Medium Tank M4*. Die Planung sah vor, es bei elf Unternehmen, die bereits mittlere M3 herstellten, sowie bei weiteren Neueinsteigern in Serie zu bauen. Im Herbst 1942 begann die Massenproduktion des M4, und im Oktober erlebte der Typ seine Feuertaufe bei britischen Panzerverbänden in der Schlacht bei El Alamein. Die Engländer tauften das Fahrzeug M4 »General Sherman«, nach dem berüchtigten Mordbrenner des US-Bürgerkriegs, Nordstaaten-General William Tecumseh Sherman.

Der M4 »Sherman« unterschied sich von seinen Generalskollegen M3 »Lee«/»Grant« schon auf den ersten Blick. Neu war das Wannen-Oberteil, das dank des ebenfalls neuen, mittig angeordneten Drehturms jetzt auf den altmodischen Seitenturm des M3 verzichten konnte. Gegenüber diesem »hohen Bock« verringerte sich die Gesamthöhe um 38 cm (2743 mm zu 3125 mm), womit der »Sherman« auch rund 20 cm niedriger im Aufzug geriet als

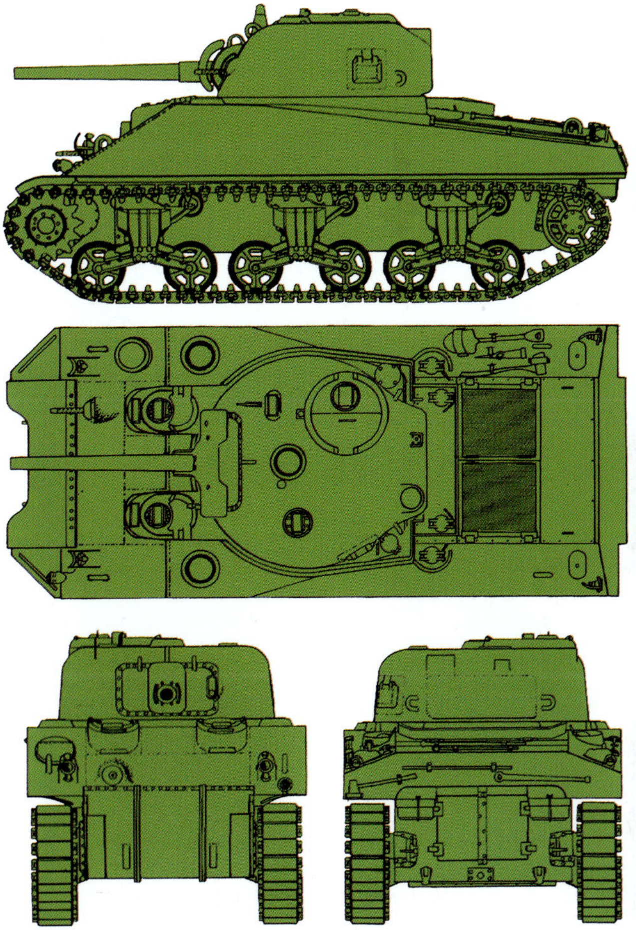

Mittlerer Panzerkampfwagen M4 »Sherman«, schematische Darstellung.

der spätere deutsche »Panther« (2995 mm). Antrieb, Laufwerk und Hauptbaugruppen blieben, wie erwähnt, ansonsten gleich, was der Absicht entsprach, beim Übergang vom M3 auf M4 möglichst hohe Produktionsraten aufrechtzuerhalten.

Zur Verbesserung der Kampfeigenschaften entwickelten amerikanische Konstrukteure 1942 und 1943 sieben Modifikationen, von denen vier übernommen wurden: M4 (Grundmodell), M4A1, M4A3 und M4A4. Sie unterschieden sich im Wesentlichen durch die Fertigungstechnologie, die Motorisierung und die Bewaffnung. Eher rundlichen Wannen kennzeichneten die gegossenen, die eher eckigen die

288
Вперед
к победе!

Mittlerer Panzerkampfwagen M4A3E8 »Sherman«.

Mittlerer M4A2 »Sherman«, Bugansicht von links.

geschweißten Ausführungen. Bei der Bewaffnung kamen Kanonen der Kaliber 75 mm und 76,2 mm unterschiedlicher Länge sowie eine 105-mm-Haubitze zum Einbau.

Die Russen erhielten die Ausführung M4A2 mit geschweißter Wanne aus gewalzten Panzerplatten sowie Dieselmotoren GM Detroit 6046D zu 375 PS, was die Kraftstoffversorgung erheblich vereinfachte. Die obere Frontplatte mit einer Stärke von 50 mm wies eine Schrägung von 47° auf, während die Seiten nahezu vertikal abfielen. Der Neigungswinkel der Heckplatten betrug 10–12°. An den Seiten und am Heck maß die Panzerung 38 mm und am Wannendach 18 mm. Der gegossene zylindrische Turm war auf Kugellagern montiert. Die Stirn und die Seiten wiesen eine Panzerdicke von 75 mm bzw. 50 mm auf, das Turmheck 50-mm und das Turmdach 25 mm. Aus der 90-mm-Kanonenblende ragten die 75-mm-Kanone M3 oder die 76-mm-Kanone M1A1 (M1A2) sowie das Koaxial-MG 7,62 mm Browning M1919A4. Der Höhenrichtbereich betrug bei allen Geschützen −10 bis +25°.

Sowjetische Panzerbesatzungen bewerteten den »Sherman« durchaus positiv, da er sich leicht lenken ließ, eine gute Manövrierfähigkeit mit relativ hoher Geschwindigkeit verband, aufgrund seines robusten Antriebs auf langen Märschen selten ausfiel, was auch für die Waffen im Gefecht galt. Die Lagerung der Granatpatronen in speziellen Behältern verhinderte oft, dass die Munition nach Treffern wie im T-34/76 gleich hochging. Deshalb nahmen die Besatzungen zusätzlich zur Kampfbeladung oft weitere Munition mit, die sie auf dem Boden des Kampfraums unterbrachten. Außerdem war der »Sherman« grundsätzlich mit zwei leistungsfähigen Funkgeräten für UKW und KW ausgestattet. UKW-Funk mit ca. 1,5 km Reichweite diente der Kommunikation innerhalb von Zügen und Kompanien; der weiter reichende KW-Funk ermöglichte die Verbindung mit Abteilung oder Regiment. Außerdem hielten die Frequenzeinstellungen bei schaukeliger Geländefahrt – bei russischen Funkgeräten

Ein Transport M4 »Sherman« auf dem Marsch nach vorn.

Technische Angaben Medium Tank M4A2	
Gefechtsgewicht	31,8 -33,0 t
Maße:	
Länge	6080 mm
Breite	2900 mm
Höhe	2820 mm
Besatzung	5 Mann
Bewaffnung	1 x 76,2 mm Kanone M3A2 2 x 7,62 mm Maschinengewehr 1 x 12,7 mm Fla-Maschinengewehr
Kampfbeladung	71 Granaten 4250 Patronen 7,62 mm 400 Patronen 12,7 mm
Panzerung:	
Wannenfront	76 mm
Turmfront	100 mm
Motortyp	2 Dieselmotoren GMC 6046
Maximale Leistung	375 PS
Höchstgeschwindigkeit	45 km/h
Fahrbereich	180 km

Die Besatzung eines »Sherman« M4 mit weiteren Rotarmisten.

keineswegs selbstverständlich. Ein weiteres Merkmal des M4 war ein kleiner Benzinmotor zum Aufladen von Batterien. Es befand sich im Kampfraum, sein Auspuffrohr führte an der rechten Wannenseite heraus. Für sowjetische Panzerbesatzungen geradezu ein Luxus, denn beim T-34 musste zum Aufladen der Batterien der 500-PS-Motor hochfahren, was mit erhöhtem Kraftstoffverbrauch und zusätzlicher Beanspruchung verbunden war.

Gegenüber dem deutschen »Panther« oder »Tiger« war der »Sherman« kein gleichwertiger Gegner. Bei Treffern zwischen Turm und Wanne flog regelmäßig der Turm davon, weshalb es hieß „Der Sherman zieht vor dem Panther/Tiger den Hut". Doch letztlich ging es in diesem Krieg um Masse, nicht um Klasse – vom »Sherman« entstand die zigfache Anzahl als von »Tiger« und »Panther« zusammen. Mit über 49.000 gebauten Fahrzeugen stellte der »Sherman« sogar den meist gebauten US-Panzerkampfwagen des Zweiten Weltkriegs dar; seine Fertigungszahlen übertraf nur der sowjetische T-34 mit über 50.000 Stück.

M4 »Sherman« rücken zusammen mit Infanterie vor.

Panzerjäger T48 (SU-57)

Die amerikanische *T48 Gun Motor Carriage* stellte einen Panzerjäger mit 57-mm-Kanone auf Fahrgestell eines Halbketten-Schützenpanzerwagens dar. 1943 erhielt die Rote Armee 650 Fahrzeuge, die unter der sowjetischen Bezeichnung SU-57 liefen.

Der T48 wurde 1942 auf der US-Versuchsstelle Aberdeen Proving Ground in britischem Auftrag entwickelt und ab Dezember des Jahres bei der Diamond T Motor Car Company gebaut. Insgesamt entstanden bis zum Produktionsende im Mai 1943 962 Stück. Nach Erhalt der ersten 30 T48 weigerten sich die Engländer, den bestellten Rest abzunehmen. Kein Problem, dachten die Amerikaner, dann schicken wir sie halt den Russen. Die meisten jedenfalls gingen in die UdSSR, wo 281 Einheiten zum Schützenpanzerwagen rückgebaut wurden, auf dessen Grundlage sie entstanden waren.

Der T48 stellte eine improvisierte Konstruktion auf dem Fahrgestell der Schützenpanzerwagen M2 oder M3 der White Motor Company dar, oder deren Varianten M5 oder M9 der International Harvest Company. Im Kampfraum wurde auf T5-Drehlafette eine 57-mm-Panzerabwehrkanone M1 montiert. Diese arbeitete mit einem halbautomatischen vertikalen Keilverschluss, verfügte über ein Zielfernrohr T18 und einen Höhenrichtbereich von –5° bis +16°. Der Seitenrichtbereich betrug 56°. Die Waffe verschoss Spreng- und Panzergranaten und durchschlug mit Letzteren auf 500 m bei einem Auftreffwinkel von 60 Grad 81 mm Panzerstahl.

Die Kampfbeladung umfasste 99 Schuss. Zum Schutz der fünfköpfigen Bedienung vor Handwaffengeschossen und Granatsplitter diente ein kastenförmiger Schild mit Dach.

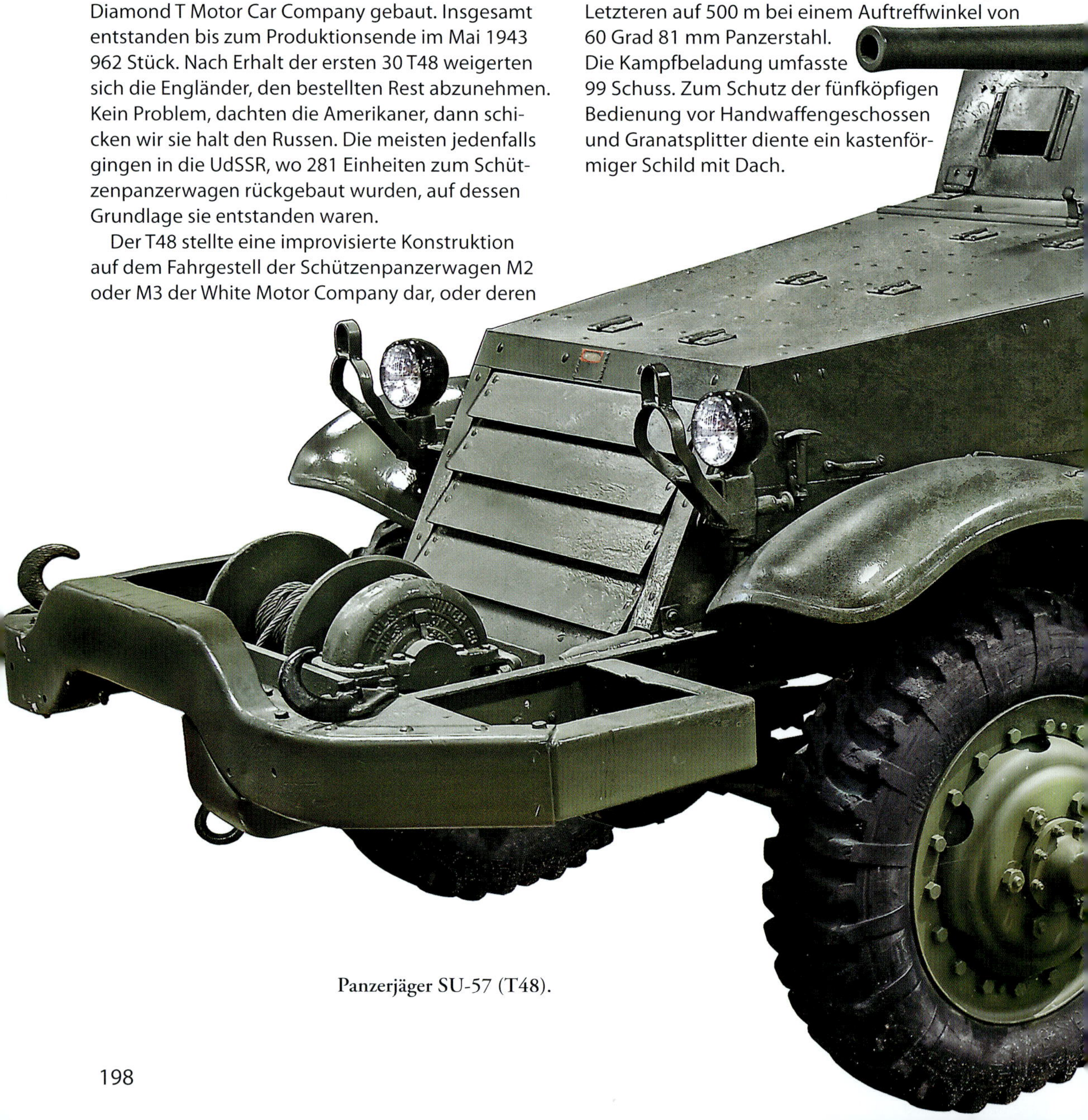

Panzerjäger SU-57 (T48).

Erstmals gebrauchte die Roten Armee den T48/SU-57 im Dezember 1943, als die ersten 84 Fahrzeuge im Ausbildungszentrum für selbstfahrende Artillerie eintrafen. Dort nutzte man sie zur Ausbildung von Besatzungen, die zur Aufstellung von Sturmgeschütz-/Panzerjägerverbänden vorgesehen waren – nung eingesetzt wurden. Die SU-57 blieb bis zum Ende des Krieges aktiv im Dienst, u. a. nahm sie an den Kämpfen um Berlin und Prag teil, obwohl sie zu diesem Zeitpunkt als Panzerabwehrwaffe bereits hoffnungslos veraltet war. Eine kurze, prägnante Schilderung des Fahrzeugs gab der Befehlshaber

an erster Stelle von drei leichten Brigaden. Diese bestanden aus drei Abteilungen zu je 20 SU-57 plus 5 »Valentine« oder SU-57 als Führungsfahrzeuge.

Die meisten SU-57 aber wurden bei Aufklärungseinheiten und -verbänden in Dienst gestellt (selbstständige Panzeraufklärungskompanien und Kradschützenbataillone), wo sie im Wesentlichen als Schützenpanzerwagen mit verstärkter Bewaffder 1. Panzerarmee M.E. Katukow in seinem Bericht an die GABTU vom 15. Oktober 1944: »Eine selbstfahrende Brigade von 57-mm-Geschützen wurde in panzergefährdeten Gebieten als Sicherung eingesetzt. Diese selbstfahrenden Waffen sind sehr sperrig und ihre Geschütze wirkungslos.«

Am 1. Juni 1945 verfügte die Rote Armee über 438 SU-57, davon 271 in Fronteinheiten, 90 in Militärbezirken und 77 in Werkstätten.

Panzerjäger SU-57, Bugansicht von links.

SU-57, Seitenansicht.

Eine Abteilung SU-57 auf dem Marsch zur Front.

SU-57 in Feuerstellung.

Panzerjäger SU-57 (T48), schematische Darstellung.

Technische Angaben Panzerjäger T48 (SU-57)	
Gefechtsgewicht	8,62 t
Maße:	
Länge	6417 mm
Breite	1962 mm
Höhe	2286 mm
Besatzung + Geschützbedienung	2 + 5 Mann
Bewaffnung	57 mm Kanone M1
Kampfbeladung	99 Granaten
Panzerung:	
Wannenfront	13 mm
Seiten	6 mm
Motortyp	IHC ROT-450-B
Maximale Leistung	141 PS
Höchstgeschwindigkeit	68 km/h
Fahrbereich	360 km

Panzerjäger M10 »Wolverine«

Mitte 1943 lieferten die USA 52 Panzerjäger M10 nach Sowjetrussland. Sie gingen an das 1239. und 1223. selbstfahrende Artillerieregiment (Sturmgeschützregiment), die zum 29. bzw. 16. Panzerkorps gehörten. Die Regimenter wiesen die übliche Gliederung für Sturmgeschützregimenter auf: vier Batterien zu je fünf Fahrzeugen plus dem Fahrzeug des Regimentskommandeurs.

Der Panzerjäger M10 wurde in den Vereinigten Staaten im Rahmen der seit Dezember 1941 laufenden Entwicklungsarbeiten für einen Panzerjäger auf Fahrgestell eines mittleren Panzerkampfwagens erschaffen. Dieser Fahrzeugtyp mit Drehturm entsprach im äußerem Erscheinungsbild und seinem hohen Aufzug Panzerkampfwagen und nicht, wie auf deutscher und russischer Seite, möglichst niedrig gebauten turmlosen Sturmgeschützen. Aus dem Prototyp T35E1 wurde mit der Übernahme durch das US-Heer im Juni 1942 die *Gun Motor Carriage M10, auch Tank Destroyer M10* genannt. Später erhielt das Fahrzeug die ihr in der britischen Armee zugewiesene inoffizielle Bezeichnung »Wolverine« (Vielfraß, Bärenmarder).

Der M10 war der erste US-Panzerjäger auf Panzerchassis, und zwar dem Fahrgestell des M4A2 »Sherman«. Die Serienfertigung erfolgte ab September 1942 bei der Fisher Tank Division des General-Motors-Konzerns. Im Oktober 1942 begann auch die Ford Motor Company mit der Produktion in Gestalt des M10A1 auf Fahrgestell M4A3. Dabei blieben Fahrgestell und Triebwerk unverändert, während Wanne und Turm neu angefertigt wurden. Die schräg gestellten Panzerplatten der Wanne erhöhten die Widerstandsfähigkeit der Panzerung gegen Granatbeschuss deutlich. Allerdings fiel die Panzerung mit lediglich 9,5–51 mm bewusst recht dünn aus, um ein möglichst leichtes und bewegliches Fahrzeug zu schaffen. Bei einem Gefechtsgewicht von rund 29,9 t (M4A2 mit 76-mm-Kanone = 33,4 t) brachte es der M10 auf eine Spitzengeschwindigkeit von 48 km/h auf der Straße und 26 km/h im Gelände, was etwas über dem M4A2 »Sherman« lag. Der M10 entsprach im Aufbau ansonsten dem »Sherman« mit Getriebe und Fahrerraum vorn, Motor im Heck und Kampfraum/Turm in der Mitte. Im Unterschied zum »Sherman« war der Turm oben offen. Die Bewaffnung bestand aus der aus der amerikanischen

Panzerjäger M10, schematische Darstellung.

Technische Angaben Panzerjäger M10	
Gefechtsgewicht	29,3 t
Maße:	
Länge	6080 mm
Breite	3080 mm
Höhe	2650 mm
Besatzung	5 Mann
Bewaffnung	1 x 7,62 mm Kanone M7 1 x 12,7 mm Maschinengewehr
Kampfbeladung	54 Granaten 350 Patronen
Panzerung:	
Wannenfront	76–51 mm
Turmfront	25 mm
Blende	60 mm
Motortyp	Diesel »GMC«, Typ 6040
Maximale Leistung	2 x 210 PS
Maximale Reisegeschwindigkeit	46 km/h
Fahrbereich	325 km

76,2-mm-Flak entwickelten 76,2-mm-Kanone M7. Diese durchschlug mit der Panzergranate M79 ohne ballistische Haube auf 1000 Yards (910 m) noch 76 mm Panzerstahl bei einem Auftreffwinkel von 30°. Die Panzergranate mit ballistischer Haube durchbohrte unter den gleichen Bedingungen 102 mm. Mit der leistungsfähigen 76,2-mm-Kanone ließen sich also Feindpanzer schon auf große Distanzen bekämpfen. Hinzu kam ihre hohe Feuergeschwindigkeit von bis zu sieben Schuss pro Minute. Die Kampfbeladung umfasste 54 Granaten. Zum Gewichtsausgleich der langen Kanone diente ein Gegengewicht am Heck, das dem Turm seine charakteristische und leicht erkennbare Silhouette verlieh. Zur Nahverteidigung und als Fliegerabwehrwaffe kam am Turmheck ein 12,7-mm-Maschinengewehr M2 zum Einbau; Kampfbeladung 300 Schuss. Darüber hinaus konnte sich die Besatzung mit ihren persönlichen Waffen aus dem offenen Turm zur Wehr setzen.

Insgesamt liefen von September 1942 bis Januar 1944 6706 »Wolverine« vom Band, von denen fast ein Drittel (2143 Stück) im Rahmen von *Lend-Lease* an Verbündete gingen, davon 1648 Stück an Großbritannien, 443 Stück an die so genannten Freifranzosen und 52 Stück an die Sowjets.

Beim Einsatz der M10 und M10A1 erkannte die Rote Armee, dass diese Fahrzeuge in Bezug auf Geschwindigkeit und Beweglichkeit Panzerkampfwagen in nichts nachstanden; in der Bewaffnung zum Teil sogar überlegen waren. Dem stand ihr nur dünner Panzerschutz gegenüber. Der oben offene Turm bot eine gute Übersicht und Atemnot aufgrund von Pulvergasen brauchte die Besatzung nicht zu fürchten. Andererseits konnte es im Turm doch recht zugig werden und gegen von oben kommende Granatsplitter gab es keinen Schutz. Dies galt auch für Handgranaten, die der böse Feind in Orts- und Waldkämpfen mit Vorliebe im Turm platzierte. Zu den weiteren Nachteilen des M10 zählte die extrem niedrige Geschwindigkeit beim Turmschwenken. Er ließ sich nur manuell bewegen und eine Drehung um 360° dauerte ungefähr zwei Minuten.

Der Panzerjäger M10 »Wolverine« verfügte über die leistungsfähige 76,2-mm-Kanone M7, die durchschlagskräftiger war als die meisten US-Kampfwagenkanonen.

Panzerjäger M10 »Wolverine«.

Panzerjäger M18 »Hellcat«

1944 erhielt die Rote Armee fünf Fahrzeuge des neuesten US-Panzerjägers *Tank Destroyer M18*.

Der Typ wurde von Ingenieuren der Buick Motor Division nach Vorgaben des US-Heeres entwickelt, das ein Fahrzeug wünschte, das weniger gepanzert, aber schneller als Panzerkampfwagen sein sollte und in einem oben offenen Drehturm eine leistungsstarke Kanone aufnahm. Die Ingenieure entwickelten verschiedene Unterbringungsmöglichkeiten; Ende 1942 schied sich die Spreu vom Weizen bei der Erprobung von sechs Fahrzeugen T70 der finalen Version. Das Militär zeigte sich zu-

Panzerjäger M18 »Hellcat«.

Panzerjäger M18, Draufsicht.

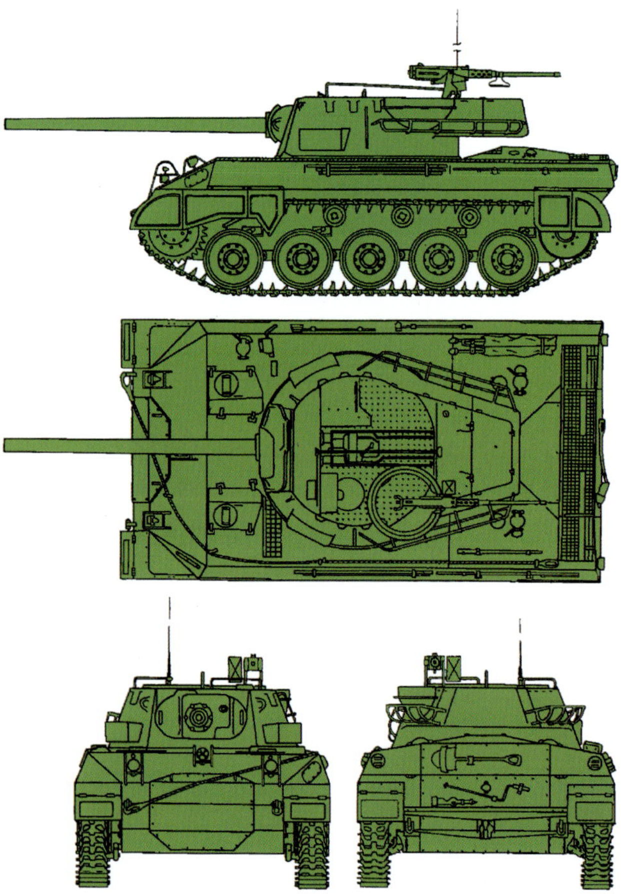

Panzerjäger M18 »Hellcat«, schematische Darstellung.

frieden und im Januar 1943, noch vor der offiziellen Einführung, bestellte das Logistikkommando des Heeres 1000 T70. Dieser wurde im Februar 1943 dann unter der Bezeichnung *76 mm Gun Motor Carriage M18* oder *Tank Destroyer M18* in Dienst gestellt. Der inoffizielle Beiname lautete »Hellcat« (Furie). Die Buick Motor Division baute bis zum Produktionsende im Oktober 1944 2507 Fahrzeuge.

Im Kampfraum des oben offenen, ovalen Drehturms führte der M18 anfänglich nur eine 37-mm-Kanone, die dann von einer 57-mm-, einer 75-mm- und 1943/44 schließlich von der 76,2-mm-Kanone M1A1 des »Sherman« in verschiedenen Ausführungen abgelöst wurde. Das obligatorische 12,7-mm-MG Browning M2HB diente der Fliegerabwehr und der Bekämpfung »weicher« Bodenziele. Die 76,2-mm-Kanone M1A1 hatte keine Mündungbremse, ihre Feuergeschwindigkeit betrug 4 Schuss pro Minute. Der Höhenrichtbereich reichte von –9° bis +20°. Die Panzergranate brachte es auf eine Mündungsgeschwindigkeit von 686 m/s und mit Unterkalibergeschoss von 1035 m/s, womit sie unter günstigen Bedingungen 102 mm dicke Panzerbleche durchschlug.

Das Turmschwenkwerk arbeitete mit elektrohydraulischem Antrieb, was das Anrichten von Zielen im Vergleich zum M10 »Woverine« erheblich beschleunigte. Das mit fünf großen Laufrollen und vier Stützrollen je Seite versehene Fahrwerk war speziell für den M18 entwickelt worden. Außerdem erhielt

Ein nagelneuer Panzerjäger M18.

er als erster US-Panzer die von Ferdinand Porsche erfundene Drehstabfederung. Als Antrieb diente der luftgekühlte 9-Zylinder-Sternmotor R-975-C4 zu 400 PS von Wright oder Continental, der in der Ausführung C1 auch den 30-Tonner »Sherman« bewegte. Da er hier aber ein nur 17-t-Panzerchen antreiben musste, verlieh er diesem die beeindruckende Spitzengeschwindigkeit von über 70 km/h auf der Straße und bis zu 32 km/h im Gelände. Die 750 l Tankinhalt reichten für bis zu 360 Straßenkilometer. Für das flinke Bürschchen stellten ansonsten Steigungen bis 35°, bis zu 0,91 m hohe Hindernisse und bis zu 1,88 m breite Gräben keine Hindernisse dar. Die Wattiefe betrug 1,22 m.

Der Motor war im Übrigen auf einem speziellen Rahmen montiert, der es ermöglichte, ihn durch die Heckluke schnell zu entfernen bzw. einzubauen. Dasselbe galt für das Getriebe, das sich durch eine Luke in der Wannenfront entfernen ließ. Dies vereinfachte Wartung und Instandsetzung im Feld erheblich.

Technische Angaben Panzerjäger M18	
Gefechtsgewicht	17 t
Maße:	
Länge	5300 mm
Breite	2800 mm
Höhe	2100 mm
Besatzung	5 Mann
Bewaffnung	1 x 76,2 mm Kanone M1A1 1 x 12,7 mm Maschinengewehr
Kampfbeladung	43 Granaten 1000 Patronen
Panzerung:	
Wannenfront	13 mm
Turmfront	25 mm
Blende	51 mm
Motortyp	Vergaser »Continental«, Typ R 975
Höchstgeschwindigkeit	71 km/h
Fahrbereich	360 km

Flak-Selbstfahrlafette M15

Dank der *Lend-Lease*-Lieferungen von selbstfahrenden Flugabwehrgeschützen M15 und M17 konnten sowjetische Panzerkräfte ihre Verluste durch feindliche Luftangriffe erheblich reduzieren.

Die Flak-Selbstfahrlafette M15 wurden in den USA ab 1943 unter der Bezeichnung *Multiple Gun Motor Carriage M15* gebaut. Später trat eine modernisierte Version *Combination Gun Motor Carriage M15A1* hinzu. Von 1943 bis 1945 wurden 2332 M15 und M15A1 hergestellt, von denen 100 M15A1 an die UdSSR gingen. Die M15 baute auf dem Schützenpanzerwagen M3 auf, wobei der Kampfraum, der üblicher Weise die Infanteriebesatzung aufnahm, nun die Fla-Bewaffnung trug (Hinweis: die M15 wird manchmal als Flakpanzer bezeichnet. Diese Benennung behalten wir hier Fla-Geschützen auf Vollkettenfahrgestellen vor). Es handelte sich um eine rundum schwenkbare Plattform mit einer 37-mm-Flugabwehrkanone Browning M1A2 und zwei 12,7-mm-Maschinengewehren Browning M2HB. Die Drillingskombination eignete sich nicht nur zur Bekämpfung von Luftzielen, sondern auch von leicht gepanzerten Bodenfahrzeugen, was das Einsatzspektrum erweiterte. Der Höhenrichtbereich reichte von –5° bis +85°. Als Zielmittel dienten zwei Zielfernrohre, parallel bedient von zwei Kanonieren. Für das Schießen bei Nacht ließen sich die Absehen beleuchten. Zur Kühlung des 37-mm-Waffenrohres bei intensivem Feuer diente eine spezielle Wasserkühlanlage, bestehend aus einem 30-l-Wassertank und einer Handpumpe. Die Kampfbeladung umfasste 240 Schuss für die Kanone und 3400 Schuss für die MG.

Bald nach Aufnahme der Massenproduktion wurde die M15 zur M15A1 modernisiert. Sie erhielt einen modifizierten Schützenpanzerwagen M3A1 als Fahrgestell und die Flugabwehrkanone ein neues Visier. Darüber hinaus wurde die kombinierte Maschinengewehr- und Kanoneninstallation niedriger gestaltet, was die Überlebensfähigkeit auf dem Gefechtsfeld erhöhte. Das Gefechtsgewicht wurde ebenfalls reduziert wie auch die Kampfbeladung auf 200 Schuss für die 37-mm-Kanone und 1200 Schuss für die Maschinengewehre.

Beide Ausführungen trieb ein Vergasermotor White 160AX mit einer Leistung von 147 PS an. Das Kettenlaufwerk arbeitete mit einem einzelnen

Flak-Selbstfahrlafette M15.

Flak-Selbstfahrlafette M15A1, Bugansicht von rechts.

M15A1, Heckansicht bei höchster Rohrstellung.

Torsionsstab und paarweise an Schraubenfedern aufgehängten Laufrollen. Die Vorderräder besaßen Blattfederung. Auf der Straße entwickelte das Fahrzeug eine Höchstgeschwindigkeit von 63 km/h; der Fahrbereich betrug ca. 320 km.

Die Rote Armee setzte Flak-Selbstfahrlafetten M15A1 ab 1944 bei den Flugabwehr-Artillerieregimentern von Panzer- und mechanisierten Korps ein. Die Flakabteilungen der Panzerarmeen umfassten 10 bis 20 M15.

Flak-Selbstfahrlafette M15, schematische Darstellung.

Technische Angaben Flak-Selbstfahrlafette M15A1	
Gefechtsgewicht	9,1 t
Maße:	
Länge	6175 mm
Breite	1930 mm
Höhe	2360 mm
Besatzung	7 Mann
Bewaffnung	1 x 37 mm Kanone M1A2 2 x 12,7 mm Maschinengewehr M2HB
Kampfbeladung	200 Granaten 37 mm 1200 Patronen 12,7 mm
Panzerung:	
Wannenfront	12,7 mm
Wannenseiten	6,3 mm
Motortyp	Vergaser White 160AX
Maximale Leistung	147 PS
Höchstgeschwindigkeit	63 km/h
Fahrbereich	320 km

Flak-Selbstfahrlafette M17

1943 ging die Rote Armee zu größeren Angriffsoperationen über. Dabei kam die gezogene Flak den Angriffsverbänden oft nicht schnell genug hinterher und konnte diesen somit auch keinen Schutz gegen feindliche Flugzeuge bieten. Dieses Problem wurde größtenteils dank der amerikanischen *Lend-Lease*-Lieferungen von 1000 Flak-Selbstfahrlafetten M17 gelöst.

Wie die M15 war auch die 1942 entwickelte M17 auf dem Fahrgestell eines Halbketten-Schützenpanzerwagens aufgebaut; diesmal auf einem M5. Als Bewaffnung trug sie einen so genannten Maxon-Turm M45 mit vier 12,7-mm-Maschinengewehren Browning M2HB. Rundum schwenkbar, betrug der Höhenrichtbereich –5° bis +85°. Der Fla-Vierling entwickelte – ähnlich der deutschen 2-cm-Vierlingsflak – eine enorme Feuerkraft von 1800–2000 Schuss pro Minute.

Das Schwenken und Richten der Waffen erfolgte durch den Richtkanonier, unterstützt durch eine elektrische Feuerleitanlage. Mit nur einem Hebel konnte der die MG-Plattform schwenken und nach der Höhe zu richten. Er zielte über ein Kollimatorvisier. Die Kampfbeladung umfasste 5000 Schuss 12,7 mm. Wie das Basisfahrzeug, der Schützenpanzer M3, verfügte auch der M5 oder M17 über einen Vergasermotor 1HC RED-450-B mit einer Leistung von 141 PS. Auf der Straße brachte es die Fla-Selbstfahrlafette M17 damit auf eine Höchstgeschwindigkeit von 68 km/h. Im Gelände überwand sie Steigungen bis zu 37 Grad, überkletterte 0,3 m hohe senkrechte Hindernisse und durchfurtete 0,8 m tiefe Gewässer. Aufgrund ihrer hohen Geschwindigkeit, Beweglichkeit und Wirksamkeit gegen tieffliegende Flugzeuge wurde die M17 von Flak-Artillerieregimentern der

Technische Angabe Flak-Selbstfahrlafette M17	
Gefechtsgewicht	9,0 t
Maße:	
Länge	6150 mm
Breite	2200 mm
Höhe	2300 mm
Besatzung	5 Mann
Bewaffnung	4 x 12,7 Maschinengewehr M2HB
Kampfbeladung	600 Patronen
Panzerung:	
Wannenfront	16 mm
Seiten	8 mm
Motortyp	Vergaser 1NS RED-450-B
Maximale Leistung	141 PS
Höchstgeschwindigkeit	68 km/h
Fahrbereich	360 km

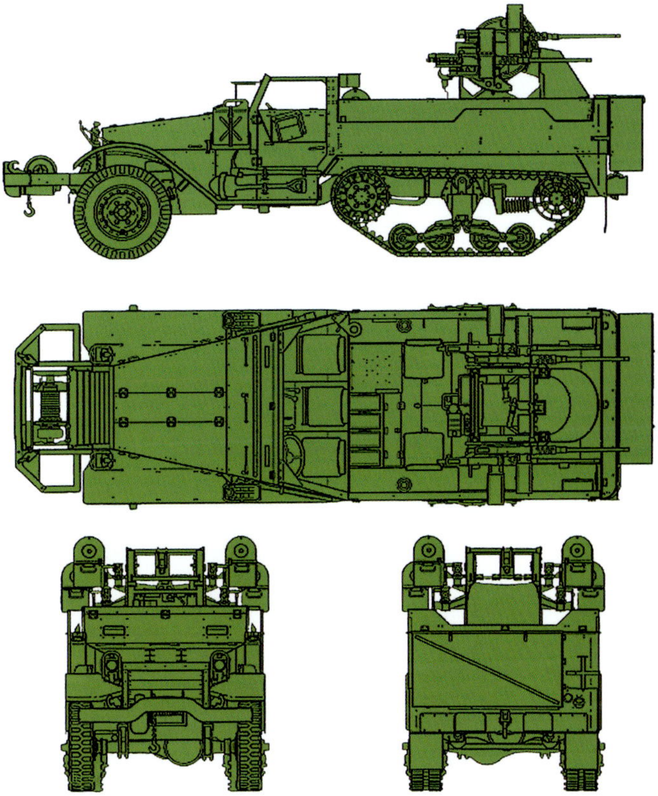

Flak-Selbstfahrlafette M17, schematische Darstellung.

Flak-Selbstfahrlafette M17 in einer deutschen Stadt.

Flak-Selbstfahrlafetten M17 trugen wesentlich zur Stärkung der taktischen sowjetischen Luftabwehr bei.

Panzer- und mechanisierten Korps der Roten Armee mit offenen Armen aufgenommen. Manchmal setzten besondere Vorausabteilungen den Vierling vorzugsweise im Erdkampf ein. Diese gepanzerten Kampfgruppen, die wichtige Ziele (z. B. Brücken, Verkehrsknotenpunkte, bestimmte Orte oder ausgewählte Feindstellungen) handstreichartig einnehmen sollten, bestanden aus erfahrenen Soldaten und Offizieren. Sie umfassten mehrere mittlere T-34, Schützenpanzerwagen M3A1 mit aufgessener Infanterie und drei bis vier M17. Dabei sollten die T-34 die Verteidigung durchbrechen und Feindpanzer ausschalten, während die M17 mit ihrer geballten Feuerkraft Infanterie, Pak usw. niederhalten bzw. ausschalten sollten. Den Schützen auf M3A1 kamen die Nahsicherung der Fahrzeuge sowie die Säuberung von Gebäuden, Stellungen usw. zu.

Die M17 diente sowjetischen Ingenieuren in den 1950er-Jahren als Vorbild zur Schaffung der ZPTU-2 und ZPTU-4 auf Fahrgestell der Schützenpanzer BTR-40, BTR-152 und BTR-50. Diese selbstfahrenden Fla-Waffen wurden mit MG-Zwillingen oder -Vierlingen des Typs KPW 14,5 mm ausgerüstet.

Flak-Selbstfahrlafette M17.

Eine M17 sichert eine Kolonne gegen Luftangriffe.

Gepanzerter Personentransporter Mk.I Universal Carrier

Mit der Bitte um Lieferung von »Bren-Tanketten« wandten sich Vertreter der UdSSR im September 1941 an die britische Regierung. Diese gab am 1. Oktober grünes Licht zur die Lieferung von – alles in allem – 2008 *Mk.I Universal Carrier* (Universal-Transporter) aus Großbritannien und Kanada. Die USA steuerten 96 T16 bei, wie die US-Version dieses Panzerchens hieß, das manchmal als leichter Schützenpanzer oder besser als gepanzerter Personentransporter bezeichnet wird. Denn die im engen »Kampfraum« dicht beieinander sitzenden Männer konnten daraus kaum wirksam kämpfen, wie bei Schützenpanzern üblich.

Das kleine gepanzerte Vollkettenfahrzeug wurde 1934–1936 bei Vickers-Armstrong als Träger für Maschinengewehre Vickers und BREN *(Vickers-Carrier* und *Bren-Carrier)* sowie andere Unterstützungswaffen entwickelt, deren Mobilität auf dem Gefechtsfeld man erhöhen wollte

1935 erhielt das Heer die ersten beiden Fahrzeuge zu Erprobungszwecken; im folgenden Jahr lief die Fertigung einer kleineren Serie an. Dies ermöglichte es 1937/1938, umfassendere Truppenversuche anzustellen und Änderungen an der Konstruktion vorzunehmen. So entstand der *Universal Carrier*, den in Großbritannien mehrere Firmen produzierten, darunter Ford UK. Bis 1945 lieferten sie rund 57.000 Stück aller Varianten aus. Darüber hinaus bauten Kanada (29.000), Australien (ca. 5000), Neuseeland (ca. 1300) und die USA (ca. 20.000, ohne T16-Modifikation) hohe Stückzahlen.

Entsprechend der Grundaufteilung befand sich der Motor in Verlängerung der Mittelachse im Heck des Fahrzeugs – ein Viertakt-V-Benzinmotor von Ford mit 100 PS Leistung. Dort befand sich auch das Fünfganggetriebe mit Seitenkupplungen. Im Fahrerabteil im Bug fand neben dem Fahrer – je nach Bewaffnung – ein MG- oder ein Panzerbüchsenschütze Platz. Dahinter befand sich, je nach Verwendungszweck, das Transportabteil für Personen oder Güter. Normalerweise beförderte der Universal Carrier dort nicht mehr als drei bis fünf Mann. Die Lage des Motors in der Mittelachse teilte den Transportraum in zwei Teile. Die Soldaten saßen mit dem Rücken aneinander und ruhten praktisch mit den Füßen auf dem Motor, dessen oberer Teil eine Art »Tischplatte« bildete. Bei einer anderen Sitzanordnung saßen sich die Soldaten gegenüber. Angesichts der geringen Abmessungen des Universal Carrier blieb für Bequemlichkeit wenig übrig, wozu die Abwärme des Motors ihren Teil beitrug. Im heißen Klima Nordafrikas kam die »Wüstensauna« auch von unten, woran die Öffnung des dachlosen Fahrzeugs nach oben wenig änderte. So mancher »Tommy« in Nordafrika verdankte dem Universal Carrier Schweißfüße. Auf der anderen Seite war der »Ofen« in kalten Klimaten bzw. Jahreszeiten als Wärmespender ganz praktisch. Selbst im strengen russischen Winter bekam man – so lang der Motor lief – selten kalte Füße.

Die Karosserie bestand aus 4–10 mm dicken gewalzten Panzerplatten und bot keinen ausreichenden Schutz gegen Kugeln und Granatsplitter, zumal die Insassen mit Kopf und Schultern über die Seitenwände ragten, sofern sie sich nicht tief abduckten. Das Fahrwerk wurde mit einigen Änderungen vom leichten Panzerkampfwagen Mk.VI der frühen 1930er-Jahre übernommen; ebenfalls eine Entwicklung von Vickers-Armstrong. Das einfache Horstmann-Laufwerk mit seinen drei Laufrollen pro Seite (zwei zu einem Drehgestell zusammengefasst) und außenliegender Federung, eine Entwicklung von Sidney Adolph Horstmann (dessen westfälische Eltern 1850 nach England ausgewandert waren),

Technische Angaben Mk.I Universal Carrier	
Gefechtsgewicht	4 t
Maße:	
Länge	3760 mm
Breite	2110 mm
Höhe	1600 mm
Besatzung	1 + 4 Mann
Bewaffnung	je nach Ausführung
Kampfbeladung	je nach Ausführung
Panzerung:	
Wannenfront	
Motortyp	Vergaser »Ford«
Maximale Leistung	100 PS
Höchstgeschwindigkeit	48 km/h
Fahrbereich	150 km

Gepanzerter Personentransporter
Mk.I Universal Carrier.

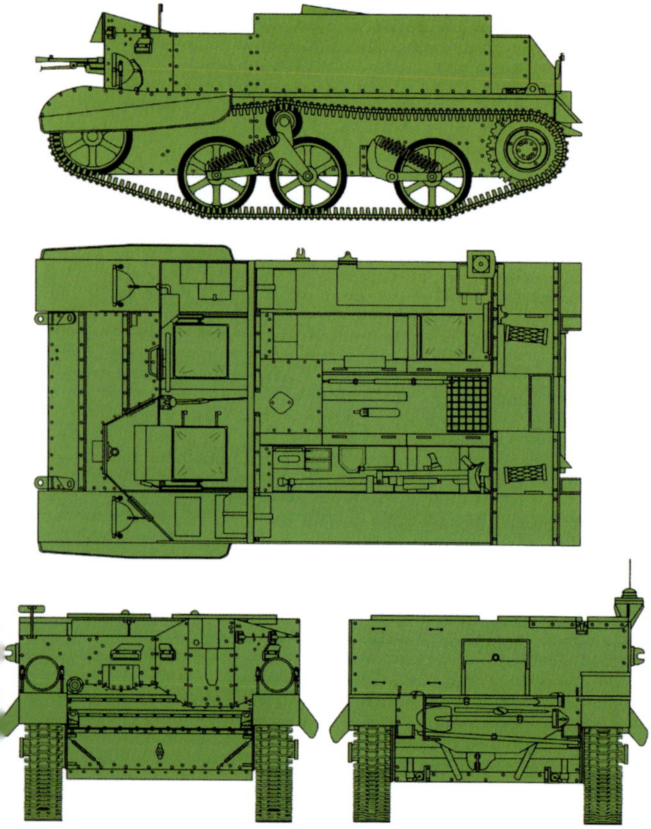

Gepanzerter Personentransporter Mk I Universal Carrier, schematische Darstellung.

Mk.I Universal Carrier mit einem BREN-Maschinengewehr als Bewaffnung.

erwies sich als sehr robust und allen Herausforderungen gewachsen. Die amerikanische Version T16 erhielt vier Laufräder pro Seite, wodurch zwei vollwertige Drehgestelle entstanden, was der Geländegängigkeit und dem Fahrkomfort zugute kam. Aufgrund des geringen spezifischen Bodendrucks von 0,45 kg/cm^2 und der Ausstattung mit einem leistungsstarken 100-PS-Motor zeichnete sich der Transporter durch hohe Geschwindigkeit und gute Geländegängigkeit aus.

Am Vorabend der Gegenoffensive bei Moskau im Dezember 1941 erhielten sowjetische Fronteinheiten ihre ersten Universal Carrier; in der Regel handelte es sich um Aufklärungskompanien von Panzerbrigaden. Jede Kompanie bekam 3–10 Fahrzeuge. Im Oktober 1942 begann die Aufstellung von 25 »Schützenpanzer«-Bataillonen mit je 12 Panzerspähwagen BA-64 und 12 Universal Carrier.

Das Fahrzeug ging auch an Aufklärungsabteilungen und Kradschützenbataillone von Panzer-

Der Mk.I Universal Carrier hatte zwar viele Nachteile, war aber schnell und geländegängig.

Eigentlich konnten nur Maschinenpistolenschützen ihre Waffen aus dem Winzling Mk.I Universal Carrier einigermaßen sinnvoll zum Einsatz bringen – aber nur wenn sie die Deckung vernachlässigten.

und mechanisierten Korps, wie auch an einzelne Kradschützenregimenter (5 Universal Carrier pro Regiment). Im Mai 1945 verfügte die Rote Armee über elf selbstständige Regimenter und 41 Kradschützenbataillone mit Universal Carrier. Insgesamt zählte sie zu diesem Zeitpunkt über 763 Fahrzeuge, davon 458 in Fronteinheiten, 146 in Militärbezirken und 160 in Reparaturbetrieben.

Einige Kommandeure der Roten Armee bewerteten den Universal Carrier äußerst negativ, andere verhalten positiv. In jedem Fall wurden folgende Nachteile moniert:

- Geringe Bodenfreiheit bzw. ungenügende Geländegängigkeit, die sich zudem auf rutschigen Winterstraßen spurbedingt merklich verschlechtert;
- schneller Verschleiß der Antriebsräder und Laufrollen;
- Werfen der Ketten in scharfen Kurven;
- schwache Bewaffnung;
- geringer Schutz der Besatzung.

In der Regel schickten sowjetische Einheiten ihre Universal Carrier bei Angriffen nicht in die vorderste Linie, was sich gegen Ende des Krieges änderte. Jetzt setzte man sie zu Attacken auf sich zurückziehende deutsche Einheiten ein, oft durch MG-Überfälle von hinten oder aus den Flanken. Mit Maschinenpistolen bewaffnete Schützen kämpften auch daraus. Ebenso kamen sie, wohl meist bei Aufklärungstruppenteilen, bei der Einnahme von Brücken, Bahnhöfen oder Depots zum Einsatz.

Den Mk.I Universal Carrier setzte die Rote Armee u. a. bei Aufklärungsabteilungen und Kradschützenbataillonen von Panzer- und mechanisierten Korps ein, aber auch in eigenen »Schützenpanzer«-Bataillonen.

Mk.I Universal Carrier einer Aufklärungseinheit.

Schützenpanzerwagen M2

Vom Halbketten-Schützenpanzerwagen in den Ausführungen M2 bis M9 bauten US-Firmen von 1941 bis 1945 über 53.000 Stück. An die UdSSR gingen im Rahmen des *Lend-Lease*-Programms 342 Halftrack M2 und M2A1. Die Rote Armee setzte sie hauptsächlich und recht erfolgreich bei Aufklärungstruppenteilen ein, als Zugmittel für Geschütze sowie als Stabs- und Kommandofahrzeuge. Die Verwendung als Zugmaschinen für Panzerabwehrkanonen trug dazu bei, die Mobilität der Panzerabwehrartillerie der Roten Armee zu erhöhen.

Den Prototyp des gepanzerten Halbkettenfahrzeugs entwickelte die White Motor Company unter der Bezeichnung T14, was sich bei der Übernahme durch die US-Streitkräfte im September 1940 in *M2 Halftrack Transporter* wandelte. Das Fahrzeug war in erster Linie zum Schleppen leichter Feld- und Panzerabwehrgeschütze bestimmt. Die Serienfertigung des M2 erfolgte bei der White Motor Company und der Autocar Company, die 1941–1944 insgesamt 13.058 M2 herstellten.

Im langgestreckten Bug befand sich der Motor mit Fahrerabteil. Dahinter schloss sich das Transportabteil für die Aufnahme von bis zu 8 Personen an plus zwei Kästen zur Aufnahme der Bereitschaftsmunition für das gezogene Geschütz. Im Fahrerabteil saßen der Fahrer links und der Fahrzeugkommandant rechts; sie stiegen über zwei gepanzerte Seitentüren mit klappbaren Oberteilen ein- und aus. Die mit Sehschlitzen versehene Frontpanzerung des Fahrerraums ließ sich nach oben klappen und mit drei Stützen auf der gepanzerten Motorhaube fixieren. Im Truppenabteil waren Sitzplätze für 8 Infanteristen in voller Ausrüstung vorgesehen. Im Unterschied etwa zum deutschen mittleren Schützenpanzerwagen Sd.Kfz. 252, der bei der Entwicklung der US-Halbkette Pate gestanden haben dürfte, gab es keine Hecktüren, so dass die Infanteristen über die Seiten auf- und absitzen mussten. Hinter den Sitzen von Fahrer und

Schützenpanzerwagen M2.

Kommandant befand sich die Sockellafette für ein rundum schwenkbares 12,7-mm-MG M2HB mit Höhenrichtbereich –15°/+85°. Desweitern ließ sich an schienenartig geformten Teilen der Seitenbleche bzw. des Hecks ein weiteres 7,62-mm-MG Browning M1917A1 oder M1919A4 anbringen. Die Funkanlage für UKW- und KW-Funk befand sich hinter dem Fahrerabteil. Der Kurzwellen-Sender mit 2,4 m langer Peitschenantenne hatte eine Reichweite von bis zu 16 km, während der Ultrakurzwellen-Sender mit 0,6 m langer Peitschenantenne nur bis etwa 1 km reichte.

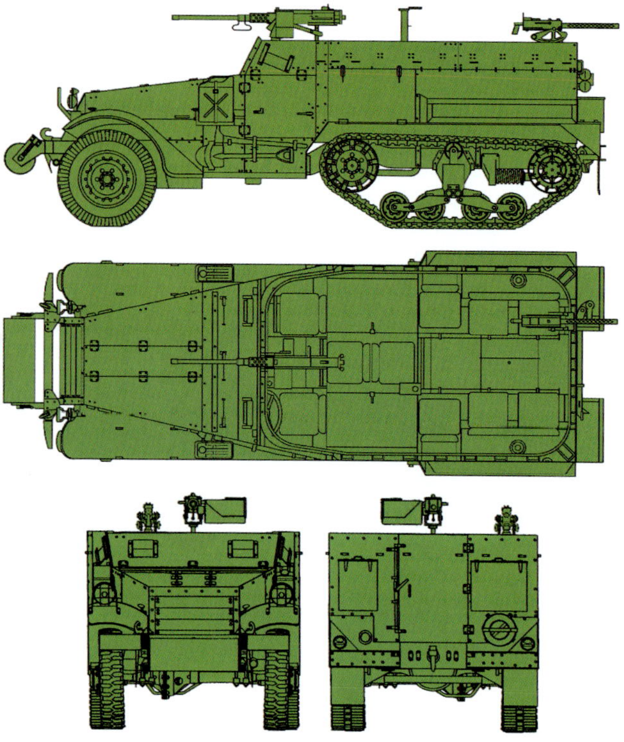

Schützenpanzerwagen M2, schematische Darstellung.

Technische Angaben Schützenpanzerwagen M2	
Gefechtsgewicht	8,98 t
Maße:	
Länge mit Puffertrommel	5962 mm
Breite	1962mm
Höhe	2260 mm
Besatzung	2 + 8 Mann
Bewaffnung	1 x 12,7 mm Maschinengewehr 1 x 7,62 Maschinengewehr
Munition	700 Schuss Kaliber 12,7 mm 8750 Schuss Kaliber 7,62 mm
Panzerung:	
Wannenfront	12,7 mm
Seiten	6,3 mm
Motortyp	Vergaser White 160AX
Maximale Leistung	147 PS
Fahrbereich	350 km

Die Karosserie auf Lkw-Rahmen setzte sich aus gewalzten Panzerstahlblechen zusammen und war weitgehend vom Scout Car M3 übernommen. Die Stärke der Frontpanzerung erreichte 12,7 mm, die der Seitenpanzerung nur 6,35 mm. Ein charakteristisches Merkmal des M2 war eine am Bug angebrachte Walze, die das Überschreiten von Gräben und Geländehindernissen erleichtern sollte. Außerdem ließ sich am Frontrahmen eine Seilwinde mit einer Zugkraft von 4536 kg anbringen, die ein mit dem Getriebe verbundener Nebentrieb übertrug.

Beim Motor handelte es sich um einen Vergaser White 160 AX G-Zylinder zu 147 PS, der dem 9-t-Fahrzeug eine Höchstgeschwindigkeit von etwa 70 km/h verlieh. Das Getriebe mit Kegeldifferentialen und mechanischer Einscheiben-Trockenkupplung war ein Viergang-Schaltgetriebe, das sich über einen Zweistufen-Hebel auf langsame und schnelle Fahrt umstellen ließ. Das Fahrgestell des M2 nutzte vorn eine Lkw-Achse. Das Kettenlaufwerk bestand aus den vorderen Antriebsrädern, den hinteren Leiträdern mit Kettenspannern, zwei Stützrollen, acht gummibereiften Doppellaufrollen und zwei 30 cm breiten einteiligen Scharnierketten mit Gummibeschichtung.

Gefechtserfahrungen mit dem M2 führten zur verbesserten Ausführung M2A1 mit Ringlafette im turmartigen Aufbau M49 für das 12,7-mm-MG M2HB, der im vorderen Teil der Wanne über dem Sitz des Kommandanten montiert war, und drei Lafettenmontagen für 7,62-mm-Maschinengewehre M1919A4 an den Seitenwänden und der Heckwand. Beim *Half-Track-Personal Carrier M3* mit verlängertem Kampfraum, Hecktüren und elf Sitzplätzen handelte es sich um die »reine« Schützenpanzerwagen-Ausführung.

M2, M2A1 und M3 erreichten mit bis zu 72 km/h hervorragende Höchstgeschwindigkeiten. Im Gelände waren sie Radfahrzeugen deutlich überlegen, aber Vollkettenfahrzeugen unterlegen.

Ihre Feuertaufe erlebten M2 und M3 bei Gefechten gegen japanische Truppen auf den Philippinen. Dort gingen zwar alle Fahrzeuge verloren, die festgestellten Kinderkrankheiten konnte man jedoch in folgenden Baulosen ausmerzen. Der nächste Kriegseinsatz spielte sich bei der 1. US-Panzerdivision in Nordafrika ab, zu deren Ausstattung über 700 M2 und M3 gehörten. Viele gingen im Kampf gegen das Deutsche Afrikakorps verloren; allein die deutsche 10. Panzerdivision erbeutete im Februar 1943 bei der Schlacht am Kasserine-Pass 95 M3, die sie mit Balkenkreuzen versah und gegen die Alliierten

Batterie von 76,2-mm-Kanonen SIS-3 auf dem Marsch. Als Zugmaschinen dienen Schützenpanzerwagen M2.

einsetzte oder mit dem Roten Kreuz als Sanitätsfahrzeuge verwandte. Den deutschen Halbkettenfahrzeugen – insbesondere dem Sd.Kfz. 251 – standen M2 und M3 in Geländegängigkeit, Motorisierung und Schutz der Besatzung klar nach. Sie ließen sich jedoch einfacher warten und der M3 verfügte über einen um 20 Prozent größeren Innenraum. Außerdem besaßen M2 und M3 angetriebene Vorderachsen, erzeugten mit den Gummiketten weniger Fahrgeräusche und zeigten bessere Eigenschaften auf der Straße, wenn auch die Gummigleisketten anfällig blieben.

M2 mit leichter und schwerer MG-Bewaffnung.

Schützenpanzerwagen M5 und M9

Außer dem M2 lieferten die Vereinigten Staaten im Rahmen von *Lend-Lease* 401 Schützenpanzerwagen M5 und 413 M9 an Stalins Armeen. Die Halbkettenfahrzeuge M5 und M9 wurden ab Dezember 1942 von der International Harvester Company (IHC) in Serie gebaut. 1941–1944 lieferte das Unternehmen etwa 4600 M5 und etwa 2000 M9 aus; hinzu kamen etwa 4000 M5A1 und M9A1.

M5 und M9 nebst Abarten stellten vereinfachte Bauausführungen der Modelle M3 und M2 dar. Sie erhielten andere Motoren, Panzerung aus einfachem und nicht Oberflächen-gehärtetem Panzerstahl sowie weitere Detailänderungen und gingen überwiegend an Verbündete wie Briten und Sowjets – die meisten nach Großbritannien mit 5238 Einheiten. Die US-Streitkräfte verwendeten die Fahrzeuge hauptsächlich zu Ausbildungszwecken.

Im Detail: M5 und M9 erhielten den 141 PS leistenden Vergasermotor IHC RED-450-B, Vorder- und Hinterachsen des Typs IHC 1370 und RHT-1590, andere Differentiale und Getriebe. Der verwendete homogene Stahl besaß nicht die Beschussfestigkeit der bei M2 und M3 verwendeten oberflächengehärteten Bleche. Daher wurde die Dicke der Frontplatte auf 16 mm und der Seitenplatten auf 8 mm erhöht. Die Zu-

Kolonne von Schützenpanzerwagen M5 der Roten Armee.

Schützenpanzerwagen M5.

nahme der Masse erforderte wiederum den Einbau stärkerer Achsen, die Verstärkung des Rahmens und der Aufhängungselemente. Rein optisch unterschieden sich M5 und M9 von M3 und M2 nur durch die hintere Heckplatte mit abgerundeten Ecken, die flacheren Kotflügel sowie einige sonstige Kleinigkeiten (z. B. Form der Frontscheinwerfer-Schutzgitter).

Der M5 unterschied sich wiederum vom M9 durch die um 250 mm verlängerte Wanne. Konnte der M9 eine zehnköpfige Geschützbedienung nebst Bereitschaftsmunition aufnehmen, transportierte der M5 eine 13-köpfige Schützengruppe. An die Stelle der Granatkästen traten zusätzliche Sitze. Die Standardbewaffnung von M5 und M9 bestand aus einemn 7,62-mm-Maschinengewehr Browning M1919A4, lafettiert auf einem Gestell vorn im Kampfraum. Die

Technische Angaben Schützenpanzerwagen M5A1

Gefechtsgewicht	8,6 t
Maße:	
Länge	6150mm
Breite	2200mm
Höhe	2300 mm
Besatzung	2 + 13 Mann
Bewaffnung	1 x 12,7 mm Maschinengewehr 1 x 7,62 mm Maschinengewehr
Kampfbeladung	700 Schuss 12,7 mm 8750 Schuss 7,62 mm
Panzerung:	
Wannenfront	16 mm
Seiten	8 mm
Motortyp	Vergaser IHC RED-450-B
Maximale Leistung	141 PS
Höchstgeschwindigkeit	68 km/h
Fahrbereich	360 km

Schützenpanzerwagen M9A1 mit BS-3-Kanonen bei einer Parade in Minsk am 7. November 1945.

Schützenpanzerwagen M9.

Ausführungen M5A1 und M9A1 waren mit einem zusätzlichen 12,7-mm-Maschinengewehr M2HB in turmartigem Aufbau bewaffnet. Beide erhielten sie eine Winde mit 5000 kg Zugkraft zur Selbstbergung. Einige Fahrzeuge bekamen stattdessen eine Walze mit 310 mm Durchmesser zur Überwindung von bis zu 1,8 m breiten Gräben. Auf guten Straßen entwickelten sie Höchstgeschwindigkeiten bis zu 68 km/h. Mit einer 122-mm-Haubitze im Schlepp konnten sie bis zu 48 km/h erreichen. Der Straßenfahrbereich betrug 360 km.

In der Roten Armee wurden M9 hauptsächlich als Zugmittel von Divisiongeschützen und schweren Pak eingesetzt; M5 hingegen vorwiegend als Schützenpanzerwagen bei Panzerverbänden und als Zugmittel leichter Pak.

Panzerspähwagen Scout Car M3A1

Ab 1942 erhielt die Rote Armee die stattliche Menge von 3340 amerikanischen leichten Vierrad-Panzerspähwagen *Scout Car M3A1.* (Hinweis: obwohl das Fahrzeug weder Drehturm noch Kanonenbewaffnung besaß und nach oben offen war, gönnen wir ihm hier die Bezeichnung »Panzerspähwagen« statt lediglich »gepanzertes Aufklärungsfahrzeug«). Gemäß seiner Bestimmung ging der Scout Car an Aufklärungskompanien der Panzer- und mechanisierten Brigaden (je 3–4 Stück), an Aufklärungsabteilungen der Korps (je 6–8 Stück) sowie an Kradschützenregimenter der Panzerarmeen (je 13–16 Stück). Angesichts der großen Zahl Scout Car M3A1 wurde ein spezielles Regiment zur Ausbildung von Besatzungen aufgestellt (20. Panzerregiment), die Ausbildung von Kommandanten (Offiziere und Unteroffiziere) fand an der Panzerschule 3 in Saratow statt.

Leichter Panzerspähwagen Scout Car M3A1.

Der Scout Car wurde Mitte der 1930er-Jahre von der White Motor Company entwickelt. Die 1937 beginnende und 1944 endende Serienproduktion brachte 20.994 Fahrzeuge hervor. Die Konstruktion orientierte sich an der Philosophie, wonach ein leichtes Aufklärungfahrzeug Gefechtsberührungen tunlichst vermeiden und seine schwache Bewaffnung nur zur Selbstverteidigung verwenden sollte. Es sollte möglichst schnell sein, ungesehen und ungehört vom Feind Aufklärung betreiben, die Ergebnisse per Funk melden und nach Erfüllung seines Auftrags sich ebenso unbemerkt wieder vom Feind lösen. Dem entsprachen die Auslegung als Vierrad-Fahrzeug mit nach oben völlig offenem Aufbau, die dünne Panzerung mit 13 mm vorn und 8 mm an den Seiten, die Bewaffnung mit einem großkalibrigen 12,7-mm-MG M2 sowie einem 7,62-mm-MG M1919A4. Dank einer umlaufenden Schiene konnten die MG nach allen Seiten feuern. Die Kampfbeladung umfasste 8000 Patronen des Kalibers 7,62 mm und 600–750 Patronen des Kalibers 12,7 mm. Nicht zu vergessen die leistungsfähige Funkausstattung. Die

Panzerspähwagen Scout Car M3, schematische Darstellung.

Im Aufklärungseinsatz sollten Scout Car M3A1 – wie alle leichten Panzerspähwagen – nach Möglichkeit nur aufklären und dem Gegner ausweichen, was nicht immer möglich war.

Kampf- oder besser Spähraum-Besatzung bestand aus sechs Mann – eine Menge Augen, um den Feind zu beobachten und notfalls kleine Kampfaufträge auszuführen.

Beim Unterbau des M3A1 handelte es sich um das Fahrgestell eines leichten allradgetriebenen Vierrad-Lkw mit Verteilergetriebe, das getrennt vom Getriebe eingebaut und mit diesem über eine Vorgelegewelle verbunden war. Der Sechszylinder-Vergasermotorar Hercules JXD leistete 110 PS und brachte das 5,62-t-Fahrzeug auf eine Straßenhöchstgeschwindigkeit von 81 km/h. Die Geländegängigkeit

Scout Car M3A1 in der Roten Armee.

Technische Angaben Scout Car M3A1	
Gefechtsgewicht 5,62 t	8,6 t
Maße:	
Länge	5626 mm
Breite	2032 mm
Höhe	1994 mm
Besatzung	2 + 6 Mann
Bewaffnung	1 x 12,7 mm Maschinengewehr 2–3 x 7,62 mm Maschinengewehr
Kampfbeladung	700 Schuss 12,7 mm 8000 Schuss 7,62 mm
Panzerung:	
Wannenfront	3 mm
Seiten	8 mm
Motortyp	Vergaser »Hercules«
Maximale Leistung PS	110
Höchstgeschwindigkeit	81 km/h
Fahrbereich	400 km

war gering. Eine Frontwalze sollte das Überschreiten von Gräbern erleichtern und eine vom Motor angetriebene Seilwinde den Karren im Falle des Falles aus dem Dreck ziehen. Verstärkte Mehrschichtreifen mit kugelsicherer Füllung halfen Platten durch Feindbeschuss zu vermeiden.

Der leichte Panzerspähwagen M3A1 zählte zu den gepanzerten US-Fahrzeugen, die in größter Stückzahl an die UdSSR geliefert wurden. Er wurde nicht nur in Aufklärungseinheiten der Roten Armee eingesetzt, sondern auch als Stabsfahrzeug, mobile Funkstation oder Zugmittel für leichte Geschütze. Sowjetische Soldaten schätzten das Fahrzeug aufgrund seiner Schnelligkeit, Beweglichkeit und Einfachheit sehr. Hinzu kamen die im Vergleich zu leichten sowjetischen Spähfahrzeugen bessere Bewaffnung und Panzerung. Am 1. Juni 1945 verfügte die Rote Armee noch über 1942 M3A1, davon 1347 in Fronteinheiten, 278 in Wehrkreisen und 317 in Werkstätten.

Maschinenpistolenschützen auf Panzerspähwagen Scout Car M3A1 zusammen mit einem BA-64 auf Patrouille.

M3A1 Scout Car bei einer Parade auf dem Roten Platz.

In der Nachkriegszeit diente der US-Panzerspähwagen M3A1 als Vorlage zur Entwicklung des leichten sowjetischen Aufklärungsfahrzeugs BTR-40.

UNGEPANZERTE FAHRZEUGE

Lieferwege und Liefermengen

Zu Beginn ihres »Großen Vaterländischen Krieges« verfügte die Rote Armee über 272.600 Pkw und Lkw aller Art, was 36 % ihres Bedarfs an Fahrzeugen in Kriegszeiten entsprach. Der Großteil gehörte bei Kriegsbeginn zu den Transport/Nachschubbataillonen der Panzer-, und motorisierten Schützendivisionen. Zum Beispiel sollte das Transportbataillon jeder Schützendivision über 538 Fahrzeuge verfügen. Darüber hinaus gab es weitere Nachschubtruppen mit speziellen Fahrzeugen. Sie bestanden aus 19 Regimentern, 38 selbstständigen Bataillonen und mehreren selbstständigen Kompanien mit zusammen rund 27.000 Lastkraftwagen.

Die zu Kriegsbeginn erlittenen Verluste an Kfz-Ausrüstung wurden zunächst allein durch die Mobilisierung von Automobilen aus der Volkswirtschaft und der laufenden Produktion ausgeglichen. Gleichzeitig war die Zahl der Radfahrzeuge in der Volkswirtschaft sehr gering, und die sowjetische Automobilindustrie konnte aufgrund der Evakuierung vieler Unternehmen in den Osten des Landes für das gesamte Jahr 1942 nur 32.300 Pkw/Lkw produzieren. Die Folge war ein katastrophaler Fahrzeugmangel, der die Durchführung von Großangriffen oft in Frage stellte.

Ein anschauliches Beispiel ist das Scheitern der Offensive der 70. Armee im Mittelabschnitt im Februar 1943. Der aus ausgewählten Soldaten und Offizieren der NKWD-Truppen gebildete Elite-Großverband von insgesamt 69.236 Mann verfügte sollmäßig über

Eine Kolonne Dodge WF 32 mit Nachschub auf dem Weg zur Front. (Foto: L. Suslavicius, Smlg. R. Weinreich

Dieser Chevrolet G7107 wird von einem Museum in Riga der Nachwelt erhalten. (Foto: L. Suslavicius, Smlg. R. Weinreich

2045 Radfahrzeuge, konnte aber nur 163 aufbieten und von sollmäßig 12.203 Zugpferden nur 245. (Panzerfahrzeuge hier nicht mitgezählt). Nach der Entladung aus den Zügen marschierte die Armee über eine Strecke von mehr als 200 km zu Fuß an die Front. Bei verschneiten Straßen und dem fast völligen Fehlen von Fahrzeugen und Pferden führte dies zu Verlusten bereits auf dem Marsch; schwere Waffen blieben zurück. Auf dem Marsch verlor die Armee praktisch ihre Kampfkraft, wurde jedoch in die Schlacht geworfen und erlitt schwere Verluste.

Die Versorgung mit Radfahrzeugen begann sich aber zu verbessern, als 1943 die sowjetische Automobilindustrie ihre Arbeit unter Kriegsbedingungen aufnahm und vor allem regelmäßige Lkw-Lieferungen im Rahmen von *Lend-Lease* eintrafen. Die erste Charge gelangte im November 1941 aus Großbritannien in die UdSSR. Ab Anfang 1942 begannen die USA mit der Lieferung von Radfahrzeugen. Kanada schickte kleinere Chargen an Allradfahrzeugen. Die Lkw/Pkw-Lieferungen an die UdSSR wurden auf drei Routen durchgeführt: Die erste – die Nordroute – führte über See zu den Häfen von Murmansk und Archangelsk, die zweite – der sicherste Weg über den so genannten persischen Korridor (das Land wurde dazu von britischen und sowjetischen Truppen besetzt) – begann zunächst mit der Anlieferung über See zu den Häfen am Persischer Golf und von dort weiter auf dem Landweg durch den Irak und den Iran in die UdSSR. Auf der dritten – der Pazifikroute – gelangten ebenfalls massenweise Kraftfahrzeuge in den Fernen Osten der Sowjetunion einschließlich Kamtschatka und von dort weiter über die transsibirische Eisenbahn nach Westen.

Die Fahrzeuge wurden sowohl gebrauchsfertig als auch (hauptsächlich) in Einzelteilen (so genannten Wagensets) in die Häfen verschifft. Die für den Transport über den persischen Korridor vorgesehenen amerikanischen und britischen Fahrzeuge wurden in vier provisorischen Behelfsfabriken TAP im Iran und im Irak montiert, betankt und traten dann den motorisierten Marsch in die UdSSR an. Etliche *Lend-*

Lease-Kfz wurden in den Automobilwerken Moskau und Gorki, im Automontagewerk Uljanowsk und im KIM-Werk sowie in verschiedenen militärischen Großwerkstätten zusammengesetzt. In der Endphase des Krieges beteiligten sich auch die ehemaligen Daimler-Benz-Autowerkstätten im zurückeroberten Minsk an der Montage.

Der Anteil der *Lend-Lease-Kfz,* die nicht gleich in den Vereinigten Staaten montiert wurden, betrug etwa zwei Drittel der Gesamtlieferungen. Die Masse der gelieferten Fahrzeugtypen wurde zunächst von konventionellen, militärisch angepassten Nutzfahrzeugen dominiert. Erst ab Mitte 1942 kamen fortschrittlichere Militärfahrzeuge an, deren Massenproduktion in den USA, Großbritannien und Kanada organisiert worden war.

Nach Angaben des US-Außenministeriums verschifften die USA vom 22. Juni 1941 bis zum 20. September 1945 insgesamt 439.367 Fahrzeuge aller Art in die UdSSR, von denen 411.819 ihre Bestimmungsorte erreichten. Die Verluste durch deutsche Unterseeboote und Kampfflugzeuge beliefen sich auf 14.747 Einheiten. Von der erwähnten Gesamtmenge entfielen 362.288 Fahrzeuge (88 %) auf Lkw aller Art einschließlich Amphibien, jedoch ohne Werkstattwagen, Zugmaschinen, Abschleppwagen und sonstige Spezialfahrzeuge. Auf geländegängige Pkw aller Marken entfielen 43.728 Stück (10,6 %). Den größten Anteil aber machten 2,5-t-Lkw mit 199.937 Einheiten aus, gefolgt von Lkw der 1,5-t-Klasse mit 151.043 Stück.

Aus Großbritannien und Kanada kamen bis zum 30. April 1944 9853 Fahrzeuge. Zum Vergleich: Vom 22. Juni 1941 bis 9. Mai 1945 produzierten sämtliche Automobilwerke der UdSSR zusammen 205.000 Radfahrzeuge, von denen 146.600 an die Rote Armee gingen.

Natürlich stellte die Ankunft einer großen Anzahl Kraftfahrzeuge von etwa 60 Typen, die von mehr als 30 verschiedenen Firmen hergestellt wurden, eine Herausforderung dar. Die ausländischen Fahrzeuge mussten zuerst an die sowjetischen Bedingungen angepasst werden: harte Winter, ebensolche Geländebedingungen und niedrige Qualität der Kraft- und

In einer Kolchose bekommt dieser Studebaker US6 sein Gnadenbrot. (Foto: L. Suslavicius, Smlg. R. Weinreich

Einem Sammler in der DDR gelang es diesen GMC CCKW 352 vor dem Schrott zu retten. (Foto: Ralf Weinreich)

Schmierstoffe. Darüber hinaus musste auch das Militär in Betrieb und Wartung komplexer Fahrzeugausrüstungen geschult werden.

Unter dem Strich aber ermöglichten es erst die westlichen Massenlieferungen von Radfahrzeugen der Roten Armee, die Mobilität ihrer Verbände drastisch zu steigern und ihre regelmäßige Versorgung mit Munition, Lebensmitteln und sonstigem Nachschub sicherzustellen. Erst dadurch konnten die Voraussetzungen zur erfolgreichen Durchführung von Großoffensiven 1944/45 geschaffen werden. Der ehemalige Admiral der Kriegs- und Bundesmarine Friedrich Ruge brachte es auf den Punkt: »Die auf dem Seeweg gelieferten Waffen und Ausrüstung, darunter fast eine halbe Million Lastkraftwagen, ermöglichten es den Russen, 60 Divisionen zusätzlich auszurüsten und beweglich zu machen. Diese gaben ihnen zur zahlenmäßigen auch die materielle Überlegenheit an den Brennpunkten der Kämpfe.«

Im Mai 1945 bestand der »Fuhrpark« der Roten Armee aus 664.500 Pkw und Lkw, davon 218.000 aus *Lend-Lease*-Lieferungen. Davon befanden sich etwa 100.000 Einheiten bei der Nachschubtruppe, die 35 Automobilregimenter, 173 selbstständige Bataillone und 30 Kompanien umfasste. Während der Kriegsjahre transportierten sowjetische Nachschubeinheiten mehr als 101 Millionen Tonnen Fracht.

Des Weiteren verschaffte die Typenvielfalt moderner westlicher Kfz sowjetischen Ingenieuren die Möglichkeit, sich mit den neuesten Entwicklungen führender Hersteller von Kraftfahrzeugtechnik vertraut zu machen. Dies trug in den ersten Nachkriegsjahren in hohem Maße zur Schaffung gebrauchstüchtiger Lkw und Pkw für das Militär und andere Organisationen sowie teilweise für den Privatgebrauch bei.

Pkw Willys MB

Im Sommer 1942 begannen die amerikanischen *Lend-Lease*-Lieferungen von leichten geländegängigen Pkw Willys MB, besser bekannt als »Jeep«. Sie stammten aus der Produktion der Firma Willys-Overland Motors. Von der Ford Motor Company hergestellte Fahrzeuge firmierten unter der Bezeichnung Ford GPW. Die offizielle US-Militärbezeichnung lautete *¼-ton 4 × 4 truck*.

Der Willys MB-Entwurf wurde im Juni 1940 im Rahmen eines vom US Army Quartermaster Corps ausgeschriebenen Wettbewerbs für ein leichtes Aufklärungs- und Führungsfahrzeug erstellt. Der erste Prototyp von Willys-Overland Motors ging am 11. November 1940 unter der Bezeichnung *Willys-Quad* (Quad = Vierradfahrzeug) in die Erprobung. Die Entscheidung, ein erstes Los von 1500 verbesserten »Willys« zu produzieren, fiel Anfang 1941, und am 1. Juli wurde die Willys MB-Variante für die Massenproduktion übernommen. Damit begann das Werk Toledo/Ohio von Willys-Overland Motors am 18. November 1941. Anfang 1942 erwarb die Ford Motor Co. die Lizenz zur Herstellung des Willys MB und baute das Fahrzeug im Ford-Werk Detroit unter der Bezeichnung Ford GPW. Insgesamt lieferten amerikanische Fabriken bis Kriegsende über 650.000 Jeep MB und GPW aus, von denen etwa 52.000 im

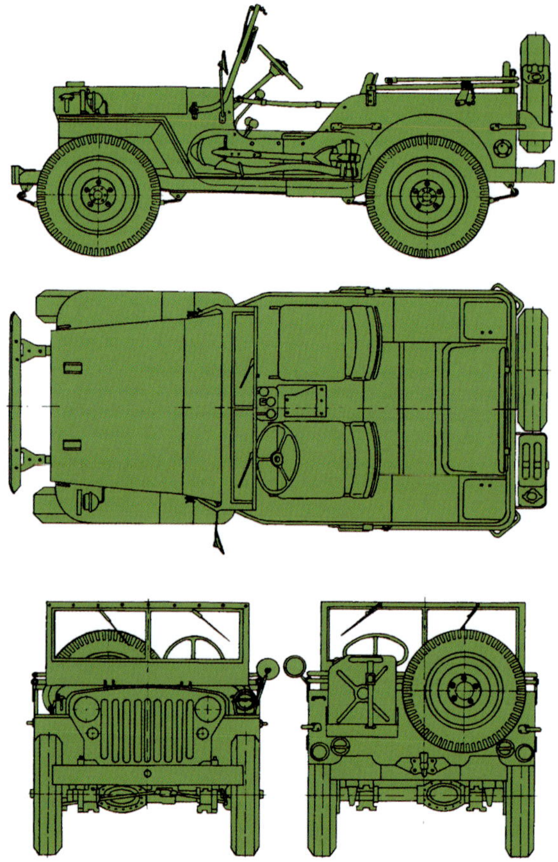

Willys MB, schematische Darstellung.

Willys MB wurden auch als Stabs- und Führungsfahrzeuge eingesetzt.

Willys MB mit Panzerbüchse.

Willys MB als Zugfahrzeug einer 45-mm-Panzerabwehrkanone.

Rahmen von Lend-Lease an die Rote Armee gingen.

Der Willys MB war ein leichter Geländewagen mit zuschaltbarem Allradantrieb. Zu den äußeren Merkmalen gehörten das völlige Fehlen von Türen, der Kühlergrill mit Längsschlitzen, ein faltbares Segeltuchverdeck und die auf die Motorhaube klappbare Windschutzscheibe. Am Heck waren ein Reserverad und ein Benzinkanister befestigt, an den Seiten ließen sich eine Axt, eine Schaufel und andere Schanzwerkzeuge anbringen. Das tragende Element der Konstruktion bildete ein Leiterrahmen aus Stahl-

Willys MB mit Maxim-Maschinengewehr.

holmen mit Halbelliptik-Blattfedern vorn und hinten, hydraulischen Stoßdämpfern und Servobremsen sowie Steckachsen mit Sperrdifferentialen. Für den Antrieb sorgte ein 4-Zylinder-Reihenmotor mit 2199 cm3 Hubraum und 60 PS, ausgelegt für Benzin mit einer Oktanzahl von mindestens 66. Mit Hilfe des Verteilergetriebes ließ sich der Antrieb der Vorderachse ab- und zuschalten. Auf der Straße entwickelte der Willys MB Geschwindigkeitenn bis zu 105 km/h. Die Spurbreite von lediglich 123 cm trug allerdings zur geringen Seitenstabilität in Kurvenfahrten bei. Die Wattiefe von 50 cm ließ sich mit

Vorbereitung auf 80 cm erhöhen. Zu den Hauptvorteilen zählten neben der hohen Geschwindigkeit eine gute Gasannahme, ein kleiner Wendekreis und hohe Beweglichkeit im Gelände; außerdem ließ sich das kleine Fahrzeug gut tarnen. Im Vergleich zum sowjetischen 4 x 4-Geländewagen GAS-64 war der

Geländegängiger Pkw Willys MB.

Technische Angaben Willys MB	
Gewicht	1,22 t
Radformel	4 x 4
Maße:	
Länge	3335 mm
Breite	1585 mm
Höhe	1830 mm
Sitzplätze	4
Motortyp	Vergaser
Maximale Leistung	60 PS
Höchstgeschwindigkeit	105 km/h
Fahrbereich	475 km

Willys MB leichter, kompakter, schneller, sparsamer und praktischer.

Die Rote Armee setzte ihn außer als Führungsfahrzeug auch als Zugmittel für Panzerabwehrkanonen sowie leichte Geschütze der Divisionsartillerie ein. Überdies diente er als Trägerfahrzeug für den Mehrfachraketenwerfer BM-8-8.

Pkw Schwimmwagen Ford GPA

Technische Angaben Ford GPA	
Gewicht	1,6 t
Radformel	4 x 4
Maße:	
Länge	4620 mm
Breite	1630 mm
Höhe	1750 mm
Sitzplätze	6
Tragfähigkeit	375 kg
Motortyp	Vergaser
Maximale Leistung	54 PS
Höchstgeschwindigkeit Straße	89 km/h
Höchstgeschwindigkeit Wasser	8,86 km/h
Fahrbereich Land	475 km

In der zweiten Kriegshälfte versahen die Amerikaner die Rote Armee mit leichten Schwimmwagen des Typs Ford GPA. Diese waren bei Unternehmen die mit der Überwindung von Wasserhindernissen verbunden waren, sehr nützlich.

Das Fahrzeug wurde von der Ford Motor Car Company auf Grundlage einer Ausschreibung des US-Heeres aus dem Jahr 1941 entwickelt. Ein Prototyp lag im Februar 1942 vor. Nach erfolgreicher Erprobung im April 1942 erging die Empfehlung zur Serienfertigung; offiziell übernahm die US Army das Fahrzeugs im Februar 1943 als *QMC 1/4-Ton Truck Light Amphibian*, wobei sich die Typenbezeichnung Ford GPA durchsetzte (G = Government, P = Radstand 80 inch, A = Amphibian). Die Produktion übernahm die Ford Motor Car Co. Insgesamt stellte sie in den beiden Baujahren 1942 und 1943 12.774 Ford GPA her. (Interessanterweise lief die Entwicklung des GPA in etwa parallel zum deutschen VW-Schwimmwagen Typ 166, von dem bis 1944 über 14.000 Stück entstanden). Die Zahl der in die UdSSR geschickten Ford GPA lag nach Schätzungen zwischen 2200 und 3500 Fahrzeugen.

Bei der Entwicklung des Schwimmwagens diente der 4 x 4-Geländewagen Ford GPW (siehe oben) als Grundlage – wie beim VW Typ 166 der Kübelwagen Typ 82. Motor, Getriebe, Fahrwerk und Steuerungen entsprachen dem GPW wie die hydraulischen Bremsen, die Blattfederung und die Reifen Größe 6.00-16. Hinzu kamen eine geschweißte bootsförmige Blechwanne mit flachem Boden und Versteifungsrippen, der Wasserantrieb mit Lenkung sowie diverse Sonderausstattungen. Das Wageninnere teilten senkrechte Wände in die drei Segmente Bug, Mitte und Heck. Zur Verringerung des Wasserwiderstandes waren die Räder bis etwa auf halbe Höhe im Bootsrumpf versenkt. Für den Antrieb im Wasser sorgte eine Dreiblattschraube, die sich dem Radantrieb zuschalten ließ, was beim Fahren ins bzw. aus dem Wasser ganz praktisch war. Den Nebenantrieb des Dreiblattpropellers verband eine Kardanwelle mit dem Getriebe, und zwar als direkte Fortsetzung der Sekundärwelle des Getriebes. Bei Verteilergetriebe in Neutralstellung schalteten die Vorder- und Hinterachse ab. Im Wasser steuerte das Amphibienauto mit einem herkömmlichen Bootsruder, das hinter dem Heck an einer vertikalen Stange montiert war. Die

Leichter Schwimmwagen Ford GPA.

Lenkung erfolgte über eine Steuerwelle, die ein Kabel mit der Ruderpinne verband. Der durchschnittliche Wendekreis im Wasser betrug ca. 9 m, an Land 5,4 m. Der 75-PS-Vergasermotor GPA-6005 bediente ein Dreigang-Getriebe und ein Zweigang-Verteilergetriebe sowie den Nebenabtrieb des Propellers. Die maximale Geschwindigkeit im Wasser sollte 8,9 km/h nicht überschreiten. Die Straßenhöchstgeschwindigkeit lag bei 89 km/h.

Zur Ausstattung des Ford GPA, auch »Sea Jeep« genannt, gehörten eine Winde zum Laden von Lasten sowie eine manuelle Bilgenpumpe mit einer Leistung von 150 Litern pro Minute. Die Amphibie konnte einschließlich des Fahrers bis zu sechs Personen befördern, die über die Bordwände einstiegen, denn Türen gab es verständlicherweise nicht. Das offene Abteil ließ sich bei schlechtem Wetter mit einer Bogen-gestützten Plane abdecken.

Ford GPA beim Überwinden eines Wasserhindernisses.

Vor dem Erscheinen des Ford GPA verfügte die Roten Armee zwar über Schwimmpanzer, nicht aber über leichte schwimmfähige Pkw. Die Aufklärungstruppenteile aber benötigen solche Fahrzeuge in großen Stückzahlen. Der Schwimm-Pkw erwies sich außerdem als praktischer Ersatz für kleine Flussboote, wie sie etwa Pioniere beim Bau von Pontonbrücken benötigten. Im Gegensatz zu Booten erforderten Amphibien keine Transportfahrzeuge und Vorrichtungen, um diese zu Wasser zu lassen bzw. wieder an Land auf ihre Transportfahrzeuge zu hieven. Im April 1944 stellte die Rote Armee elf selbstständige motorisierte Spezialbataillone auf (OSNAS für *Osobowo Nasnatschenija;* zur besonderen Verwendung). Im Wesentlichen handelte es sich um motorisierte Schützenbataillone mit Pionierkompanien zur Überwindung von Wasserhindernissen und anschließender Bildung von Brückenköpfen. Den Hauptfahrzeugtyp der

Einige Ford GPA erhielten schwere Maschinengewehre als Bewaffnung, hier eher improvisiert.

OSNAS-Bataillone bildete der Ford GPA in sollmäßiger Ausstattung von 100 Stück pro Verband.

Es gibt etliche Beispiele für erfolgreiche Einsätze von OSNAS-Bataillonen. So überquerte in der Nacht zum 22. August 1944 das 252. OSNAS-Bataillon der 3. Ukrainischen Front den Dnjestr in der Nähe seiner Mündung ins Schwarze Meer und errichtete einen Brückenkopf. Als am Morgen Gegenangriffe einsetzten, holte das Bataillon auf Fähren im Schlepptau der Amphibien zwei Kompanien des 3. Garde-Kradschützenregiments und drei T-34 über. So konnte der Brückenkopf gehalten werden.

In der Nachkriegszeit entwickelten bzw. kopierten sowjetische Ingenieure auf Grundlage des Ford GPA den Schwimmwagen GAS-46 MAW (MAW, kurz für малый автомобиль водоплавающий, etwa »kleines schwimmfähiges Fahrzeug«).

Kolonne von Schwimmwagen Ford GPA.

Ford GPA einer Aufklärungseinheit nach Überwindung eines Flusses.

Lkw Dodge WC-Serie

In den frühen 1940er-Jahren stellte die Firma Dodge als Teil der Chrysler Corporation leichte Lastwagen der WC-Reihe für die US-Streitkräfte her. Die Serie umfasste folgende Hauptmuster:

- WC 51 – offene Kabine
- WC 52 – WC 51 mit Winde
- WC 53 – mit geschossener Pkw-Karosserie
- WC 54 – Sanitätskoffer mit geschlossenem Aufbau
- WC 55 – Fünfsitzer mit offenem Aufbau
- WC 56 – Stabswagen mit Segeltuchverdeck
- WC 59 – Werkstattwagen
- WC 60 – Wartungsfahrzeug od. Funkfahrzeug
- WC 62 – Dreiachser mit Segeltuchverdeck
- WC 63 – WC 63 mit Seilwinde

1942–1945 erhielt die Rote Armee hauptsächlich die drei Muster WC 51, 52 und 53. Sie wurden per Schiff nach Buschehr im besetzten Iran geliefert, dort in einem provisorischen Montagewerk zusammengebaut und dann durch den »persischen Korridor« in die UdSSR gefahren. Der WC 51 mit 2 + 8 Sitzen und der WC 52 mit Seilwinde dienten als Personentransporter, Führungs- und Aufklärungsfahrzeuge sowie als Träger großkalibriger Flugabwehr-Maschinengewehre; der WC 53 mit geschlossener Karosserie als Funkfahrzeug. Nach verschiedenen Quellen lieferten

Lkw der Dodge WC-Serie, schematische Darstellung.

Dodge-Lkw als Truppentransporter.

Als Wetterschutz ließ sich ein leichtes Segeltuchverdeck aufziehen.

die USA bis Kriegsende zwischen 19.600 und 25.000 dieser leichten Lkw-Typen in die UdSSR plus 200 Stabsfahrzeuge WC 56 für höhere Offiziere.

Die WC-Serie zeichnete sich durch ihre Tauglichkeit zur Massenproduktion in verschiedenen Varianten, ihre einfachen Reparaturmöglichkeiten, ihre hohe Zuverlässigkeit und Geländegängigkeit aus. Mit Ausnahme der Dreiachser WC 62 und WC 63 handelte es sich sämtlich um allradgetriebene Zweiachser; aufgebaut auf einem Leiterrahmen mit vier Längs- und einem Querträger. Die meisten kamen mit offener, zweisitzer Fahrerkabine mit Segeltuchverdeck, deren Frontscheibe sich nach vorn auf die Motorhaube klappen ließ. Links vom Fahrerhaus befand sich ein Ersatzrad. Die Breite betrug 2120 mm, die Länge 4235 mm und die Höhe 1870 mm. Auf den seitlich angeordneten Sitzen der Ladefläche, bestehend aus je drei Längsholzbrettern, fanden 8 Personen Platz. Die Heckklappe ließ sich in geöffneter Stellung mit zwei Ketten fixieren.

Als Antrieb diente ein Vergasermotor Dodge T-214 mit einer Leistung von 92 PS. Das Vierganggetriebe ohne Geländeuntersetzung arbeitete mit einer Einscheiben-Trockenkupplung; die Bremse hydraulisch.

Den Dodge WC 51 setzten auch Aufklärungseinheiten der Roten Armee ein.

Die Federung bestand aus Blattfedern und hydraulischen Stoßdämpfern.

Die Russen setzten die Dodge WC anfänglich vor allem als Zugfahrzeuge für Panzerabwehrgeschütze und Divisionskanonen ein; später auch als Aufklärungs-, Stabs- und Funkfahrzeuge sowie als Träger schwerer Flugabwehr-Maschinengewehre. Die Fahrzeuge waren wegen ihrer Robustheit, Unkompliziertheit und Geländegängigkeit beliebt. Ein ehemaliger Dogde-Fahrer sagte einmal: »Kein anderer

Fahrzeugtyp seiner Klasse konnte es mit dem Dodge im Gelände aufnehmen und fuhr ihm auf holperigen Routen davon«.

Technische Angaben Dodge WC 51	
Gewicht	2,315 t
Radformel	4 x 4
Maße:	
Länge	4235 mm
Breite	2120 mm
Höhe	1870 mm
Sitzplätze	2 + 8
Tragfähigkeit	0,75 t
Motortyp	Vergaser Dodge T-214
Maximale Leistung	92 PS
Höchstgeschwindigkeit	86,8 km/h
Fahrbereich	380 km

Kleinlastwagen Dodge WC 51.

Lkw Studebaker US6

Die US-Firma Studebaker Corporation begann Ende 1941 mit der Serienfertigung des Lkw US6. Im Frühjahr 1942 erhielten die Sowjets die ersten Fahrzeuge. 1943 stieg das US-Unternehmen REO in die Produktion ein. Der Studebaker US6 gehörte zu den meistgelieferten *Lend-Lease*-Fahrzeugen: von 219.882 gebauten US6 gingen 187.200 an die UdSSR (von denen über 152.000 ankamen). Bemerkenswerter Weise erhielten die Briten nur 7088 und die so genannten Freifranzosen 3462 US6.

Strukturell handelte es sich beim Studebaker US6 um eine vereinfachte Ausführung des ebenfalls in Massen gebauten Lkw GMC CCKW-353. Er unterschied sich von diesem durch den unprätentiöseren 6-Zylindermotor Hercules JXD mit einem auf 5,24 reduzierten Verdichtungsverhältnis, das für die Verwendung minderwertiger Benzinsorten und Schmieröle ausgelegt war. Das Fünfganggetriebe besaß einen fünften Schongang (*Overdrive*-Gang), und über das Zweigang-Verteilergetriebe ließ sich die Vorderachse ein- oder auskuppeln. Anzumerken ist, dass der Studebaker US6 als »zweitklassiger« Lkw für Leih- und Pacht-Lieferungen an »unterentwickelte Länder«, d. h. in erster Linie die UdSSR, konzipiert wurde. Dieser Ansatz führte zur Einfachheit des Entwurfs, der Zuverlässigkeit, der Robustheit und der Unanfälligkeit gegenüber minderwerten Kraft- und Schmierstoffen. Gleichzeitig zeichnete sich das Fahrzeug durch Benutzerfreundlichkeit, eine vergleichsweise hohe Geschwindigkeit und gute Geländegängigkeit aus. Aufgrund dieser Eigenschaften erfreute sich der Studebaker US6 bei den Russen großer Beliebtheit.

Die Studebaker-US6-Familie umfasste die 13 Modifikationen U1 bis U13. Die Ausführungen U6, U7 und U8 hatten keine angetriebene Vorderachse (Radformel 6 x 4), alle anderen aber schon (6 x 6). Einige Lkw erhielten Winden, einige statt Metallpritschen solche aus Holz. Die von REO gebauten Fahrzeuge kennzeichnete ein offenes Führerhaus mit Segeltuchverdeck und Segeltuchtüren sowie klappbarer Windschutzscheibe.

Tausende Studebaker US6 für *Lend-Lease*-Lieferungen warten auf ihre Verschiffung nach Sowjetrussland.

Außer als Transporter für Güter aller Art und als Zugmittel für Geschütze diente der Studebaker US6 als Träger für verschiedene Spezialausstattungen, hauptsächlich in Gestalt des allradgetriebenen US6-U9. Den Hauptanteil machten dabei 1022 Werkstattwagen aus mit ST6-Kofferausbauten aus Holz und Metall mit vergitterten Seitenfenstern. Sie beherbergten fest eingebaute wie tragbare Geräte mit Elektromotoren (z. B. Dreh-, Fräs- oder Bohrmaschinen). Dazu zählten die Ausführungen M16A, M16B und M8A, die mit Schmiede- und Schweißgeräten ausgestattete Werkstatt M12, die Werkstatt M18 für Elektrogeräte sowie die Werkstatt M7 für Waffen. Darüber hinaus erhielt die UdSSR 426 Tankwagen mit 2850-l-Behältern sowie 494 U10/U11 und U12/

Studebaker US6, schematische Darstellung.

Technische Angaben Studebaker US6

Gewicht mit Winde	4,76 t
Radformel	6 x 6
Maße:	
Länge mit Winde	6736 mm
Breite	2235 mm
Höhe	2694 mm
Sitzplätze	2
Tragfähigkeit	2,5-3,5 t
Motortyp	Vergaser Hercules JXD
Maximale Leistung	95 PS
Höchstgeschwindigkeit	70 km/h
Fahrbereich	390 km

Den Studebaker US6 in Tropenausführung U7 traf man in Russland eher selten.

U13 Dreiseiten-Kipper, die Pioniere gut gebrauchen konnten. Bei Propaganda-Einheiten kam eine auf insgesamt vier Lkw verfrachtete mobile Setzerei/Druckerei zum Einsatz, die Flugblätter und Frontzeitungen herstellte. Zum Transport großer Mengen militärischer Fracht aus den persischen Häfen in die UdSSR dienten Sattelzugmaschinen US6-U6 (6 x 6) in Verbindung mit einachsigen 7-t-Sattelanhängern von Edwards mit hohen hölzernen Seitenwänden.

Darüber hinaus stellten die Sowjets eigene Umbauten her. So entstanden auf US6-Chassis in Verbindung mit Werkstattaufbauten Typ B, die vor dem Krieg für den Lkw SIS-6 geschaffen worden waren, neue Werkstattkoffer für die Kfz-Instandsetzung. Auch der Funkkoffer mit Kurzwellensender RAT für höhere Stäbe basierte auf dem Studebaker US6. Ebenso der Tankwagen BS-35, dessen Kraftstoffbehälter von ausgefallenen SIS-6 übernommen wurde. Die verbesserte Ausführung BS-35S verfügte über eine modifizierte Kraftstoffpumpe und andere Leitungsanschlüsse. 1944 entstand auf Studebaker-Fahrgestell der vereinfachte Tankwagen BS-44 mit elliptischem 4500-l-Kraftstoffbehälter, einer Kraftstoffpumpe mit 375 l/min Förderleistung und Bedienabteil hinter dem Führerhaus. Auf Studebaker-Chassis basierten ferner der sowjetischen Wasser- und Öltankwagen WMS-34 und die Station ARS-11 zum Dekontanimieren von Militärausrüstung. Des Weiteren gab es angebaute Schneepflüge, mit denen sich Straßen und Flugplätze von bis zu 40 cm hohen

Lkw Studebaker US6.

Schneedecken befreien ließen. 1945 wurden neben Standard-SIS-Lkw auch 60 Studebaker US6 zum Transport von H2P-Pontons umgerüstet.

Die Bedeutung des Studebaker US6 für die Entwicklung der sowjetischen Raketenartillerie kann nicht hoch genug eingeschätzt werden. Ein bedeutender Teil der 30.000 Mehrfachraketenwerfer, die während des Krieges in der UdSSR entstanden, waren auf dem Fahrgestell dieses US-Lkw aufgebaut. So entstanden BM-13N, BM-8-48, BM-31-12 und weitere »Stalinorgel«-Typen. Dank ihrer hohen Mobilität ließen sie sich rasch verlegen und an bestimmte Frontabschnitte werfen, um dort ihre konzentrierte Feuerkraft zum Einsatz zu bringen.

Lkw Studebaker US6.

FRONT

Mehrfachraketenwerfer BM-13-16 auf Fahrgestell Studebaker US6.

Studebaker US6 dienten häufig zum Truppentransport.

Lkw GMC CCKW

Technische Angaben CCKW-352	
Gewicht	4,54 t
Radformel	6 x 6
Maße:	
Länge	5830 mm
Breite	2235 mm
Höhe	2740 mm
Sitzplätze	2 + 10
Tragfähigkeit	2,5 t
Motortyp	Vergaser GMC 270
Maximale Leistung	91 PS
Höchstgeschwindigkeit	72 km/h
Fahrbereich	390 km

Während des Zweiten Weltkriegs produzierte die US-amerikanische General Motors Corporation (GMC) 562.750 Lastkraftwagen des Typs CCKW, von denen 5992 Fahrzeuge im Rahmen von *Lend-Lease* an die UdSSR gingen.

Den CCKW entwickelte GMC 1940–1941 gemäß den technischen Anforderungen des US Army Artillery Corps nach einem allgradgetriebenen Lkw mit 2,5 t Nutzlast. Als Dreiachser entstanden die vier Hauptmodelle ACKWK-353, AFWX-354, CCKW-352 und CCKW-353. Der ACKWK-353 nahm 3 t Nutzlast auf, die anderen je 2,5 t. Der AFWX-354 verfügte im Unterschied zu den anderen über nur zwei hintere Antriebsachsen. Alle aber bauten auf einen Leiterrahmen mit drei Querträgern auf. Es gab zwei Radstände: einen kurzen (Modell SWB 352) mit 368 cm und einen langen (Modell LWB 353) mit 417 cm. Als Artillerie-Zugmaschinen kamen vor allem Fahrzeuge mit kurzem Radstand in Frage. Die Metallpritsche mit Heckklappe überspannte ein Segeltuchverdeck. Hölzerne Seitenladen ließen sich als Sitzbänke verwenden. Das Führerhaus bestand aus gestanzten Metallblechen. Ab 1944 kamen einige türenlose CCKW mit so genanntem Tropical-Führerhaus und Segeltuchverdeck; die Windschutzscheibe ließ sich

Lkw CCKW in Standardausführung mit Winde und Plane.

Lkw CCKW mit einer 122-mm-Haubitze im Schlepp.

Der Lkw CCKW spendete sein Fahrgestell auch für den Mehrfachraketenwerfer BM-13-16.

Lkw CCKW als Tankfahrzeug.

Einige technische CCKW-Lösungen nutzten sowjetische Ingenieure bei der Entwicklung des SIL-151 und SIL-157. (Foto: Ralf Weinreich)

auf die Motorhaube klappen. Für den Antrieb sorgte ein Sechszylinder-Vergasermotor GMC 270 mit 91 PS. Zum Fünfganggetriebe trat ein Zweigang-Verteilergetriebe. Für die Federung der Vorderachse sorgten Blattfedern, während die hintere Doppelstarrachse Längsblattfedern mit Anschlagstangen aufwies.

Die Rote Armee setzte CCKW-352 und CCKW-353 häufig als Truppen- und Nachschubtransporter ein, des Weiteren als Zugmaschinen für Divisionsgeschütze. Vor dem massenweisen Zugang von Studebaker US6 dienten CCKW-353 auch als Träger von Raketenwerfern.

Lkw Chevrolet G7107

Technische Angaben Chevrolet G7107	
Gewicht	3,52 t
Radformel	4 x 4
Maße:	
Länge	5620 mm
Breite	2200 mm
Höhe	2800 mm
Sitzplätze	2 + 18
Tragfähigkeit	1,5 t
Motortyp	Vergaser Chevrolet-235
Maximale Leistung	83 PS
Höchstgeschwindigkeit	76 km/h
Fahrbereich	430 km

Einer der ersten Lkw-Typen, die im Rahmen von *Lend-Lease* in die UdSSR gelangten, war der US-amerikanische 1,5-Tonner Chevrolet G7107. Der Prototyp wurde 1935 von Chevrolet, einem Teil der General Motors Corporation, entwickelt. Es handelte sich um einen 1,5-t-Armee-Lkw Typ 4272 mit Radformel 4 x 4. Auf seiner Basis entstand die G-Serie, die die US-Streitkräfte ab 1940 einführten. In die UdSSR wurden der Chevrolet G7107 mit Universalaufbau und eine Version G7117 mit Seilwinde geliefert. 1942 erhielt die Rote Armee die ersten 2700 von insgesamt 47.000 Fahrzeugen, was 42,5 % der US-Gesamtproduktion ausmachte (112.879 Einheiten).

Die in die UdSSR gelieferten 4 x 4-Lkw mit festem Führerhaus für zwei Personen bauten auf einem Leiterrahmen auf. Auf der Pritsche mit Metall-Ladefläche und Segeltuchverdeck befanden sich zwei bzw. drei Längsklappbänke für 12–18 Soldaten. Es gab noch einen Aufbau mit 930 mm hohen Holzgitter- Aufsteckwänden für die Seiten.

Der 6-Zylinder-Chevrolet-Vergaser mit 83 PS war für Ottokraftstoff mit hoher Oktanzahl geschaffen worden. Dieses war aber in Sowjetrussland Mangelware und das sowjetische Benzin mit niedriger

Mehrfachraketenwerfer BM-13-16 auf Fahrgestell Chevrolet G7107.

Chevrolet G7107 durchwatet ein Gewässer.

Oktanzahl verdaute er nur schwer. Die Motorleistung sank auf 63–68 PS, was Fahrleistung und Zugkraft deutlich minderte. Kohleablagerungen setzten den Zündkerzen zu und die sowjetischen Schmierstoffe taten ein Übriges, was sich nicht zuletzt in Pleuellagerschäden niederschlug. Grundsätzlich musste der Motor im Durchschnitt alle 11.000 bis 12.000 km gründlich überholt werden.

Der G7107 arbeitete mit einem Vierganggetriebe mit Untersetzung sowie mit zwei unabhängigen Bremssystemen: einer hydraulisch betätigten Fußbremse mit Unterdruckverstärker sowie einer mechanischen Riemenhandbremse. Eine mechanische Winde am Bug ermöglichte die Selbstbergung.

Die Rote Armee setzte den Chevrolet G7107 hauptsächlich als Transporter für Truppen und Nachschub sowie als Zugmittel für leichte Geschütze ein. 1942 wurden mehrere hundert Fahrzeuge mit Mehrfach-Raketenwerfern ausgestattet. Sowjetische Fahrer schätzten den Chevrolet G7107 einerseits wegen seiner Schnelligkeit, Geländegängigkeit und der komfortablen Kabine. Andererseits bedingten die sowjetischen Kraft- und Schmierstoffe häufige Motor- und Getriebereparaturen. Die Federn und ihre Befestigungen hielten rauem Betrieb nicht lang stand und brachen, die Kreuzgelenke verschlissen schnell und außerdem gab es ständig Probleme mit den Bremsleitungen.

Der Chevrolet G7107 war bei sowjetischen Fahrern trotz etlicher Nachteile beliebt.

Lkw Chevrolet G7107.

Lkw Ford G8T (Ford-6)

Technische Angaben Ford G8T	
Gewicht	2,62 t
Radformel	4 x 2
Maße:	
Länge	6510 mm
Breite	2290 mm
Höhe	2060 mm
Sitzplätze	2 +
Tragfähigkeit	1,5-2,0 t
Motortyp	Vergaser Ford G8T
Maximale Leistung	90 PS
Höchstgeschwindigkeit	88 km/h
Fahrbereich	700 km

Bei den ersten Lastkraftwagen, die aus den USA und Großbritannien im Rahmen von *Lend-Lease* in die UdSSR kamen, handelte es sich hauptsächlich um für militärische Zwecke umgebaute zivile Nutzfahrzeuge. Dazu zählten insbesondere der Lkw Ford 2G8T und seine ab 1943 produzierte »militärische« Version G8T. Obwohl die Geländegängigkeit dieser Fahrzeuge mit Heckantrieb zu wünschen übrig ließ, waren sie sowohl in der Roten Armee als auch in der Volkswirtschaft der UdSSR weit verbreitet. Nach sowjetischen Angaben wurden während der Kriegsjahre 61.000 Fahrzeuge dieses Typs im Rahmen von *Lend-Lease* geliefert; die Amerikaner sprechen von 87.452. Am weitesten verbreitet war das Modell G8T, das bei den Sowjets die Bezeichnung Ford-6 erhielt. Wie der 2G8T nutzte auch der G8T die Radformel 4 x 2.

Der G8T baute auf einem Rahmen auf; vorn wurde ein 6-Zylinder-Ottomotor Ford G8T mit 90 PS verbaut. Im Ganzmetall-Führerhaus ließen sich die beiden Sitze nach hinten bzw. vorn verschieben. Die Holz-Metall-Ladepritsche wurde mit Längsbänken und einem Segeltuchverdeck ausgestattet. Die Bänke ließen sich hochklappen und so das gesamte Volumen der Ladefläche nutzen. Das Getriebe umfasste eine Einscheiben-Trockenkupplung und ein Vierganggetriebe. Die Bremsen arbeiteten hydraulisch mit einem Unterdruckverstärker. Die Radaufhängung nutzte halbelliptische Längsfedern.

Die harten Frontbedingungen offenbarten schnell die Schwachstellen des Fahrzeugs. Auf unbefestigten Wegen führte eine Überschreitung der Ladekapazität unweigerlich zum Bruch der vorderen Federn und des Hauptfahrwerks. Der Motor arbeitete im Großen und Ganzen zuverlässig, überhitzte aber schnell. Daher musste der Fahrer die für die einzelnen Gänge vorgeschriebenen Geschwindigkeitsstufen (auf dem Tachometer angezeigt) penibel einhalten und stets sorgfältig die Kühlwassertemperaturanzeige überwachen. Durch Schwächen der Zylinderköpfe brannten oft die Dichtungen durch, was im Fronteinsatz besonders unangenehm war.

Ford G8T wurden häufig zum Transport von Truppen und Nachschub eingesetzt.

Schrauben und Muttern mussten ständig nachgezogen werden, insbesondere an der vorderen Motoraufhängung, die häufig brach. Bei Rückwärtsfahrt fiel manchmal der hydraulische Bremsantrieb aus. Ständige Kopfschmerzen bereitete den Fahrern auch der Antrieb des 4-Blatt-Kühlers und die neben dem Motor befindliche Batterie. Bis 1943 wurden der Motor überarbeitet und viele Mängel beseitigt.

Trotz all seiner Schwächen waren G8T-Lkw bei sowjetischen Fahrern beliebt, weil sie gegenüber einheimischen Fahrzeugen deutlich mehr Komfort boten. Sie dienten zum Transport von Truppen und Nachschub, seltener zum Schleppen leichter Geschütze. Oftmals wurden auf dem G8T-Chassis Spezialaufbauten für verschiedene Zwecke (z. B. Werkstattkoffer) installiert.

Sowjetische Offiziere posieren vor einem G8T.

Lkw G8T (Ford-6).

Lkw International M-5-6

Während der Kriegsjahre produzierte die US-Firma International Harvester Company 37.000 2,5-Tonner des Typs M-5-6. Im Rahmen von *Lend-Lease* wurden 3100 in Lkw-Standardausführung und 1235 als Muldenkipper in die UdSSR geschickt. Die vergleichsweise geringe Anzahl exportierter Fahrzeuge erklärt sich dadurch, dass das Unternehmen vorrangig die US-Marine und das US-Marineinfanteriekorps beliefern musste.

Die Serienfertigung des M-5-6 begann im Mai 1941. Entwurf und Aufbau entsprachen weitgehend den Lkw GMC CCKW und Studebaker US6. Den M-5-6 gab es mit Allrad- oder nur mit Hinterachsenantrieb, mit kurzem (3785 mm) oder langem (4295 mm) Radstand. Die Kabine gab es geschlossen in Ganzmetall oder offen mit faltbarem Segeltuchverdeck. Viele Varianten waren mit einem 6-Zylinder-Vergasermotor FBC 318B zu 100 PS ausgestattet. Zum Fünfganggetriebe mit Zweistufen-Verteilergetriebe trat ein separater Kardanantrieb der Hinterachsen. Die Fußbremse wirkte als hydraulische Backenbremse auf alle Räder, die mechanische Feststellbremse auf die Kardanwelle der Hinterachse.

Die Russen setzten Raketenwerfer, Feldwerkstätten und Kraftstofftanks auf das Fahrgestell des International M-5-6. Die Amerikaner statteten einige *Lend-Lease*-Fahrzeuge mit der Snogo-Schnecken-Schneeschleuder aus, die sich bei der Schneeräumung von Straßen und Flugplätzen als recht nützlich erwies. Damit ließ sich eine 2500 mm breite Spur räumen, wobei die Höhe der Schneedecke bis zu 2 m betragen konnte.

Lkw International M-5-6.

FRONT

Sowjetische Soldaten nach der Einnahme von Bukarest auf einem Lkw International M-5-6.

Technische Angaben International M-5-6	
Gewicht	5,4 t
Radformel	6 x 6
Maße:	
Länge	6140 mm
Breite	2240 mm
Höhe	2810 mm
Sitzplätze	2 +
Tragfähigkeit	2,5 t
Motortyp	Vergaser FBC 318B
Maximale Leistung	100 PS
Höchstgeschwindigkeit	74 km/h
Fahrbereich	350 km

Außer Gefecht gesetzter Raketenwerfer BM-13-16 auf Fahrgestell eines US-Lkw M-5-6.

Lkw Bedford OYD und OXD

Die Lkw des britischen Unternehmens Bedford machten etwa 20 % der 5239 Radfahrzeuge aus, die Churchill im Rahmen von *Lend-Lease* an Stalin schickte. Bei den rund 1100 Bedford-Lkw mit rotem Stern handelte es sich überwiegend um 1,5-Tonner OXD und 3,0-Tonner OYD.

Als Militärlastkraftwagen waren sie für den Transport von Personen und Gütern ausgelegt. Hinter der geschlossenen Zweisitzer-Kabine schloss sich eine metallene Ladefläche mit hölzerner Heckklappe an. Ein Segeltuchverdeck schützte die Fracht vor den Unbilden der Witterung. Beide Lastkraftwagen wurden von einem Bedford-6-Zylinder-Viertakt-Vergasermotor mit 72 PS angetrieben. Die Kraftstoffversorgung erfolgte über eine Membranpumpe aus zwei Tanks mit einem Gesamtvolumen von 110 (OXD) bzw. 145 Litern (OYD), die sich unter der Karosserie auf beiden Seiten des Rahmens befanden. Der Vergaser war mit einem Höchstgeschwindigkeitsregler und einer Startvorrichtung für den Motor in der kalten Jahreszeit ausgestattet. Die Motorschmierung war gemischt – Druck und Sprüh. Die Wasserkühlung brachte eine auf einer Welle montierte Kreiselpumpe in Zwangsumlauf, hinzu kam ein vierflügeliger Lüfter in einer Röhre. Für die schnelle Aufwärmung des Arbeitsgemisches sorgte ein Thermostat im Abgaskrümmer, das die Beheizung des Ansaugkrümmers steuerte. Einige Autos hatten auch ein Thermostat in der Kühlanlage. An das mechanische 5-Ganggetriebe (4 + 1) mit trockener Einscheibenkupplung war ein Kompressor zum Aufpumpen der Reifen angeschlossen. Das Drehmoment auf die hintere Antriebsachse des OXD-Trucks übertrug eine nadelgelagerte Gelenkwelle; beim OYD übernehmen dies zwei Kardanwellen. Die Hinterachse hatte ein Hauptgetriebe aus zwei Kegelrädern und einem Kegeldifferenzial sowie vollständig ausgewuchtete Achswellen. Die lenkbare Vorderachse war von konventioneller Bauart; die Lenkung befand sich auf

Technische Angaben Bedford OXD	
Gewicht	2,85 t
Radformel	4 x 2
Maße:	
Länge	4975 mm
Breite	2165 mm
Höhe	2525 mm
Sitzplätze	2
Tragfähigkeit	1,5 t
Motortyp	Vergaser Bedford
Maximale Leistung	72 PS
Höchstgeschwindigkeit	65 km/h
Fahrbereich	460 km

Bedford OXD 1,5-t-Lkw.

3.0-t-Lkw Bedford OYD.

der rechten Fahrzeugseite. Die Federung übernahmen halbelliptische Längsblattfedern. Beide Typen verfügten über hydraulische Trommelbremsen mit Unterdruckverstärkern. Alle Fahrzeuge wurden mit Schneeketten geliefert. Bei OYD-Lkw befand sich am Rahmenheck eine Abschleppöse an einer speziellen Querfeder. Die Gesamtmasse der Fahrzeuge ohne Ladung betrug 2850 kg (OXD) bzw. 3210 kg (OXD).

OXD und OYD gab es nicht nur als Transporter, sondern beispielsweise auch als Tankwagen, mobile Werkstatt oder Funkwagen. Spezialisten der Roten Armee bewerteten ihre Konstruktion als recht perfekt, die im Großen und Ganzen den Anforderungen für Militärlastwagen entsprach.

1,5-t-Lkw Bedford OXD.

Lkw Austin K3 und K30

Die britische Firma Austin Motor Co. Ltd baute ab 1941 Lastkraftwagen des Typs K3 und K30 für die britischen Streitkräfte. Mit Beginn der *Lend-Lease*-Lieferungen kamen etwa 500 dieser Lkw in die UdSSR. Diese geringe Zahl ist auf die begrenzten Fähigkeiten der britischen Autoindustrie sowie auf die Tatsache zurückzuführen, dass die Briten – die 1940 in Frankreich eine vernichtende Niederlage erlitten und auf ihrer heillosen Flucht zum Ärmelkanal sämtliche schwere Ausrüstung zurückließen – selber Nachholbedarf hatten. Freilich war den Sowjets 1941 (und auch später) jede Hilfe willkommen. In die UdSSR verschickte Austin hauptsächlich den 1,5-t-K30 (4 x 2) und den 3,0-t-K3 (6 x 4). Konstruktiv ähnelten sich die Fahrzeuge in vielerlei Hinsicht. Tatsächlich lagen die Hauptunterschiede nur in der Anzahl der Achsen und der Fahrzeuglänge. Fast alle Lkw wurden von einem Sechszylinder-Reihen-3,5-Liter-Benzinmotor mit 60 PS angetrieben. Der Basis-K3 erhielt hinten Doppelbereifung, es gab aber auch eine Version mit Einzelhinterrädern sowie mit 4-Liter-Motor zu 82 PS und vergrößertem Kraftstofftank. Beide Typen verfügten über das gleiche 5-Gang-Getriebe und waren in Achsen, Aufhängungen, Bremsen und Kabinen vereinheitlicht. Die Russen setzten auf das Fahrgestell des dreiachsigen Austin K3 verschiedene Aufbauten in Form von Funkkoffern odrgl. Die 82-PS-Version diente u. a. als Träger für den Mehrfachraketenwerfer BM-13.

Technische Angaben Austin K3	
Gewicht	4,48 t
Radformel	6 x 4
Maße:	
Länge	6630 mm
Breite	2260 mm
Höhe	2750 mm
Sitzplätze	2
Tragfähigkeit	3,0 t
Motortyp	Vergaser
Maximale Leistung	72 PS
Höchstgeschwindigkeit	67 km/h
Fahrbereich	465 km

Lkw Austin K30.

Lkw Schwimmwagen DUKW-353

Im Zuge der sowjetischen Offensiven ab 1944 mussten oft Wasserhindernisse überwunden werden. Dabei kam selbstständigen, mit US-amerikanischen Amphibienfahrzeugen DUKW-353 ausgerüsteten Bataillonen eine wichtige Rolle zu, insbesondere bei den Schlachten an Weichsel und Oder oder bei der Überquerung des Swir und der Düna. Diese Fahrzeuge ermöglichten es, komplexe Kampfaufträge mit deutlich geringeren Verlusten zu erfüllen als mit herkömmlichen Transportmitteln.

Beim Schwimmwagen DUKW-353 handelte es sich um einen amphibischen Lkw, wie ihn die US-Streitkräfte im Pazifikkrieg und später bei der Landung in der Normandie zu Tausenden einsetzten. Die Sowjets bekamen mit 586 Stück (nach anderen Quellen 732 Stück) vergleichsweise wenige Fahrzeuge. Der Schwimm-Lkw wurde von den Spezialisten der US-Firma Marmon Harrington unter Einbindung des britischen Hochseeseglers Dennis Puleston auf Grundlage von Aggregaten und Chassis des 2,5-t-Lkw von GMC entwickelt. Als Ausgangsmodell diente zunächst der ACKWX-353, später der CCKW-353 (siehe oben). Das Muster wurde im Oktober 1940 von den US-Streitkräften angenommen. Richtig los mit der Fertigung ging es ab März 1942 bei der Yellow Truck and Coach Manufacturing Co, zu der sich 1943 die Firma Pontiac gesellte. Der Gesamtausstoß bis zum Ende der Fertigung 1945 betrug 21.247 Fahrzeuge.

Wie das 2,5-t-CCKW-Grundmuster erhielt der DUKW-353 drei Achsen (6 x 6). Von seiner Auslegung her handelte es sich um ein Pontonboot, das mit dem Fahrgestell eines geländegängigen Lkw kombiniert wurde.

Technische Angaben DUKW 353	
Gewicht	6,5 t
Radformel	6 x 6
Maße:	
Länge	9450 mm
Breite	2500 mm
Höhe	2170 mm
Sitzplätze	2 + 25
Tragfähigkeit	2,3 t
Motortyp	Vergaser GMC
Maximale Leistung	94 PS
Höchstgeschwindigkeit:	
auf der Straße	80 km/h
im Wasser	10,2 km/h
Fahrbereich Land	640 km

Amphibien-Lkw DUKW-353.

Den so gebildeten Kasten teilten Schotten in die drei Segmente Bug, Laderaum und Heck. Im Bug befanden sich ein 94-PS-Motor sowie ein Kühler, der durch zwei spezielle Luken zugänglich war. Gleich hinter dem oben geschlossenen Bug befand sich der Steuerraum mit Lenkrad, Armaturenbrett, Fahrersitz und einem weiteren rechten Sitz für einen

Sowjetische Infanteristen bereiten sich auf die Überquerung eines Gewässers auf amerikanischen DUKW-Schwimmwagen vor.

Verladen einer Kanone SIS-3 auf einen DUKW-353.

Assistenten oder den Fahrzeugkommandanten. Eine Windschutzscheibe, schräge Seitenfenster und ein abnehmbares Planenverdeck hielten Wind, Regen und Spritzwasser ab. Auch der Truppenraum ließ sich mit einer Segeltuchplane abdecken, die über Bögen gespannt wurde. Die Besatzung des DUKW bestand in der Regel aus 2–3 Mann. Das Truppenabteil konnte 25 Soldaten oder eine Nutzlast von bis zu 2,3 Tonnen aufnehmen (z. B. eine 105-mm-Haubitze mit Bedienung). Leider aber verfügte der Laderaum zuerst über keine aufklappbare Heckklappe, so dass alle Be- und Entladevorgänge über die seitlichen Bordwände erfolgen mussten. Bei einigen Amphibien war es möglich, Waffen zu installieren, z. B. ein 12,7-mm-Maschinengewehr Browning M2.

Der DUKW-353 von GMC verfügte neben den bei Lkw üblichen Bedienelementen über Hebel zum Einschalten des Propellers, Pumpenventile sowie Kippschalter zum Regeln des Reifendrucks. All diese zusätzlichen Geräte befanden sich im Steuerraum. DUKW mit regelbarem Reifendruck erhielten einen fest mit dem Motor verbundenen Zweizylinder-Kompressor. Federung und Fahrwerk (Leiterrahmen) der DUKW-Amphibie unterschieden sich nicht vom Basis-Lkw. Aber im Gegensatz zum Lastkraftwagen bekam der Schwimmwagen größere Reifen (nur Einzelbereifung, auch hinten) mit großem Profilmuster. All dies verbesserte die Geländegängigkeit des DUKW an schlammigen, sumpfigen oder sandigen Passagen, wie sie an Fluss- und Meeresufern anzutreffen sind, erheblich. Im September 1942 führte man nach 2005 gebauten Fahrzeugen eine standardmäßige Reifendruck-Regelanlage ein. Damit ließ sich der Reifendruck von den üblichen 2,8 kg/cm^2 (für harte Oberflächen wie Straßen) auf bis zu 0,7 kg/cm^2 verringen (für weiche Böden, Schlamm und Sand), was insbesondere beim Anlanden aus dem Wasser von Vorteil war.

Auf dem Wasser wurde der DUKW-353 von einem Dreiblatt-Propeller angetrieben, der in einem speziellen Tunnel am Heck des Rumpfes eingebaut und über drei Längs-Propellerwellen mit dem Nebenabtrieb verbunden war. Die Lenkung im Wasser erfolgte über ein hinter dem Propeller angebrachtes Ruder. Das Lenkrad war durch eine Seilzugübertragung dauerhaft mit dem Ruder verbunden; es drehte sich synchron mit den Vorderrädern in beide Richtungen. Der Wendekreis im Wasser reduzierte sich auf 6,1 m. Eingedrungenes Wasser beförderten zwei Lenzpumpen außerbords – eine Zentrifugal- und eine Zahnradpumpe; beide angetrieben von der Propellerwelle. In der hinteren Nische des Amphibienrumpfes war meist eine Trommelwinde mit einer Zugkraft von 9 t platziert, mit der sich das Fahrzeug bei Bedarf selbst herausziehen konnte – woraus auch immer.

Der erfolgreiche Einsatz des DUKW-353 durch Einheiten der Roten Armee diente als Grundlage für die Entscheidung des Verteidigungsministeriums der UdSSR, ein eigenes sowjetisches Amphibienfahrzeug à la DUKW zu schaffen. Dies bewerkstelligten im Wesentlichen die Ingenieure des Automobilwerks

Sowjetische DUKW-353 in einer deutschen Stadt.

Dnjepropetrowsk (DAS), die im August 1950 einen ersten Prototyp mit der Werksbezeichnung DAS-485 vorlegten. Das Militär gab ihm die Bezeichnung BAW (БАВ = большой автомобиль водоплавающий, sinngemäß: Großes Schwimmfähiges Kraftfahrzeug). Hergestellt wurde das Fahrzeug im Stalin-Automobilwerk unter der Bezeichnung SIS-485W und SIL-485W. Der Ausstoß belief sich auf 2005 Stück; weitere 254 BAW baute die Brjansker Automobilfabrik.

Nach dem Krieg nahmen sowjetische Ingenieure den DUKW-353 als Vorlage zur Entwicklung des Amphibienfahrzeugs SIS-485W.

(Foto: Ralf Weinreich)